计算机类技能实战系列丛书
互联网+创新型"十四五"精品教材

3ds Max
三维建模设计
与制作案例实战

U0732469

主　编◎任剑岚　　梁勇坤　　杨爱刚
副主编◎刘淑英　　陈艳梅　　王　猛　雷　宏
　　　　张颖超　　孙吉哲　　熊达文　黄燕雄
　　　　赵　英　　郑　璐

北京希望电子出版社
Beijing Hope Electronic Press
w w w . b h p . c o m . c n

内容简介

本书以 3ds Max 软件为载体，以知识应用为中心，对三维建模功能进行全面阐述。全书共 9 章，遵循由浅入深、循序渐进的思路，依次介绍了 3ds Max 基础知识、3ds Max 入门操作、基础建模、高级建模、材质与贴图、摄影机、灯光、渲染与 VRay 渲染器等相关知识点，并通过一个综合实例章节巩固和练习所学知识点。

全书结构合理，内容丰富，语言通俗易懂，易教易学，所选案例贴合实际需求，实操性强。本书既可作为应用型本科、职业院校相关专业学生的学习用书，又可作为社会各类 3ds Max 培训班的首选教材。

图书在版编目（ＣＩＰ）数据

3ds Max 三维建模设计与制作案例实战 / 任剑岚，梁勇坤，

杨爱刚主编. -- 北京 ： 北京希望电子出版社，2024.9.

-- ISBN 978-7-83002-891-6

Ⅰ. TP391.414

中国国家版本馆 CIP 数据核字第 2024YU4837 号

出版：北京希望电子出版社	封面：赵俊红
地址：北京市海淀区中关村大街 22 号	编辑：李小楠
中科大厦 A 座 10 层	校对：周卓琳
邮编：100190	开本：787 mm×1092 mm　1/16
网址：www.bhp.com.cn	印张：16
电话：010-82620818（总机）转发行部	字数：410 千字
010-82626237（邮购）	印刷：三河市中晟雅豪印务有限公司
经销：各地新华书店	版次：2025 年 1 月 1 版 1 次印刷

定价：59.80 元

前　言
PREFACE

　　如今，三维建模技术已成为影视、游戏、建筑等领域的核心技能。作为一款业界领先的三维建模软件，3ds Max以其强大的功能和灵活的操作赢得了广泛赞誉。

　　为了满足新形势下的教育需求，我们特组织一批经验丰富的设计师和高校教师共同策划编写了本书，旨在为广大初学者提供一个全面而系统的3ds Max建模入门指南。通过学习本书，可以了解3ds Max基本建模技能、材质与贴图、灯光、渲染等各环节的基础应用，以逐步建立起扎实的建模基础。

写 / 作 / 特 / 色

1. 从零开始，快速上手

　　无论读者是否接触过3ds Max，都能从本书获益，快速掌握软件操作技能。

2. 面向实际，精选案例

　　本书从软件的基础讲起，循序渐进，对软件功能进行全面论述，使读者充分了解软件的各大功能。同时，结合各领域的实际应用，对案例进行针对性讲解和制作。

3. 举一反三，触类旁通

　　每章结尾处都安排了测试题与操作题，帮助读者切实掌握并拓展本章知识点，以实现学习成果的自我检验。

4. 书云结合，互动教学

　　本套丛书中的案例视频、教学课件和素材文件等资源将通过北京希望电子出版社微信公众号提供，其内容与书中知识紧密结合并互相补充。

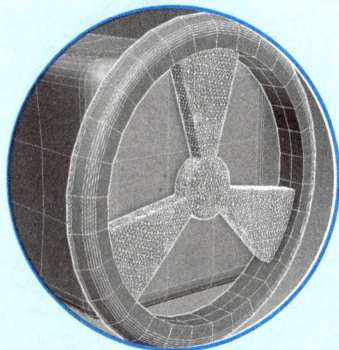

全书共分为9章，每章内容的课时安排如下：

章节	内容	理论教学	上机实训
第1章	3ds Max基础知识	2课时	2课时
第2章	3ds Max入门操作	2课时	2课时
第3章	基础建模	4课时	4课时
第4章	高级建模	4课时	4课时
第5章	材质与贴图	4课时	4课时
第6章	摄影机	2课时	2课时
第7章	灯光	2课时	2课时
第8章	渲染与VRay渲染器	2课时	2课时
第9章	综合案例：卧室场景的创建	4课时	4课时

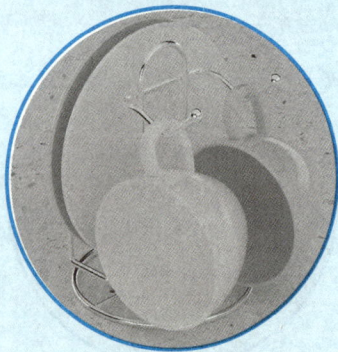

　　本书结构合理、讲解细致，特色鲜明，侧重于综合职业能力与职业素养的培养，融"教、学、做"为一体，适合应用型本科、职业院校、培训机构作为教材使用。为了教学方便，还为用书教师提供与书中同步的教学资源包（课件、素材、视频）。

　　本书由任剑岚（江西交通职业技术学院）、梁勇坤（开平市吴汉良理工学校）、杨爱刚（无棣县第二高级中学）担任主编，由刘淑英（菏泽市牡丹区职业中专）、陈艳梅（江门市工贸职业技术学校）、王猛（河南交通技师学院）、雷宏（北京社会管理职业学院）、张颖超（郑州铁路职业技术学院）、孙吉哲（山东艺术设计职业学院）、熊达文（广州市天河区高级职业中学）、黄燕雄（揭阳市综合中等专业学校）、赵英（铜川职业技术学院）、郑璐（广州城建职业学院）担任副主编，这些老师在长期的工作中积累了大量经验，在写作过程中始终坚持严谨细致的态度，力求精益求精，书中疏漏之处仍在所难免，希望读者朋友批评指正。

编　者

2024年8月

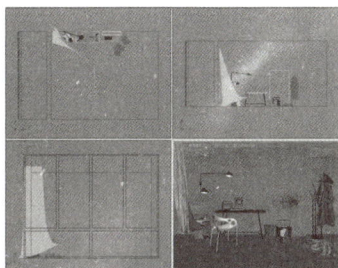

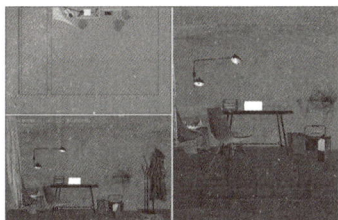

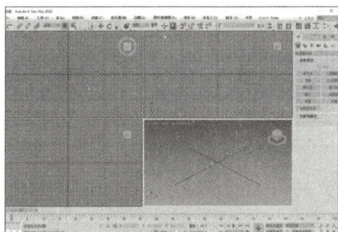

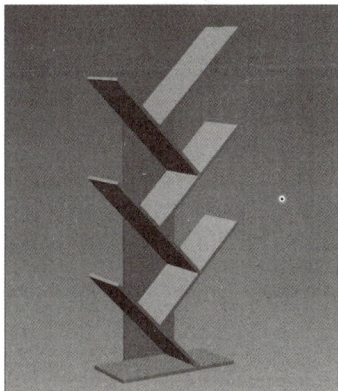

第**3**章 基础建模

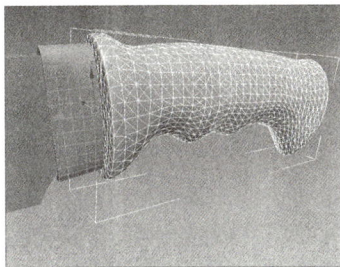

第4章 高级建模

第5章 材质与贴图

第6章　摄影机

第7章 灯光

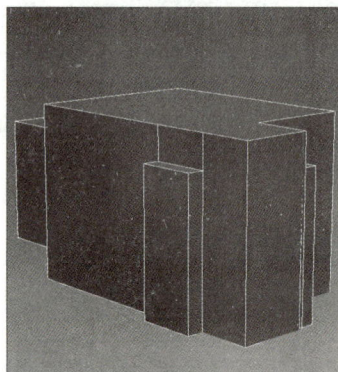

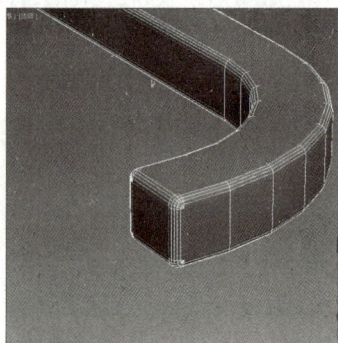

第1章

3ds Max 基础知识

内容概要

在数字化时代，三维建模技术以其直观、生动的表现方式，在影视制作、游戏开发、建筑设计等众多领域大放异彩。3ds Max作为其中的佼佼者，更是受到广大设计师和创作者的青睐。本章将对3ds Max的基础知识进行简单介绍，其中包括软件的核心功能、行业应用、工作界面、基础功能设置，以及常见的建模协同软件等。

1.1 3ds Max简介

3ds Max是一款操作灵活的三维建模和动画渲染软件，以其强大的建模、动画和渲染功能而闻名，被广泛应用于电影和电视特效制作、游戏开发、建筑可视化和工业设计等领域，受到广大三维设计用户的青睐。

1.1.1 3ds Max的核心功能

作为一款专业的三维建模与动画渲染软件，3ds Max强大而丰富的功能使其成为设计师和创作者不可或缺的工具。

1. 建模

建模是3ds Max的基本功能之一，可以利用软件提供的多种建模工具，创建出各类逼真的三维场景和对象。无论是基础的几何体建模，还是复杂的曲面建模，甚至是参数化建模，3ds Max都能轻松应对。此外，它还支持导入外部模型文件，如CAD数据、扫描数据等，大大扩展了建模的灵活性和可能性。

2. 材质和贴图

3ds Max提供了全面的材质和贴图编辑工具。通过材质编辑器，可以创建和调整材质，为模型赋予各种外观效果，如金属、玻璃、皮革等，使其看起来更加真实。另外，用户还可以根据需要对贴图进行自定义设置，赋予模型更加个性化的视觉效果。

3. 灯光和渲染

灯光和渲染功能是3ds Max不可或缺的一部分。通过合理的灯光设置，可以营造出不同的氛围和光影效果，从而增强场景的立体感和层次感。渲染功能则能够将场景以高质量的图片或视频形式输出，以满足不同项目的需求。

4. 动画和特效

3ds Max在动画制作方面同样很出色。可以利用强大的动画系统，为模型添加骨骼和蒙皮，以实现复杂的角色动画和运动效果。另外，3ds Max还提供了丰富的特效插件和工具，如粒子系统、火焰效果等，使用户可以轻松制作出令人惊艳的视觉效果。

1.1.2 3ds Max的行业应用

3ds Max凭借自身的优势，已被广泛应用于多个行业领域。它不仅是设计师和艺术家创造视觉效果的强大工具，也是工程师和建筑师进行项目可视化的重要软件。下面对几个常见的应用领域进行介绍。

1. 游戏开发

在游戏开发领域，3ds Max是创造三维角色、场景和道具的首选工具之一。利用它提供的建模和纹理映射工具，可以创建出细节丰富、高度优化的游戏模型。此外，3ds Max还支持动画和骨骼绑定，使游戏角色动作的制作更加简便和高效。

2. 建筑及室内设计

对于建筑师和室内设计师来说，3ds Max是展现设计理念、进行项目演示的重要工具。它不仅可以用来创建精确的建筑模型，还可以通过高质量的渲染效果展现设计的细节和材料的质感。通过3ds Max，设计师能够制作出逼真的室内外空间场景，使客户能够直观地感受到设计用意及效果。

3. 产品设计

在工业设计领域，设计师可以利用3ds Max高级建模工具快速、准确地构建出产品的三维模型，并通过渲染展现产品的外观和功能。这不仅有助于设计过程中的评估和修改，也能用于产品的营销和展示。

4. 电影和电视

在电影和电视行业，3ds Max被用来创建复杂的视觉特效、三维角色和虚拟环境。它的高级建模、动画和渲染功能使得制作团队能够制作出令人震撼的视觉效果，从而增强故事的视觉冲击力和沉浸感。

1.2　3ds Max工作界面

成功安装3ds Max后，双击其桌面快捷方式即可启动程序。软件的工作界面包含标题栏、菜单栏、工具栏、视口、命令面板、动画控制区、视口导航区、状态栏和提示栏等几个部分，如图1-1所示。

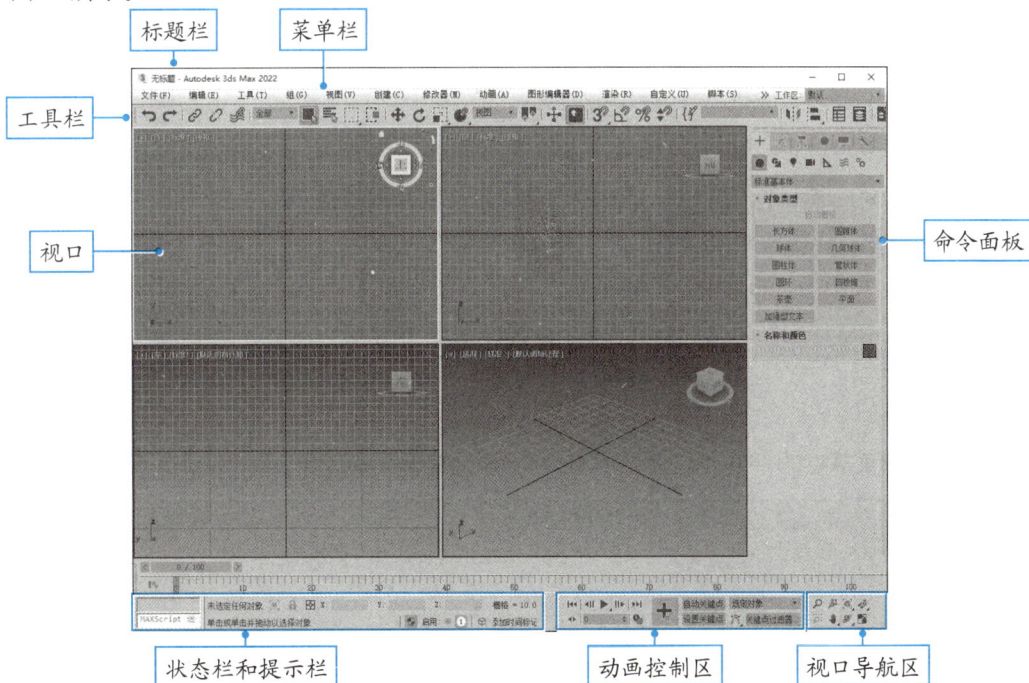

图 1-1　软件工作界面

■1.2.1 标题栏

标题栏位于工作界面的最上方，包含程序图标、最大化、最小化、关闭按钮，用于管理文件和查找信息，以及控制窗口的最小化、最大化、关闭。

■1.2.2 菜单栏

菜单栏位于标题栏的下方，为用户提供了几乎所有3ds Max操作命令。它的形状和Windows菜单相似，如图1-2所示。

| 文件(F) | 编辑(E) | 工具(T) | 组(G) | 视图(V) | 创建(C) | 修改器(M) | 动画(A) | 图形编辑器(D) | 渲染(R) | 自定义(U) | 脚本(S) | 内容 | Civil View | Substance | Arnold | 帮助(H) |

图 1-2　菜单栏

3ds Max的菜单共有17项。下面对各菜单项进行介绍。

- **文件**：用于打开、保存、导入与导出文件，以及查看摘要信息、文件属性等。
- **编辑**：用于对对象进行拷贝、删除、选定、临时保存等。
- **工具**：用于调用各种常用的制作工具。
- **组**：用于将多个对象编为一个组，或分解一个组为多个对象。
- **视图**：用于对视图进行操作，但对对象不起作用。
- **创建**：用于创建对象、灯光、相机等。
- **修改器**：用于编辑修改对象或动画。
- **动画**：用于控制动画。
- **图形编辑器**：用于创建和编辑视口。
- **渲染**：用于通过某种算法，体现场景的灯光、材质和贴图等效果。
- **自定义**：方便用户按照自己的喜好设置工作界面。3ds Max的工具栏、菜单栏和命令面板可以被放置在任意位置。
- **脚本**：用于脚本的创建、打开、运行等。
- **内容**：用于启动3ds Max的资源库。
- **Civil View**：供土木工程师和交通运输基础设施规划人员使用的可视化工具。
- **Substance**：创建和处理纹理、材质和3D模型的插件工具。
- **Arnold**：用于Arnold渲染器的相关设置。
- **帮助**：关于软件的帮助文件，包括在线帮助、插件信息等。

■1.2.3 工具栏

工具栏位于菜单栏的下方，它集合了3ds Max中比较常见的工具，如图1-3所示。

图 1-3　工具栏

下面对工具栏中主要工具的用途进行介绍，如表1-1所示。

表1-1 主要工具的用途

图标	名 称	用 途
	选择并链接	用于将不同的对象进行链接
	断开当前选择链接	用于将链接的对象断开
	绑定到空间扭曲	用于粒子系统，将当前选择附加到空间扭曲，反之亦然
	选择对象	只能对场景中的对象进行选择
	按名称选择	单击后弹出操作窗口，在其中输入名称可以轻松地找到相应的对象，方便操作
	选择区域	可通过轮廓或区域选择一个或多个对象，默认为矩形区域。按住鼠标左键拖动可进行选择
	窗口/交叉	在按区域选择时，可以在窗口和交叉模式之间进行切换。在窗口模式中，只能选择所选内容内的对象；在交叉模式中，可以选择区域内的所有对象，以及与区域边界相交的所有对象
	选择并旋转	可以对选择的对象进行旋转操作
	选择并移动	可以对选择的对象进行移动操作
	选择并均匀缩放	可以对选择的对象进行等比例的缩放操作
	选择并放置	将对象准确地定位到另一个对象的曲面，随时可以使用，不仅限于在创建对象时
	使用轴点中心	选择多个对象时可以通过此命令设定轴中心点坐标的类型
	选择并操纵	针对用户设置的特殊参数进行操纵
	捕捉开关	可以控制捕捉处于活动状态的三维空间范围
	角度捕捉切换	用于确定捕捉的旋转角度。对象可快速按照指定的角度进行旋转
	百分比捕捉切换	通过指定百分比增加对象的缩放
	微调器捕捉切换	设置3ds Max中所有微调器的一次单击所增加或减少的值
	编辑命名选择集	打开"命名选择集"对话框。通过该对话框可以直接在视口中创建命名选择集或选择要添加到到选择集的对象
	镜像	用于对选择的对象进行镜像操作，如复制、关联复制等
	对齐	用于对对象进行对齐操作
	切换层资源管理器	对场景中的对象进行分类，即将对象放在不同的层中操作，以便用户管理
	切换功能区	用于打开或关闭功能区显示
	图解视口	设置场景中元素的显示方式等
	材质编辑器	用于编辑材质/贴图和为对象赋予材质/贴图
	渲染设置	调节渲染参数
	渲染帧窗口	显示/渲染输出
	渲染产品	使用当前产品级渲染设置

■1.2.4 视口

3ds Max用户界面的最大区域被分割成4个相等的矩形区域,被称为"视口"(viewports)或者"视图"(views)。

1. 视口的组成

视口是3ds Max的主要工作区域,每个视口的左上角都有一个标签,启动3ds Max后默认的4个视口的标签是顶视口、前视口、左视口和透视视口,如图1-4所示。

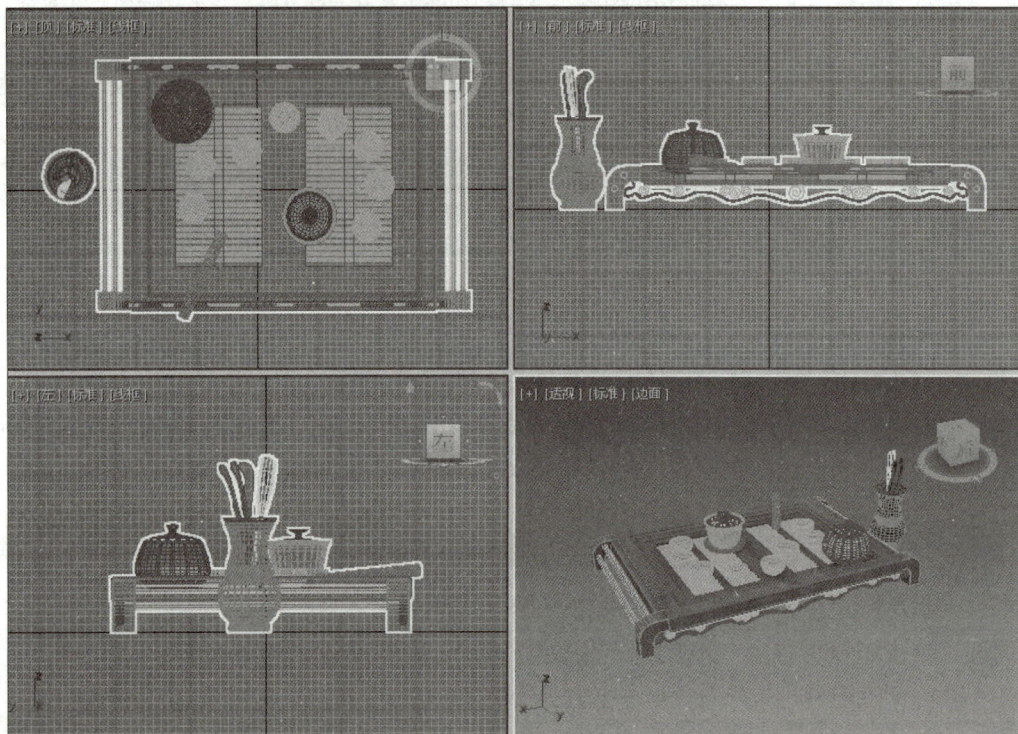

图 1-4 视口显示

基于世界坐标轴的3个平面被称为"主栅格",它是三维世界中的基本参考坐标系。3个平面相互以直角相交于被称为"原点"的公共点,坐标是$x=0$、$y=0$和$z=0$。

顶视口、前视口和左视口显示的场景没有透视效果,这意味着在这些视口中同一方向的栅格线总是平行的,不能相交。透视视口类似于人的眼睛和摄像机观察时看到的效果,视口中的栅格线是可以相交的。

2. 视口的改变

默认情况下3ds Max工作界面中有4个视口,可以使用快捷键,将视口改变为想要的视口。快捷键所对应的视口如表1-2所示。

表1-2　视口快捷键

快捷键	视　　口	快捷键	视　　口
T	顶视口	B	底视口
L	左视口	R	右视口
U	用户视口	F	前视口
P	透视视口	C	摄影机视口
Shift+$	灯光视口	W	满屏视口

　　也可以右击视口左上角的视口名称，在弹出的命令栏中更改视口类型和视觉显示方式等。记住快捷键是提高效率的好方法！

> ⚠ 提示：激活视口后，视口的边框呈黄色，可以在其中进行创建或编辑模型的操作。在视口中单击鼠标右键或者在视口的空白处单击鼠标左键，都可以激活视口，需要注意的是使用鼠标左键激活视口时，可能会因为失误而选择对象，从而错误执行另一个命令操作。

实例 视口布局的设置方法

　　下面对视口布局的设置方法进行详细介绍。

步骤01 打开素材场景模型，可以看到当前视口分为4个部分，如图1-5所示。

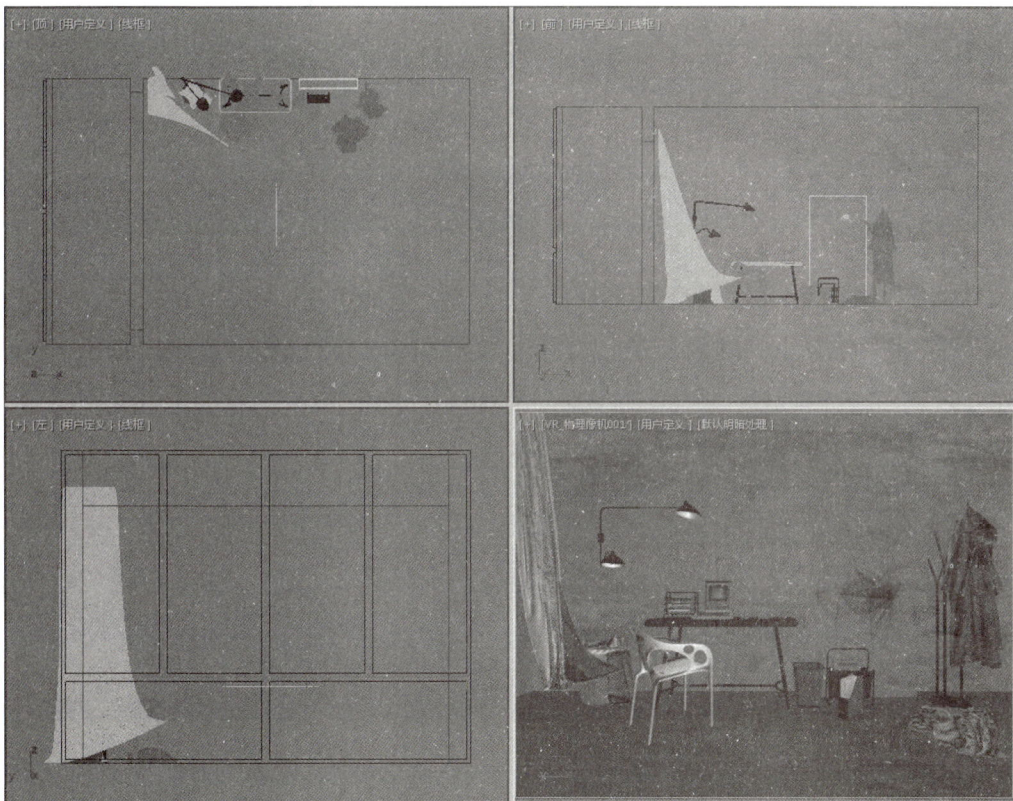

图1-5　打开素材场景模型

步骤02 在菜单栏中执行"视口">"视口配置"命令，打开"视口配置"对话框，切换到"布局"选项卡，从中选择合适的布局类型，如图1-6所示。

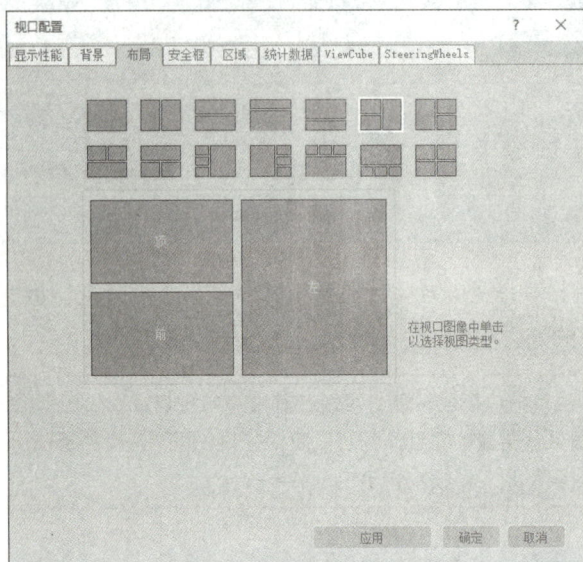

图 1-6 "视口配置"对话框

步骤03 单击"确定"按钮关闭对话框，可以看到视口布局发生了变化，如图1-7所示。

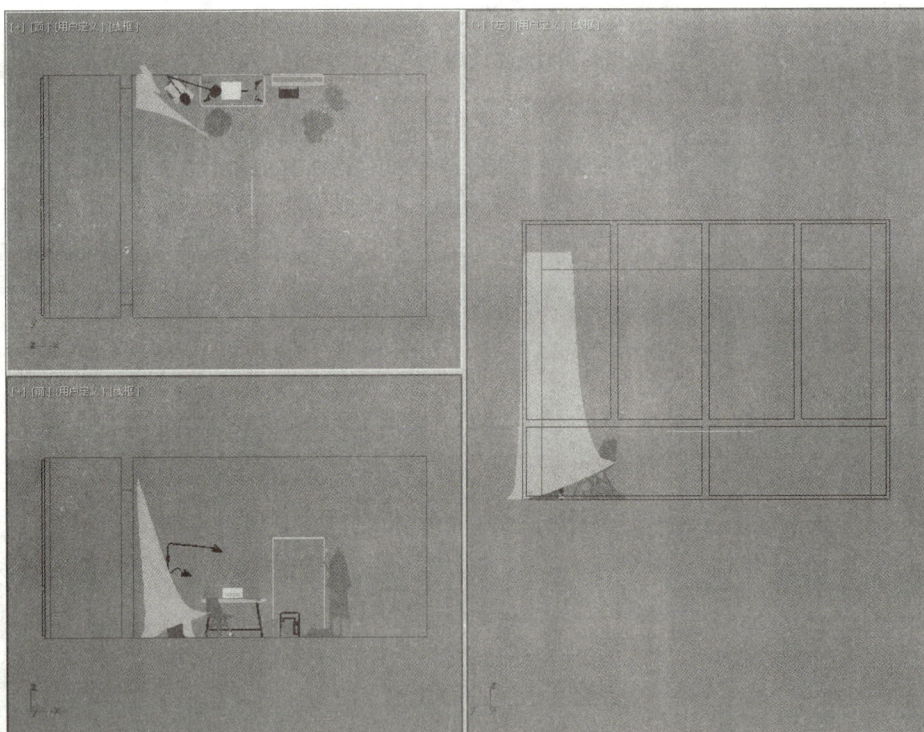

图 1-7 设置视口布局

步骤04 还可以设置各视口类型和视觉显示方式，最终视口效果如图1-8所示。

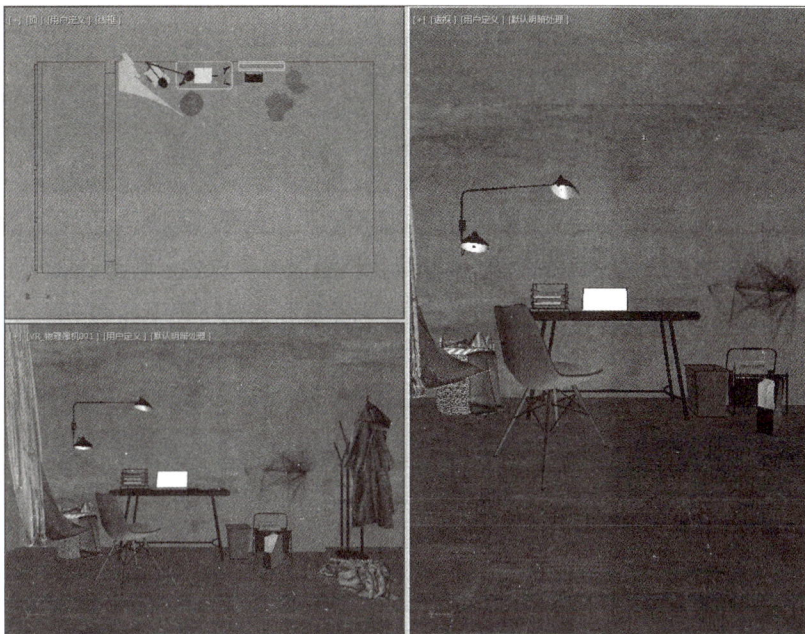

图 1-8 设置视口类型和视觉显示方式

■1.2.5 命令面板

命令面板位于工作界面的右侧，包括"创建"命令面板、"修改"命令面板、"层次"命令面板、"运动"命令面板、"显示"命令面板和"实用程序"命令面板。通过这些面板可以访问绝大部分建模和动画命令，如图1-9所示。

1."创建"命令面板＋

"创建"命令面板用于创建对象，这是在3ds Max中构建新场景的第一步。"创建"命令面板将所创建的对象分为7个类别，包括几何体●、图形●、灯光●、摄影机■、辅助对象▲、空间扭曲●、系统●。

2."修改"命令面板◪

"修改"命令面板是使用修改器时最常用的面板，用于将修改器应用于对象，以及编辑可编辑对象（如网格、面片等）。单击3ds Max命令面板中的"修改"标签即可打开该面板，由修改器列表、修改器堆栈、修改器控制按钮和参数列表4个部分组成。

3."层次"命令面板▦

通过"层次"命令面板可以访问用来调整对象之间链接的工具，并管理层次、关节等。通过将一个对象与另一个对象链接，可以创建父子关系，使应用到父对象的变换同时传达给子对象。通过将多个对象同时链接到父对象和子对象，可以创建复杂的层次。

4."运动"命令面板●

"运动"命令面板用于设置各对象的运动方式和轨迹，以及高级动画。

5. "显示"命令面板 📺

通过"显示"命令面板可以隐藏和取消隐藏、冻结和解冻对象，以改变其显示特性，并可以加速视口显示及简化建模步骤。

6. "实用程序"命令面板 🔧

通过"实用程序"命令面板可以访问各种3ds Max附带的小型程序，并编辑各种插件。它是3ds Max系统与用户之间对话的桥梁。

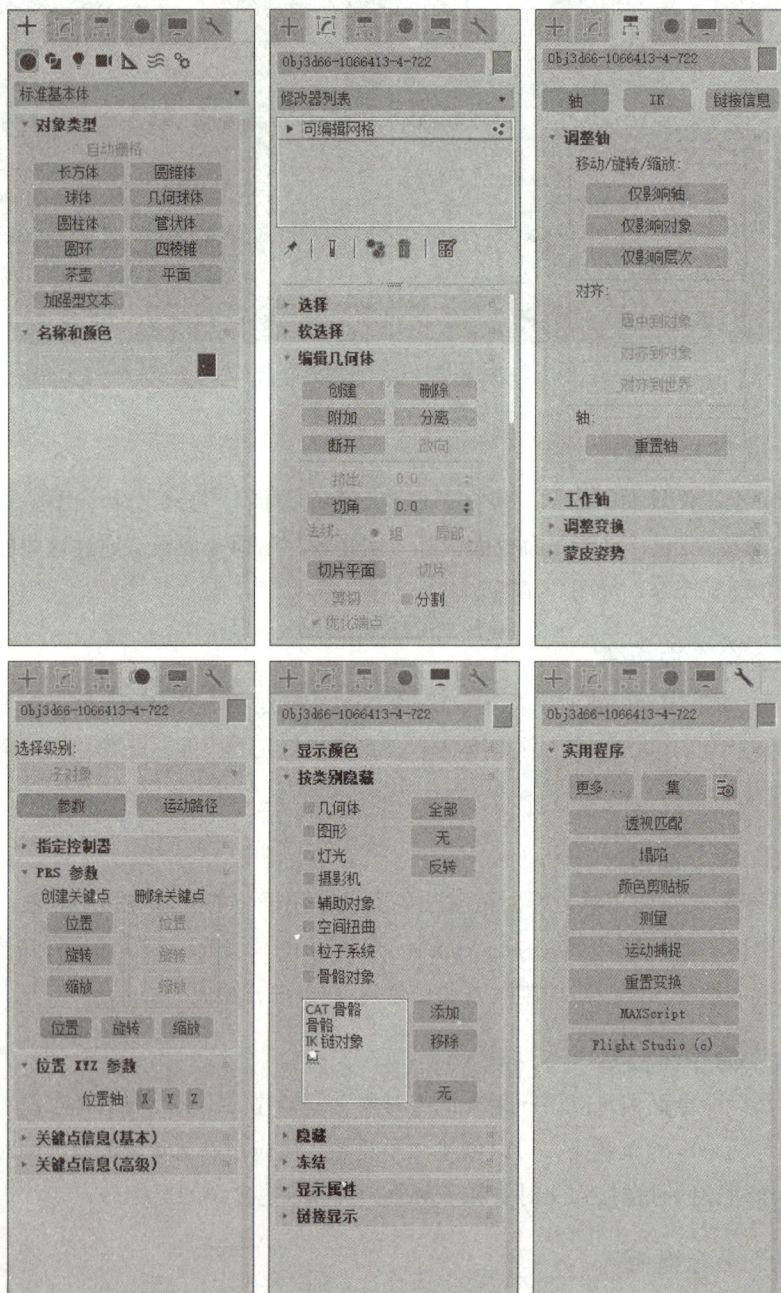

图 1-9　命令面板

■1.2.6 动画控制区

动画控制区位于工作界面的底部，主要用于在制作动画时进行动画记录、选择动画帧、控制动画的播放和控制动画时间等，如图1-10所示。

图 1-10 动画控制区

由图1-10可知，动画控制区由自动关键点、设置关键点、新建关键点的默认入/出切线、关键点过滤器、控制动画显示区和"时间配置"按钮等6个部分组成。下面对部分按钮进行介绍。

- **自动关键点**：激活该按钮，时间滑块显示为红色，在不同的时间上移动或编辑图形即可设置动画。
- **设置关键点**：用于控制在合适的时间创建关键点。
- **新建关键点的默认入/出切线**：用于为新的动画关键点提供快速设置默认切线类型的方法，包括7种切线类型。
- **关键点过滤器**：在"设置关键点过滤器"面板中，可以对关键帧进行过滤。只有在选择某个复选框后，相关参数才可以被定义为关键帧。
- **控制动画显示区**：控制动画的显示，其中包括转至开始、上一帧/上一关键点、播放/停止、下一帧/下一关键点、转至结尾、关键点模式切换、当前帧（转到帧）。在该区域单击指定按钮，即可执行相应的操作。
- **时间配置**：单击该按钮，打开"时间配置"对话框，在其中可以设置动画的帧速率、时间显示类型、播放模式、动画时间和关键点步幅等。

■1.2.7 状态栏和提示栏

状态栏和提示栏位于动画控制区的左侧，用于提示当前选择的对象数目、使用的命令、坐标位置和当前栅格的单位，如图1-11所示。

图 1-11 状态栏和提示栏

■1.2.8 视口导航区

视口导航区主要用于控制视口的大小和方位。通过导航区内相应的按钮，可更改视口中对象的显示状态。视口导航区会根据当前视口的类型进行相应的更改，如图1-12和图1-13所示。

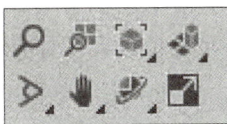

图 1-12 视口导航区 1 　图 1-13 视口导航区 2

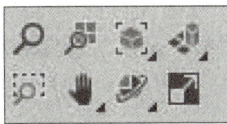

视口导航区由缩放、缩放所有视口、最大化显示选定对象、所有视口最大化显示选定对象、缩放视野、视野、平移视口、环绕子对象、最大化视口切换等按钮组成，单击并按住按钮会展开扩展列表，在其中可以选择其他按钮。

常用按钮的用途如表1-3所示。

表1-3　常用按钮的用途

图标	名　　称	用　　途
	缩放	当在透视或正交视口中进行拖动时，使用"缩放"可调整视口放大值
	缩放所有视口	在4个视口中按住鼠标左键拖动任意一个视口，可以看到4个视口同时缩放
	最大化显示选定对象	在编辑时可能会有很多对象，当要对单个对象进行观察操作时，可以使用此命令最大化显示
	所有视口最大化显示选定对象	选择对象后单击该按钮，可以看到4个视口同时最大化显示的效果
	缩放区域	在视口中框选局部区域，将它放大显示
	视野	调整视口中可见场景数量和透视张量
	平移视口	沿着平行于视口的方向移动摄影机
	环绕子对象	使用视口中心作为旋转的中心。如果对象靠近视口边缘，则可能会旋转出视口
	最大化视口切换	可在其正常大小和全屏大小之间进行切换

1.3　3ds Max绘图环境

在创建模型前，通常需要对一些基本的系统选项进行设置，以保证能够顺利地进行建模操作。

1.3.1　绘图单位

单位是连接3ds Max三维世界与物理世界的关键。在插入外部模型时，如果插入的模型与软件中设置的单位不同，可能会出现插入的模型显示过小的情况，所以在创建和插入模型之前都需要进行单位设置。

在"单位设置"对话框中可以设置单位显示比例，可以选择公制或英尺/英寸，也可以创建自定义单位，这些自定义单位可以在创建任何对象时使用。

下面对单位设置的操作方法进行详细介绍。

步骤01 执行"自定义">"单位设置"命令，打开"单位设置"对话框，如图1-14所示。

步骤02 单击对话框上方的"系统单位设置"按钮，打开"系统单位设置"对话框，在"系统单位比例"选项组的下拉列表中选择"毫米"选项，如图1-15所示。

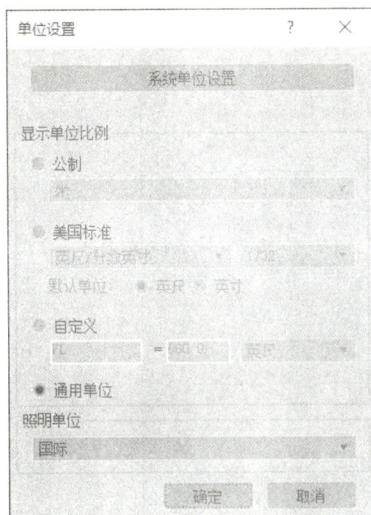

图 1-14 "单位设置"对话框

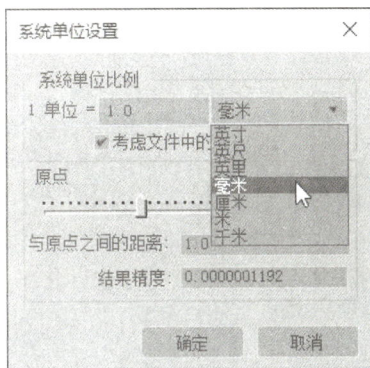

图 1-15 "系统单位设置"对话框

步骤 03 单击"确定"按钮关闭对话框,在"显示单位比例"选项组中选择"公制"单选按钮,激活"公制单位"列表框,如图1-16所示。

步骤 04 单击下拉按钮,在弹出的下拉列表中选择"毫米"选项,如图1-17所示。设置完成后单击"确定"按钮,即可完成单位设置操作。

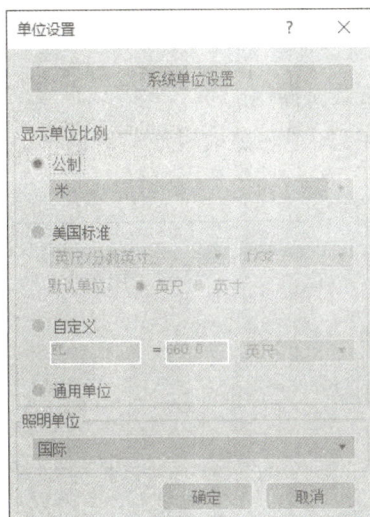

图 1-16 选择"公制"单选按钮

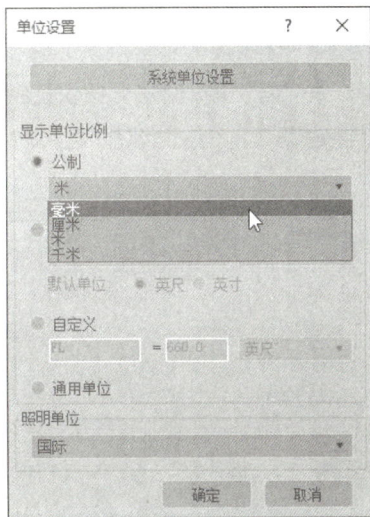

图 1-17 选择"公制"单位

■1.3.2 自动保存和备份

在插入或创建的图形较大时,计算机的屏幕显示性能会越来越慢。为了提高计算机性能,可以更改备份间隔保存时间。执行"自定义">"首选项"命令,打开"首选项设置"对话框,在"文件"选项卡中可以对自动保存功能进行设置,如图1-18所示。

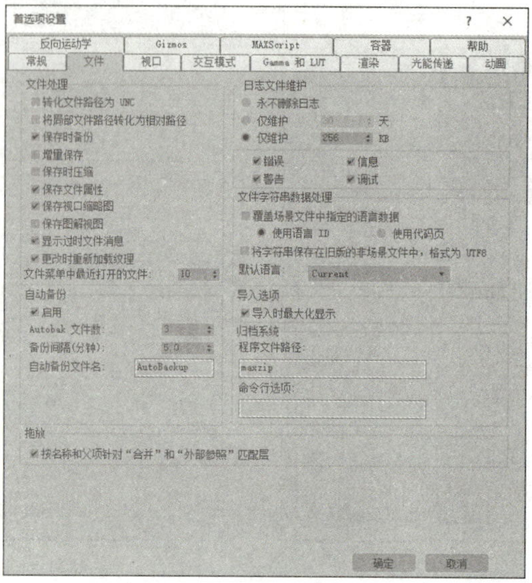

图1-18 设置自动保存和备份

■1.3.3 设置快捷键

利用快捷键创建模型可以大大提高工作效率，节省寻找菜单命令或者工具的时间。为了避免快捷键和外部软件发生冲突，可以自定义设置快捷键。

实例 自定义快捷键

下面通过修改内置的快捷键来介绍快捷键的自定义操作。

步骤 01 执行"自定义">"热键编辑器"命令，打开"热键编辑器"对话框，如图1-19所示。

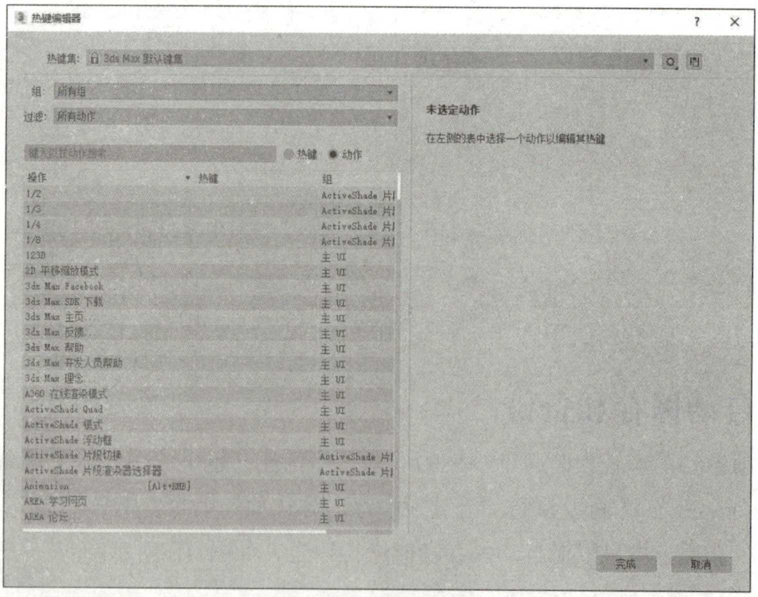

扫码观看视频

图1-19 打开"热键编辑器"对话框

步骤02 在下拉列表中选择组（如"可编辑多边形"），如图1-20所示，可按动作名称进行搜索。

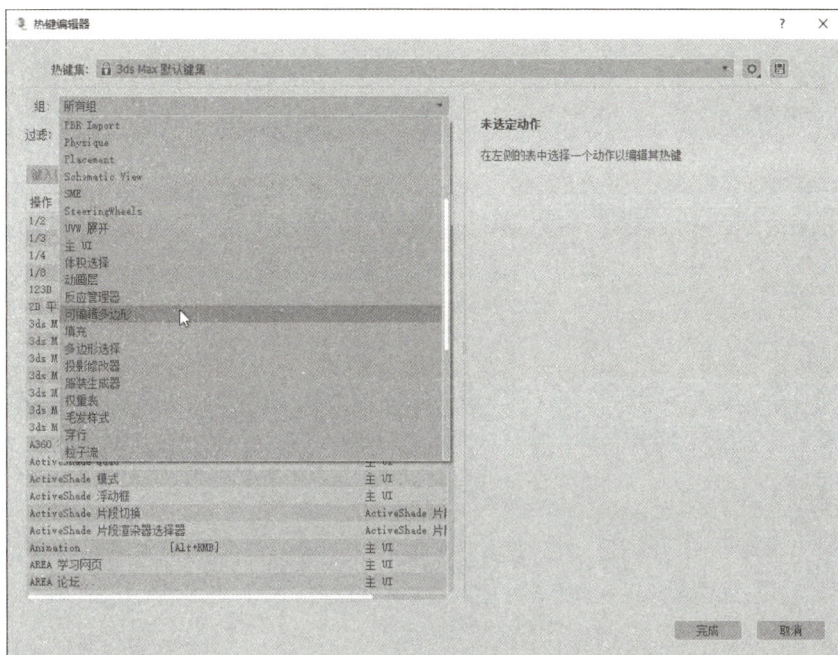

图1-20　设置"组"选项

步骤03 在下方的列表框中会显示该组中包含的命令快捷键，选择需要设置快捷键的命令（如"附加"），如图1-21所示；单击右侧的"移除"按钮，删除内置的"附加"快捷键。

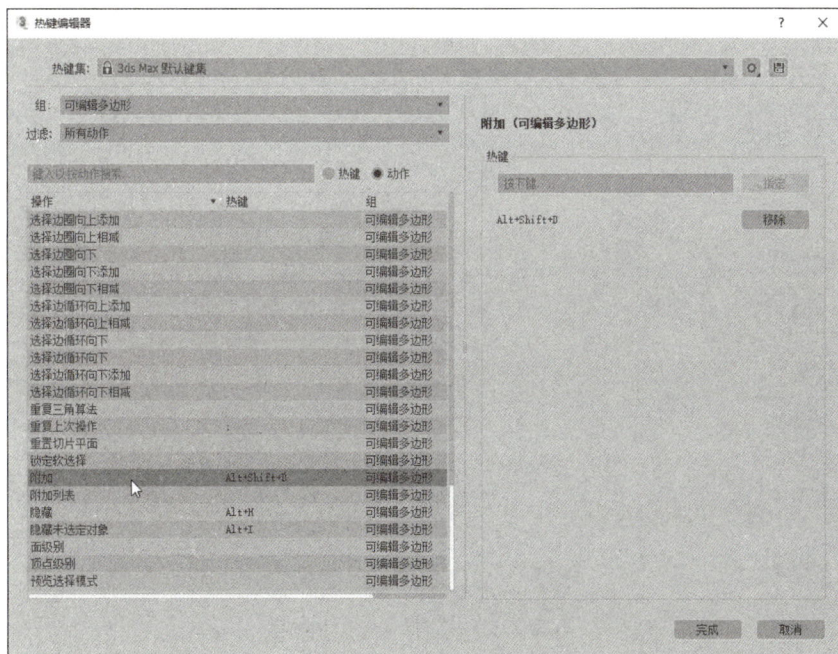

图1-21　选择"附加"命令

步骤 04 此时，内置快捷键已被移除，单击"热键"列表框并按Alt+F8组合键，如图1-22所示。

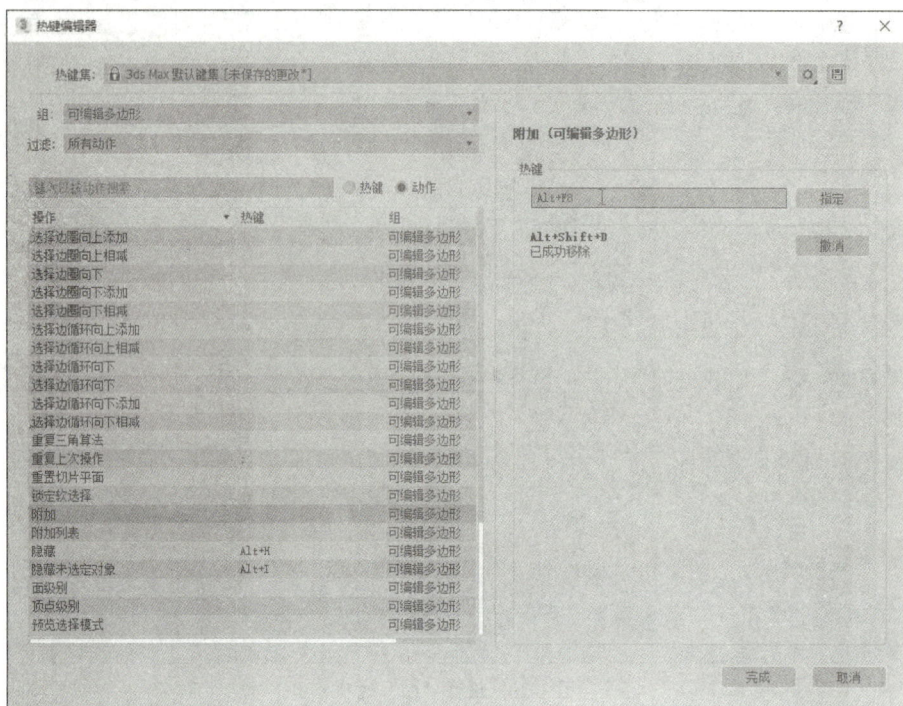

图 1-22　设置"附加"命令快捷键

步骤 05 单击"指定"按钮，即可指定"附加"命令的快捷键，如图1-23所示。

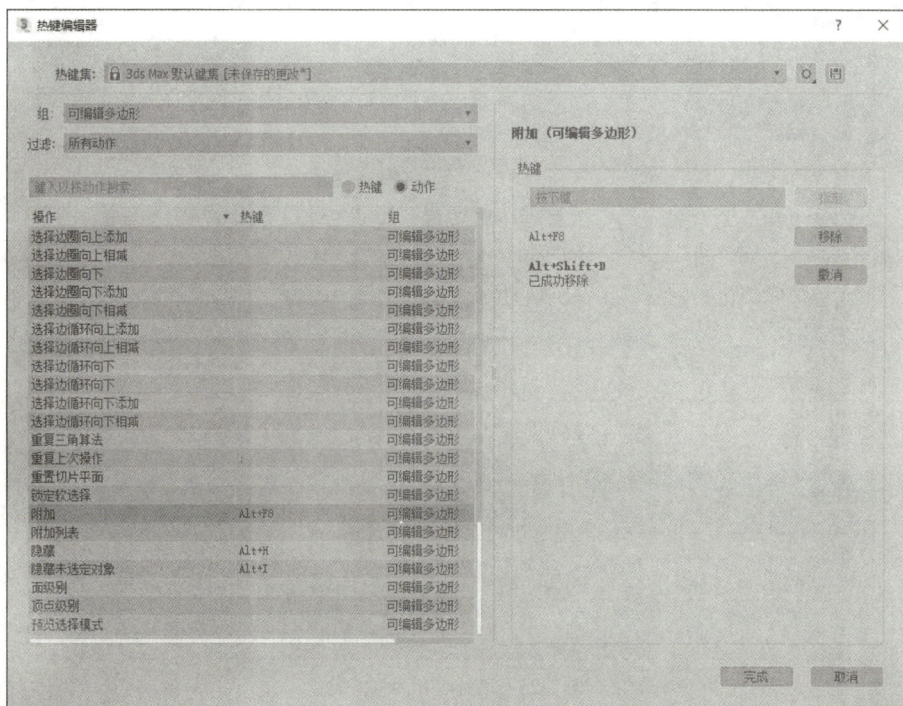

图 1-23　完成操作

1.4　建模协同软件

在实际绘图时，通常是由多个绘图软件协同工作。例如，在进行建筑模型设计时，一般先利用AutoCAD精确绘制模型尺寸，然后将其调入建模软件中创建三维模型，最后再将渲染的效果图导入Photoshop精修出图。

■1.4.1　辅助绘图AutoCAD

AutoCAD是一款优秀的计算机辅助设计软件，主要用于二维绘图。随着科学技术的发展，AutoCAD已经被广泛运用于各行各业，如城市规划、园林设计、航空航天、建筑设计、机械设计、工业设计、电子电气、服装设计、美工设计等。因其功能强大和应用范围广泛，越来越多的设计单位和企业采用AutoCAD来提高工作效率、优化产品质量。

1. 绘制与编辑图形

AutoCAD的"绘图"菜单中包含丰富的绘图命令，可以用来绘制直线、构造线、多段线、圆、矩形、多边形、椭圆等基本图形，也可以用来将绘制的图形转换为面域，对其进行填充。如果再借助"修改"菜单中的相关命令，还可以绘制出各种各样的二维图形。AutoCAD的启动界面如图1-24所示。

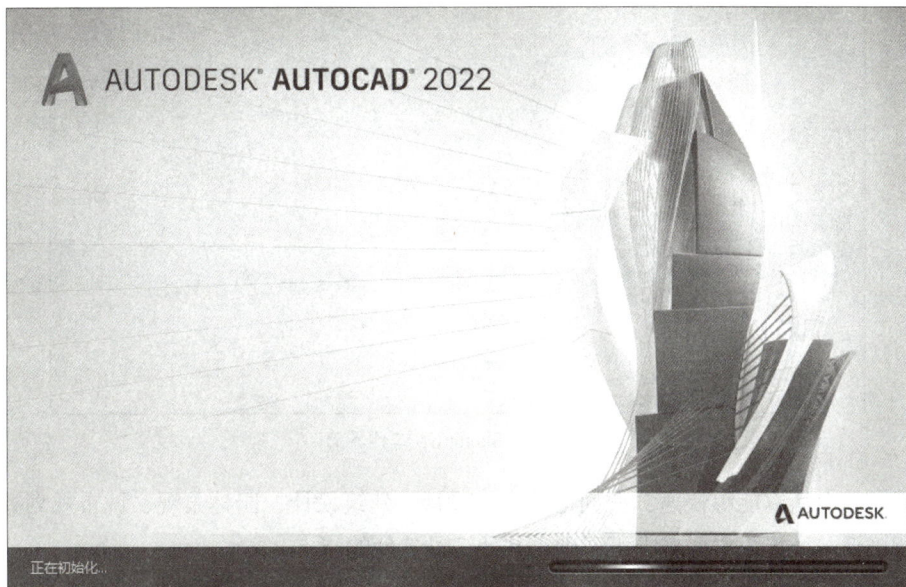

图 1-24　AutoCAD 的启动界面

2. 标注图形尺寸

尺寸标注是向图形中添加测量注释的过程，是整个绘图过程中不可缺少的一步。AutoCAD的"标注"菜单中包含一套完整的尺寸标注和编辑命令，可以用来在图形的各个方向上创建各种类型的标注，也可以用来以一定格式方便、快速地创建符合行业或项目标准的标注。

标注显示了对象的测量值，对象之间的距离、角度，或是特征与指定原点的距离。在

AutoCAD中提供了线性、半径和角度3种基本的标注类型，可以进行水平、垂直、对齐、旋转、坐标、基线或连续等标注。此外，还可以进行引线标注、公差标注，以及自定义粗糙度标注。标注的对象可以是二维图形或三维图形。

3. 输出与打印图形

AutoCAD不仅允许将所绘图形通过绘图仪或打印机输出，还能够将不同格式的图形导入AutoCAD或将AutoCAD图形以其他格式输出。因此，当图形绘制完成后，可以将其打印在图纸上，或将其创建成文件以供其他应用程序使用。

■1.4.2 草图大师SketchUp

草图大师SketchUp是一款出色的设计工具，能够为设计师带来边构思边表现的使用体验，进而快速形成草图，创作项目方案。因此，有人称它为建筑创作上的一大革命。在使用SketchUp时，通常会结合AutoCAD、3ds Max、VRay、LUMIOM等软件或插件制作建筑方案、景观方案、室内方案等。SketchUp的工作界面如图1-25所示。

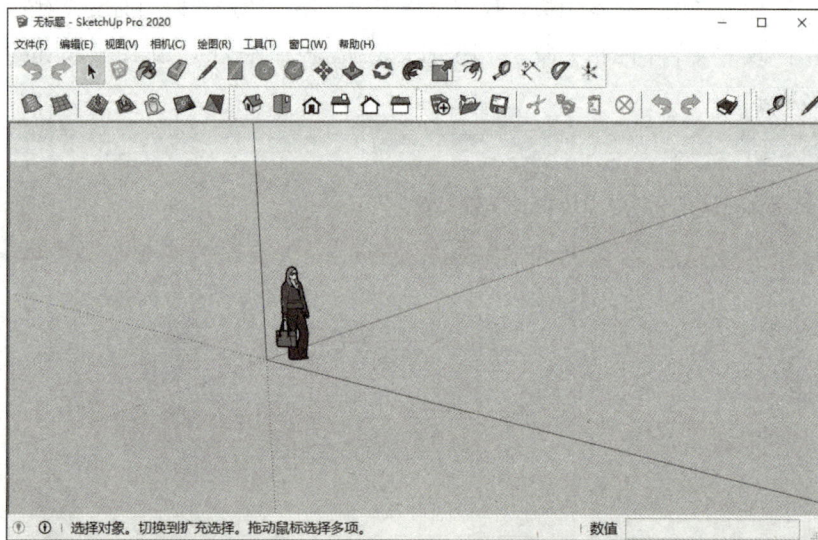

图 1-25　SketchUp 工作界面

SketchUp之所以能够快速、全面地被室内设计、建筑设计、园林景观、城市规划等领域的设计师所接受并推崇，主要有以下区别于其他三维软件的特点。

1. 直观显示效果

在使用SketchUp进行设计创作时可以实现"所见即所得"，设计过程中任何阶段的成果都可以作为直观的三维成品来观察，并且能够快速切换不同的显示风格。这摆脱了传统绘图工作的繁重与枯燥，还可以与客户进行更为直接、有效的交流。

2. 建模高效、快捷

SketchUp提供三维坐标轴，这一点与3ds Max的坐标轴相似。但是SketchUp有项特殊功能：在绘制草图时只要稍微留意跟踪线的颜色，即可准确定位图形的坐标。SketchUp"画线成面，推拉成体"的操作方法极为便捷，在软件中不需要频繁地切换视口，利用智能绘图工具（如平行、垂直、量角器等）可以直接在三维界面中轻松地绘制出二维图形，然后直接推拉成三维立体模型。

3. 材质和贴图使用便捷

SketchUp拥有自己的材质库，用户也可以根据需要赋予模型各种材质和贴图，并且SketchUp能够实时显示出来，使用户直观地看到效果。同时，SketchUp还可以直接用谷歌地图的全景照片进行模型贴图，这对制作类似于"数字城市"的项目是一种提高效率的方法。确定材质后，便可以方便地修改色调，并能直观地显示修改结果，以避免反复试验的过程。

4. 全面的软件支持与互转

SketchUp不仅能够在模型的建立上满足建筑制图高精确度的要求，还能够完美结合VRay、Piranesi、Artlantis等渲染器实现多种风格的表现效果。此外，SketchUp与AutoCAD、3ds Max、Revit等常用设计软件可以进行十分快捷的文件转换互用，并且可以满足多个设计领域的需求。

■1.4.3 图像处理Photoshop

众所周知，Photoshop在出版印刷、广告设计、美术创意、图像编辑等领域得到了广泛的应用，是平面、三维、影视后期等领域的设计师所必备的一款图像处理软件。Photoshop的启动界面如图1-26所示。

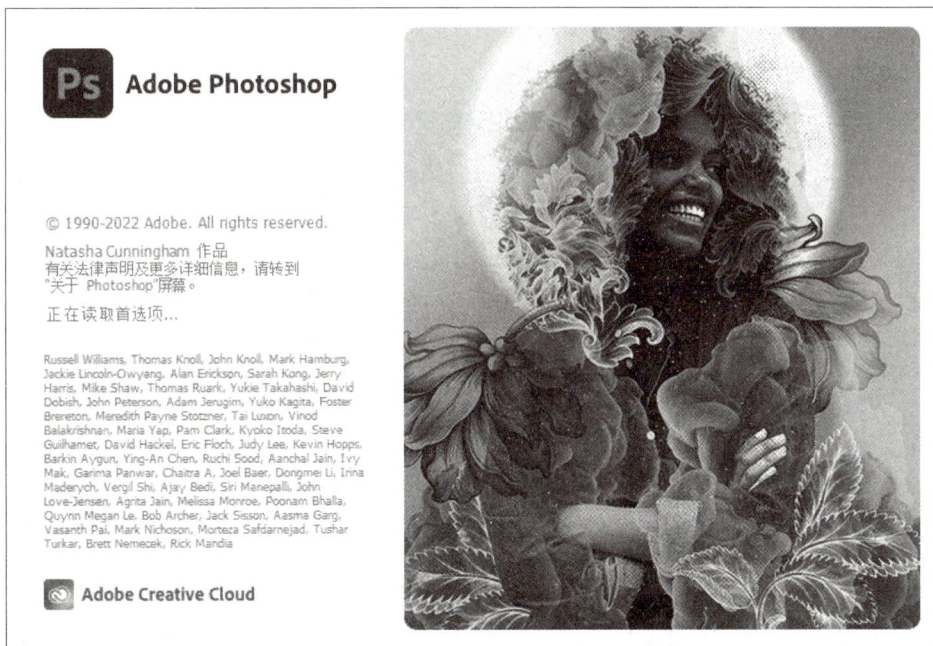

图 1-26 Photoshop 启动界面

利用Photoshop可以真实地再现现实生活中的图像，也可以创建现实生活中并不存在的虚幻景象。它可以完成精确的图像编辑任务，可以对图像进行缩放、旋转或透视等操作，也可以进行修补、修饰图像等操作，还可以通过图层操作、工具应用等编辑手段，将几副图像合成为完整的、意义明确的设计作品。

- **平面设计**：这是Photoshop应用极为广泛的领域，无论是图书封面，还是招贴、海报，这些平面印刷品通常都需要使用Photoshop对图像进行处理。

- **广告摄影**：广告摄影对视觉表现的要求非常严格，其最终成品往往要经过Photoshop的修改才能得到满意的效果。

- **影像创意**：影像创意是Photoshop的特长，通过Photoshop的处理可以将不同的对象组合在一起，使图像发生变化。

- **视觉创意**：视觉创意是设计艺术的一个分支，通常没有明显的商业目的，但为广大设计爱好者提供了广阔的设计空间。因此，越来越多的设计爱好者开始学习Photoshop，并进行具有个人风格的视觉创意。

- **后期修饰**：在制作建筑效果图（包括三维场景）时，人物与配景的颜色往往需要在Photoshop中进行调整。

1.5　课堂演练：更改3ds Max默认工作界面

3ds Max 2022版本的默认工作界面是黑灰色，可以根据自己的使用习惯来设置界面颜色及界面窗口，以便顺利进行下一步建模操作。

步骤01 初次启动3ds Max 2022应用程序，可以看到默认的工作界面，如图1-27所示。

扫码观看视频

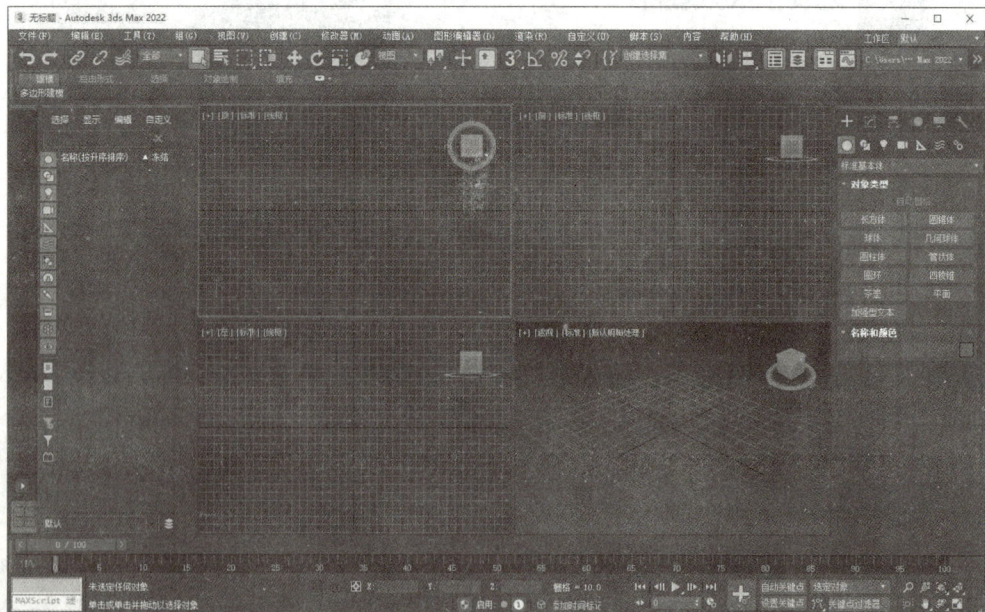

图 1-27　3ds Max 2022 默认工作界面

步骤 02 在菜单栏中执行"自定义">"加载自定义用户界面方案"命令，如图1-28所示。

步骤 03 打开"加载自定义用户界面方案"对话框，选择内置的颜色方案，例如"ame-light"文件，如图1-29所示。

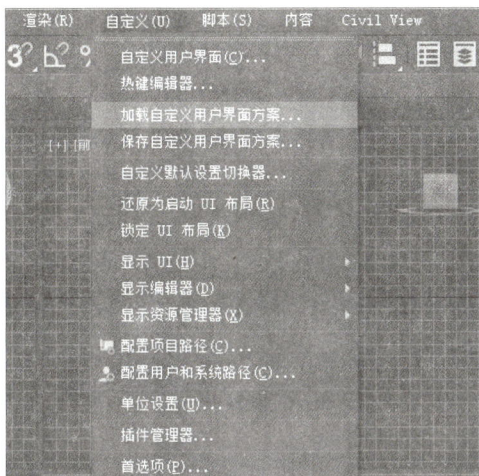

图 1-28　"加载自定义用户界面方案"命令

图 1-29　选择内置颜色方案

步骤 04 单击"打开"按钮，即可看到工作界面变成浅灰色，如图1-30所示。

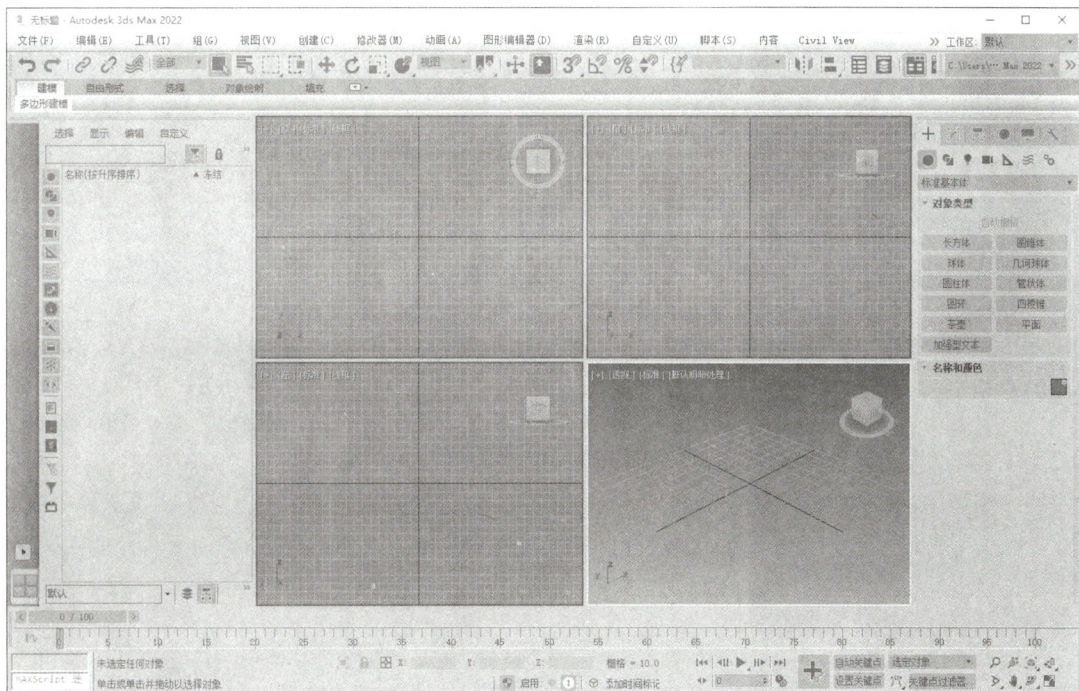

图 1-30　界面颜色变换效果

步骤 05 在菜单栏的空白处单击鼠标右键，在打开的右键菜单中取消选择不需要显示的功能选项，如Ribbon、场景资源管理器、视口布局选项卡、项目等，如图1-31和图1-32所示。

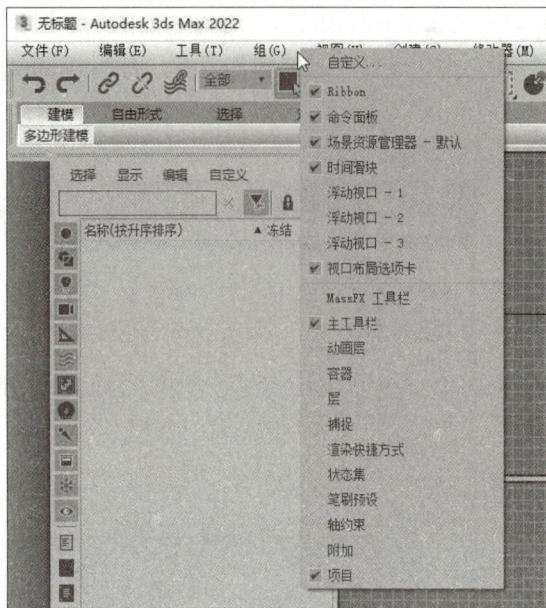

图 1-31　右键菜单

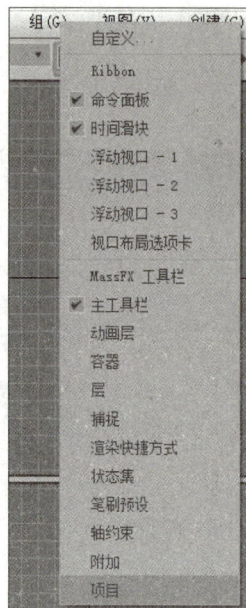

图 1-32　取消选择相关功能选项

步骤 06 软件的工作界面发生了相应的变化，如图1-33所示。

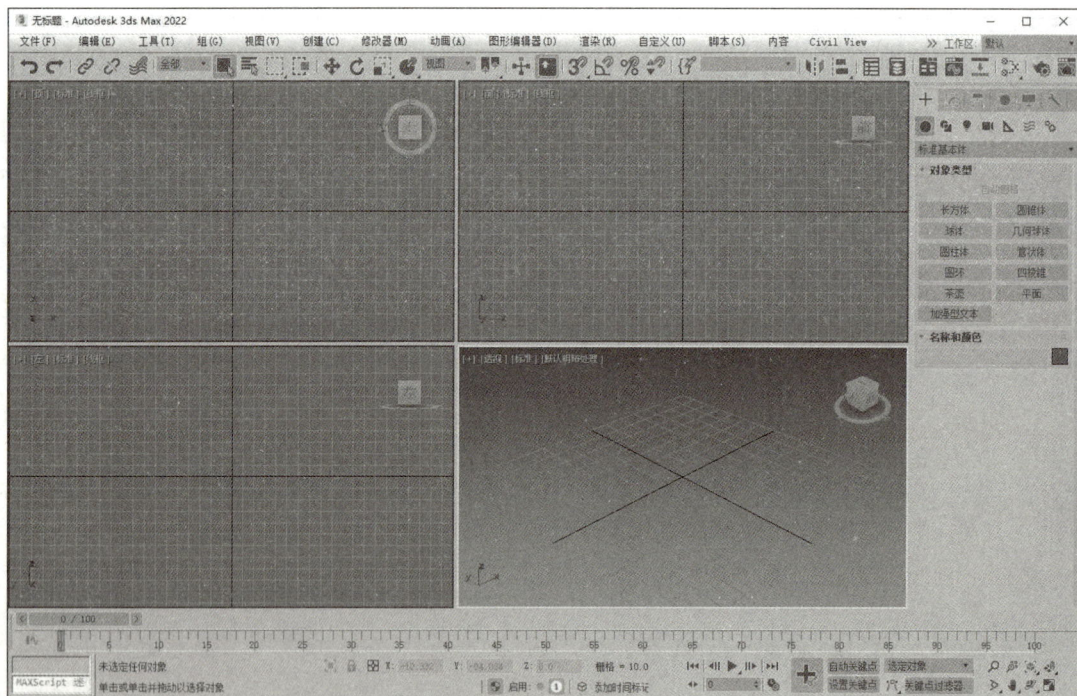

图 1-33　工作界面变换效果

课后作业

一、选择题

1. 3ds Max大部分命令都集中在（ ）中。

    A. 标题栏   B. 菜单栏

    C. 工具栏   D. 视口

2. 在3ds Max中，栅格线可以相交的视口是（ ）。

    A. 顶视口   B. 前视口

    C. 左视口   D. 透视视口

3. 设置自动保存功能的选项在"首选项设置"对话框的"（ ）"选项卡中。

    A. 文件   B. 视口

    C. 渲染   D. 动画

二、填空题

1. 3ds Max的核心功能有＿＿＿＿＿＿、＿＿＿＿＿＿、＿＿＿＿＿＿、＿＿＿＿＿＿。

2. 3ds Max默认的4个视口是＿＿＿＿＿＿、＿＿＿＿＿＿、＿＿＿＿＿＿、＿＿＿＿＿＿。

3. 布尔运算包括＿＿＿＿＿＿、＿＿＿＿＿＿、＿＿＿＿＿＿、＿＿＿＿＿＿等运算方式。

三、操作题

将默认的4个视口显示调整为3个视口显示，如图1-34所示。

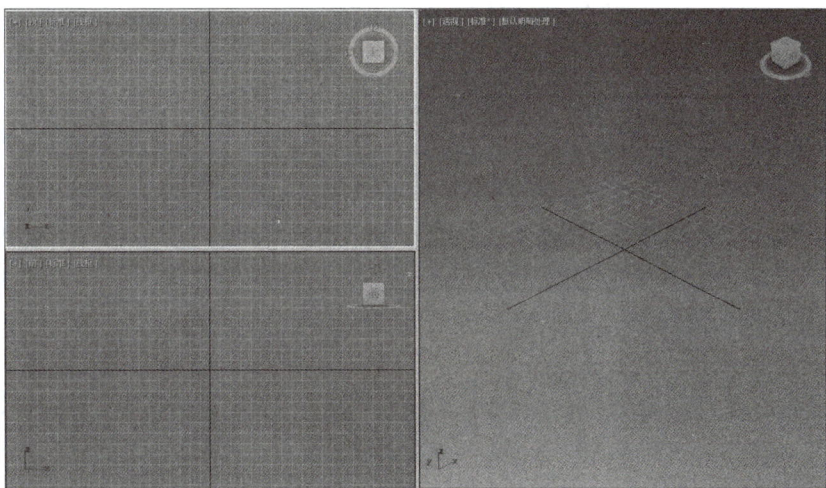

图1-34 调整为3个视口

> **操作提示**
>
> **步骤01** 在菜单栏中执行"视口" > "视口配置"命令，打开"视口配置"对话框，切换到"布局"选项卡，选择3个视口类型。
>
> **步骤02** 在该界面中单击右侧视口，将其切换为"透视"显示模式。

第2章

3ds Max 入门操作

内容概要

对于相关专业及从业的初学者来说，掌握一些3ds Max入门操作很有必要，如对图形文件进行管理、熟悉软件的基本命令等。本章将着重对这两方面操作进行详细介绍，为后期的三维建模工作打下坚实的基础。

数字资源

【本章素材】："素材文件\第2章"目录下
【本章课堂演练最终文件】："素材文件\第2章\课堂演练"目录下

2.1 图形文件的操作

图形文件的操作包括文件的新建、重置、合并和归档等。学会如何管理文件，是学习三维建模的第一步，也是最基本的一步。

■2.1.1 新建文件

使用"新建"命令可以新建一个场景文件。执行"文件">"新建"命令，在其级联菜单中有两种新建文件的方式，如图2-1所示。下面对两种新建文件的方式进行介绍。

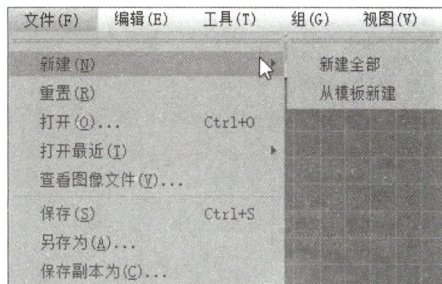

- **新建全部**：用于清除当前场景的所有内容。
- **从模板新建**：打开模板管理器，在其中可以选择提供的示例场景或用户创建的模板。

图 2-1 "新建"命令

■2.1.2 重置文件

使用"重置"命令可以清除所有数据并重置3ds Max设置（包括视口配置、捕捉设置、材质编辑器、背景图像等），还可以还原启动默认设置，并移除当前会话期间所作的任何自定义设置。使用"重置"命令与退出并重新启动3ds Max的效果相同。

执行"文件">"重置"命令，系统会弹出提示，如图2-2和图2-3所示，可以根据需要选择"保存""不保存""取消"选项。

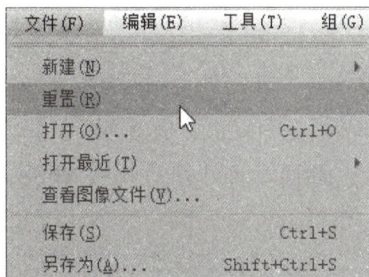

图 2-2 "重置"命令

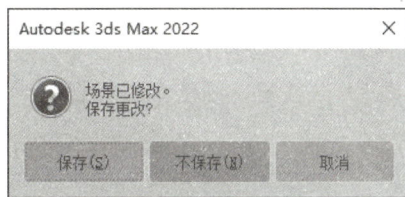

图 2-3 是否保存文件

> ❗ **提示**：下面对常见的文件类型进行介绍。
> （1）MAX文件是完整的场景文件。
> （2）CHR文件是用"保存类型"为"3ds Max角色"功能保存的角色文件。
> （3）DRF文件是VIZ Render中的场景文件。VIZ Render是包含在AutoCAD中的一款渲染工具。DRF文件类型类似于Autodesk VIZ先前版本中的MAX文件。

■2.1.3 合并文件

使用"合并"命令可以将多个场景合并成一个单独的大型场景。当合并文件时，可以选择文件中的独立对象。如果要合并的对象与场景中的对象名称相同，可以选择重命名或跳过合并对象。

下面介绍将模型合并到当前场景的方法，具体操作步骤如下：

实例 将模型合并到当前场景

步骤01 打开准备好的场景文件，如图2-4所示。

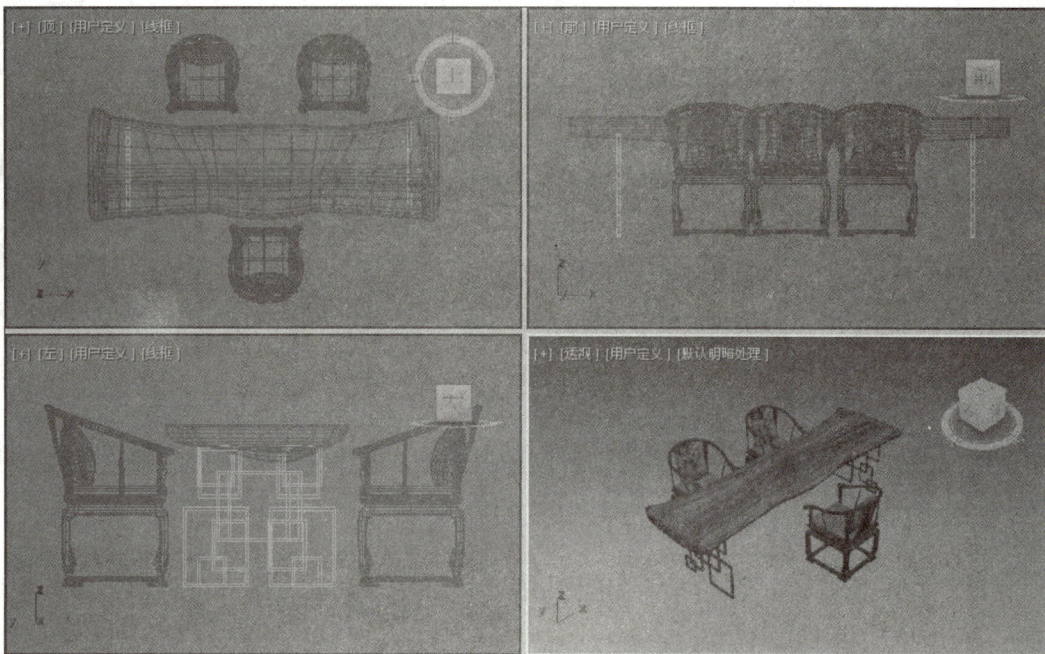

图2-4 打开素材文件

步骤02 执行 "文件" > "导入" > "合并" 命令，打开 "合并文件" 对话框，选择要合并进当前场景的模型文件，如图2-5所示。

步骤03 单击 "打开" 按钮，系统会打开合并对话框，选择要合并到当前场景的模型对象，如图2-6所示。

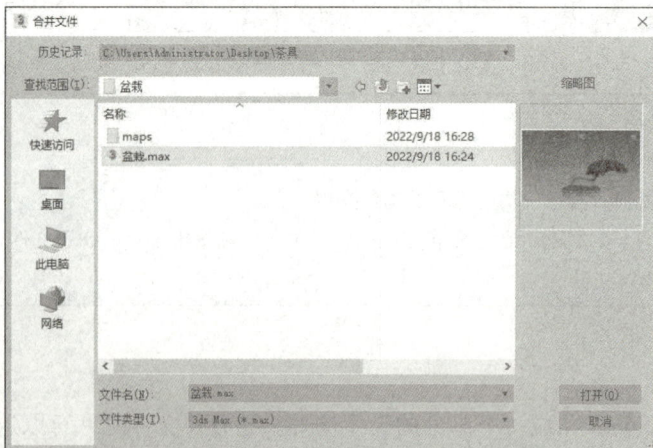

图2-5 "合并文件"对话框

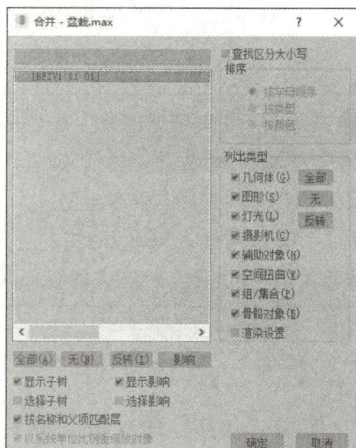

图2-6 选择合并对象

步骤 04 单击"确定"按钮，即可将对象合并到当前场景，如图2-7所示。

图 2-7　合并效果

步骤 05 使用缩放工具和移动工具等调整模型的大小和位置，如图2-8所示。

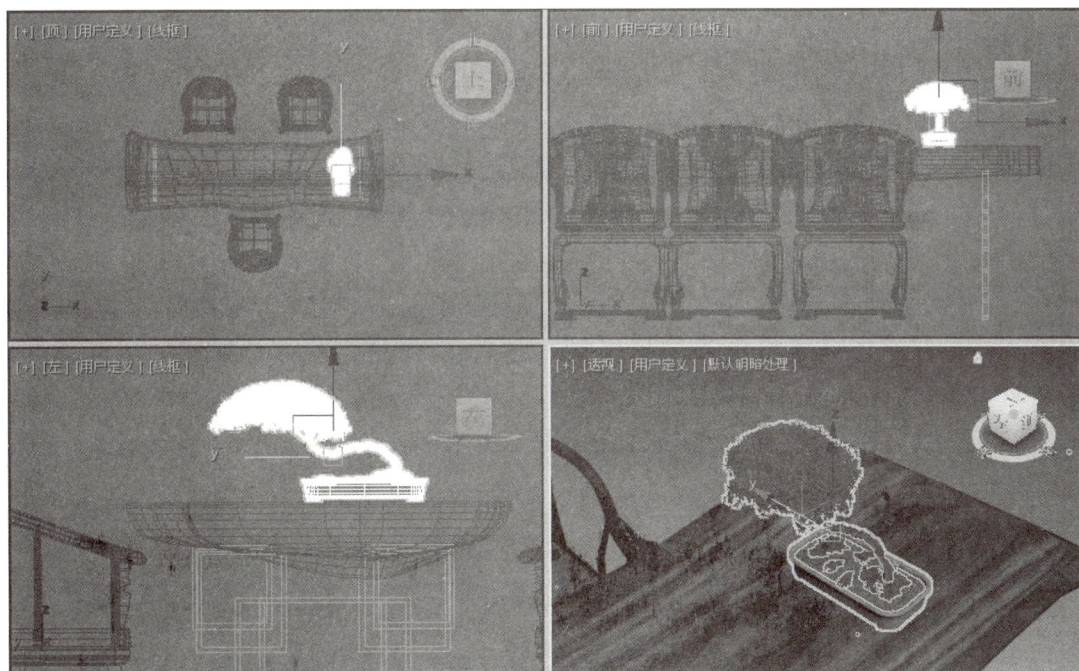

图 2-8　调整模型的大小和位置

步骤 06 使用相同的方法，合并茶具、香炉等模型，调整位置，最终合并效果如图2-9所示。

图 2-9 最终合并效果

■ 2.1.4 归档文件

使用"归档"命令可以自动查找场景中参照的文件，并在可执行文件的文件夹中创建压缩文件，在存档处理期间将显示日志窗口。

执行"文件">"归档"命令，系统会打开"文件归档"对话框，可在该对话框中设置归档路径及名称，如图2-10所示。单击"保存"按钮，系统弹出一个命令行程序，将场景中所有贴图、光域网和模型等进行归类。归档完毕，即可在指定路径生成一个压缩文件。

图 2-10 "文件归档"对话框

2.2 对象的操作

在建模的过程中会经常对创建的模型对象进行移动、旋转、缩放、镜像、阵列、隐藏等操作，以便绘制出符合要求的三维场景。

■2.2.1 选择操作

快速并准确地选择对象，是熟练运用3ds Max的关键。

1. 选择按钮

选择对象的工具主要有"选择对象"和"按名称选择"两种，前者可以直接框选或单击选择一个或多个对象，后者则可以通过对象名称进行选择。

（1）"选择对象"按钮 。

单击此按钮后，可以单击选择或框选一个对象或多个对象，被选中的对象以高亮显示。若想通过单击一次选中多个对象，可以在按住Ctrl键的同时单击对象。

（2）"按名称选择"按钮 。

单击此按钮，打开"从场景选择"对话框，如图2-11所示，可以在下方的对象列表框中双击对象名称进行选择，也可以在输入框中输入对象名称进行选择。

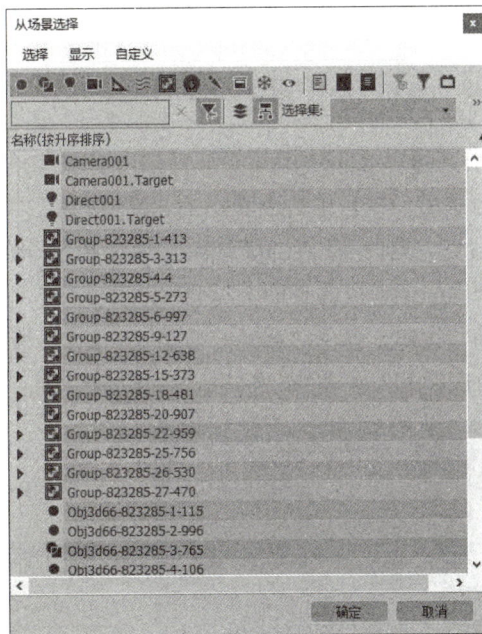

图 2-11 "从场景选择"对话框

2. 选择区域

选择区域的方式包括矩形选区、圆形选区、围栏选区、套索选区、绘制选择区域、窗口及交叉7种。执行"编辑">"选择区域"命令，在其级联菜单中可以选择需要的选择方式，如图2-12所示。

3. 过滤选择

在选择过滤器中将对象分为全部、几何体、图形、灯光、摄影机、辅助对象、扭曲等12个类型，如图2-13所示。利用选择过滤器可以对对象的选择范围进行限定，屏蔽其他对象而只显示限定范围内的对象。当场景比较复杂且需要对某一类对象进行操作时，可以使用选择过滤器。

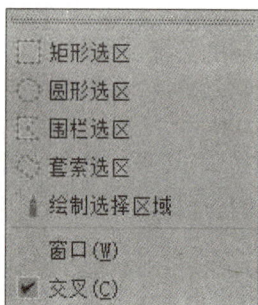

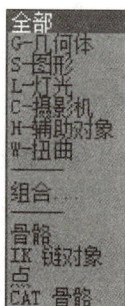

图 2-12　选择方式　　　　　图 2-13　选择过滤器

■ 2.2.2　变换操作

变换对象包括改变对象的位置、旋转角度或是变换对象的比例等。可以先选择对象，然后使用主工具栏中的各种变换按钮来进行变换操作。移动、旋转和缩放都属于对象的基本变换。

1. 移动对象

移动是最常见的变换操作，可以改变对象的位置。在主工具栏中单击"选择并移动"按钮✛，即可激活移动工具。单击对象后，视口中会出现一个三维坐标系，如图2-14所示。当一个坐标轴被选中时会显示为高亮黄色，这时可以在3个轴向上对对象进行移动；将光标放在两个坐标轴的中间，可使对象在两个坐标轴形成的平面上随意移动。

右键单击"选择并移动"按钮，弹出"移动变换输入"面板，如图2-15所示。在"偏移:屏幕"选项组中输入数值，可以控制对象在3个坐标轴上的精确移动。

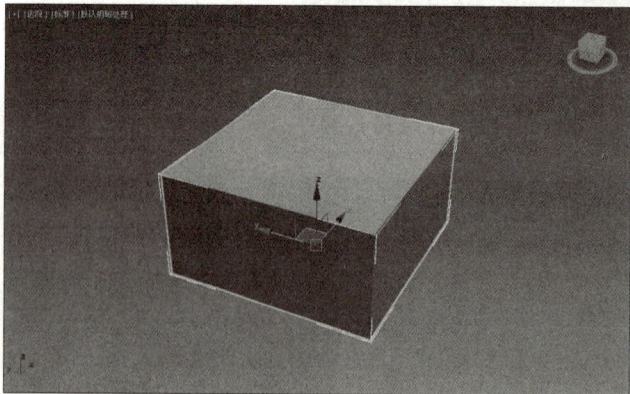

图 2-14　出现三维坐标系

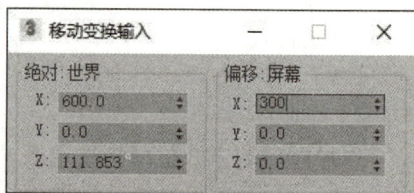

图 2-15　"移动变换输入"面板

2. 旋转对象

当需要调整对象的视角时，可以单击主工具栏中的"选择并旋转"按钮 **C**，将当前被选中的对象沿3个坐标轴进行旋转，如图2-16所示。

右键单击"选择并旋转"按钮，弹出"旋转变换输入"面板，如图2-17所示。在"偏移:屏幕"选项组中输入数值，可以控制对象在3个坐标轴上的精确旋转。

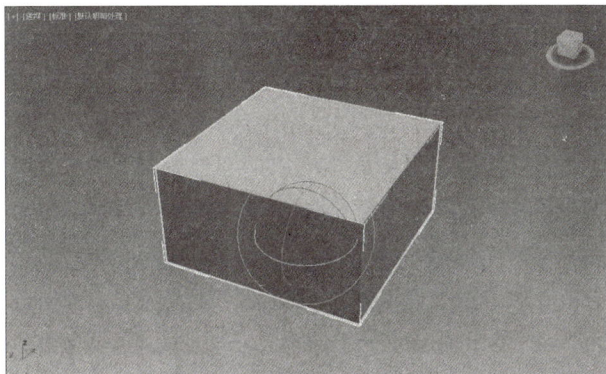

图 2-16　沿坐标轴旋转对象

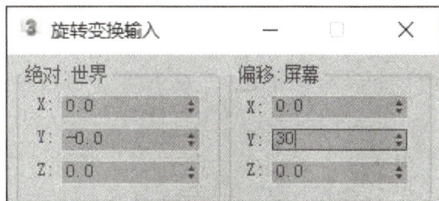

图 2-17　"旋转变换输入"面板

3. 缩放对象

若要调整场景中对象的比例大小，可以单击主工具栏中的"选择并均匀缩放"按钮 **▦**，然后对对象进行等比例缩放，如图2-18所示。

右键单击"选择并缩放"按钮，弹出"缩放变换输入"面板，如图2-19所示。在"偏移:屏幕"选项组中输入百分比数值，可以控制对象进行精确缩放。

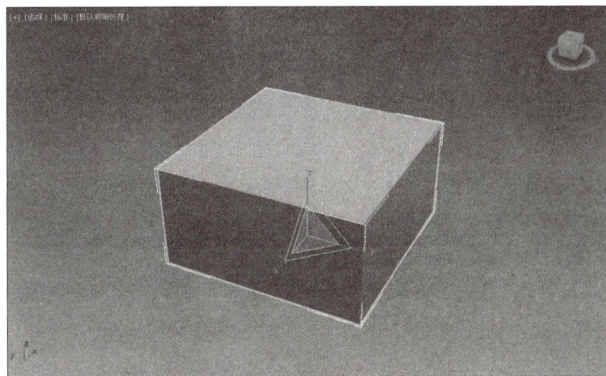

图 2-18　等比例缩放对象

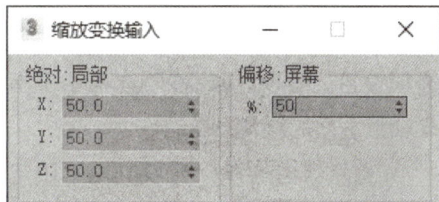

图 2-19　"缩放变换输入"面板

■ 2.2.3　复制操作

3ds Max提供了多种复制方式，以快速创建一个或多个选定对象的多个副本。复制对象的通用术语为克隆，本小节主要介绍克隆对象的方法。

- 选择对象后，执行"编辑">"克隆"命令，打开"克隆选项"对话框，如图2-20所示。
- 单击"选择并移动"按钮，选择对象后进行操作的同时按住Shift键，打开"克隆选项"对话框，如图2-21所示。

以上两种方法会打开不同的"克隆选项"对话框。使用"编辑"菜单中的"克隆"命令，可以创建单个副本；在变换选择时按住Shift键，可以创建多个副本。

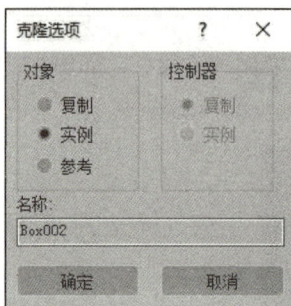

图2-20 "克隆选项"对话框1　　　图2-21 "克隆选项"对话框2

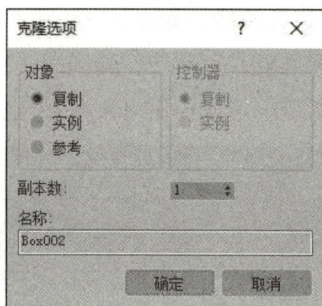

对话框中提供了3种克隆方法，分别是复制、实例、参考。各选项介绍如下：

- **复制**：创建一个与原始对象完全无关的克隆对象。修改一个对象时，不会对另一个对象产生影响。
- **实例**：创建与原始对象完全可交互的克隆对象。修改实例对象时，原始对象也会发生相同的改变。
- **参考**：克隆对象时，创建与原始对象有关的克隆对象。参考对象之前，更改对该对象应用的修改器的参数时，将会更改这两个对象；但是新修改器可以应用于参考对象之一，因此，只会影响应用该修改器的对象。

■2.2.4　镜像操作

在视口中选择任一对象，在主工具栏中单击"镜像"按钮，打开镜像对话框。在对话框中设置镜像参数，然后单击"确定"按钮完成镜像操作。镜像对话框如图2-22所示。

"镜像轴"选项组包括x、y、z、xy、yz和zx镜像轴，选择其一即可指定镜像的方向。这些选项等同于"轴约束"工具栏中的选项按钮。其中，"偏移"选项用于指定镜像对象轴点与原始对象轴点之间的距离。

"克隆当前选择"选项组用于确定由"镜像"功能创建的副本的类型。默认设置为"不克隆"。

- **不克隆**：在不制作副本的情况下，镜像选定对象。
- **复制**：将选定对象的副本镜像到指定位置。
- **实例**：将选定对象的实例镜像到指定位置。
- **参考**：将选定对象的参考镜像到指定位置。

当围绕一个轴镜像几何体时，会导致镜像IK约束（与几何体一起镜像）。如果不希望IK约束受"镜像"命令的影响，可禁用"镜像IK限制"选项。

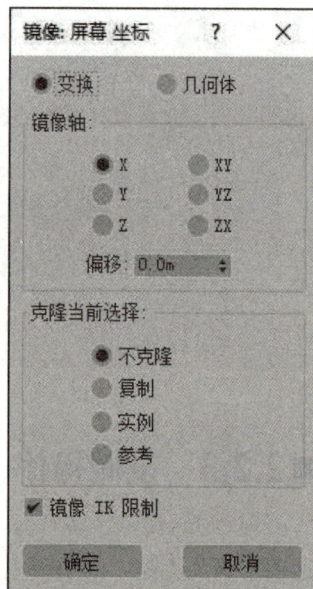

图2-22 镜像对话框

实例 创建简易置物架模型

下面利用复制、旋转、镜像等命令创建一个简易置物架模型。

步骤01 单击"长方体"按钮，创建尺寸为200 mm×440 mm×12 mm的长方体，作为置物架底座，如图2-23所示。

扫码观看视频

步骤02 按Ctrl+V组合键打开"克隆选项"对话框，选择"复制"单选按钮，如图2-24所示。

图 2-23　创建置物架底座

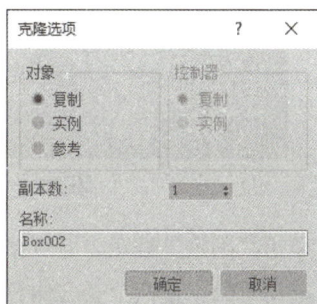

图 2-24　选择"复制"单选按钮

步骤03 单击"确定"按钮即可复制长方体，调整其尺寸为12 mm×200 mm×1 000 mm，居中对齐到底座外侧，作为置物架支撑，如图2-25所示。

步骤04 继续选择底座进行复制，并调整尺寸为200 mm×385 mm×12 mm，如图2-26所示。

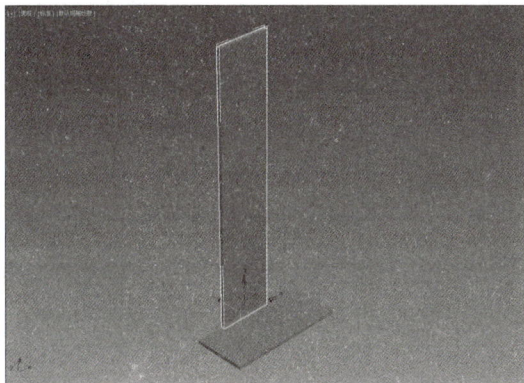

图 2-25　绘制置物架支撑

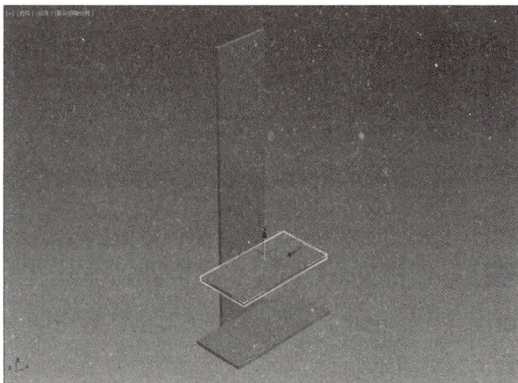

图 2-26　复制对象并调整尺寸

步骤05 切换到前视口，在主工具栏中右键单击选择"选择并旋转"按钮，打开"旋转变换输入"面板，在"偏移:屏幕"选项组中输入z轴偏移值为-45，如图2-27所示。

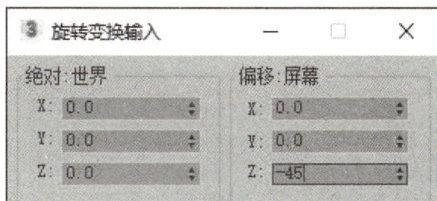

图 2-27　设置 z 轴偏移值

步骤 **06** 按回车键确认，即可将长方体按顺时针旋转45°，然后移动长方体的位置，如图2-28所示。

步骤 **07** 在主工具栏中单击"镜像"按钮，打开镜像对话框，设置镜像轴为x轴，然后选择"复制"单选按钮，如图2-29所示。

图 2-28　旋转效果

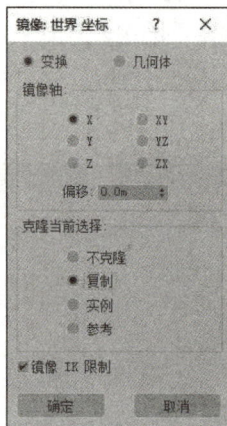

图 2-29　沿 x 轴进行镜像

步骤 **08** 单击"确定"按钮，即可镜像复制长方体，如图2-30所示。

步骤 **09** 移动对象，使两个长方体相互垂直，制作一层置物架，如图2-31所示。

图 2-30　镜像复制长方体

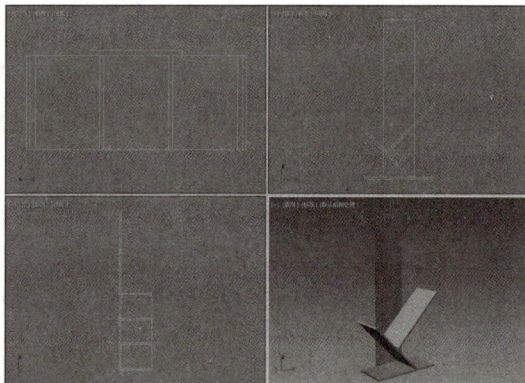

图 2-31　制作一层置物架

步骤 **10** 选择两个长方体，按住Shift键向上复制出多个。至此，简易置物架模型创建完毕，如图2-32所示。

图 2-32　简易置物架完成效果

■2.2.5 捕捉操作

捕捉操作包括很多捕捉类型。使用鼠标右键单击主工具栏的空区域，在弹出的快捷菜单中选择"捕捉"命令，可以开启捕捉工具栏，如图2-33所示。与捕捉操作相关的工具按钮包括捕捉切换、角度捕捉切换、百分比捕捉切换、微调器捕捉切换。右键单击任意捕捉切换按钮，可以打开"栅格和捕捉设置"对话框，在其中可以为捕捉、主栅格、用户定义的栅格等进行设置，如图2-34所示。

图 2-33　捕捉切换按钮

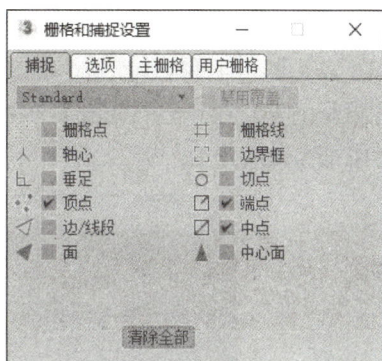

图 2-34　捕捉设置

1. 捕捉切换 2² 2⁵ 3²

这3个按钮代表了3种捕捉模式。

- **2D捕捉 2²**：光标仅捕捉活动栅格，包括该栅格平面中的任何几何体，忽略z轴或垂直尺寸。
- **2.5D捕捉 2⁵**：光标仅捕捉活动栅格上对象投影的顶点或边缘。
- **3D捕捉 3²**：默认捕捉模式。光标直接捕捉到三维空间中的任何几何体，用于创建和移动所有尺寸的几何体，而不考虑构造平面。

2. 角度捕捉切换 ⌖

角度捕捉切换用于使对象或对象组以设置的增量围绕指定轴旋转。

3. 百分比捕捉切换 %

百分比捕捉切换用于通过指定的百分比增加对象的缩放。

■2.2.6 隐藏/冻结操作

在视口中选择要操作的对象，单击鼠标右键，在打开的快捷菜单中会显示出隐藏和冻结操作的相关命令，如图2-35所示。下面对常用选项进行介绍。

1. 隐藏与取消隐藏

在建模过程中为了便于操作，常常将部分对象暂时隐藏，在需要的时候再将其显示，以提高界面的操作速度。

具体操作为：在视口中选择需要隐藏的对象并单击鼠标右键，在

图 2-35　隐藏与取消隐藏

弹出的快捷菜单中选择"隐藏选定对象"或"隐藏未选定对象"命令，即可将其隐藏；当不需要隐藏对象时，同样在视口中单击鼠标右键，在弹出的快捷菜单中选择"全部取消隐藏"或"按名称取消隐藏"命令，相应的对象将不再被隐藏。

2. 冻结与解冻

在建模过程中为了避免对场景中的对象误操作，常常将部分对象暂时冻结，在需要的时候再将其解冻。

具体操作为：在视口中选择需要冻结的对象并单击鼠标右键，在弹出的快捷菜单中选择"冻结当前选择"命令，即可将其冻结，图2-36所示为冻结效果；当不需要冻结对象时，同样在视口中单击鼠标右键，在弹出的快捷菜单中选择"全部解冻"命令，场景中的对象将不再被冻结，图2-37所示为解冻效果。

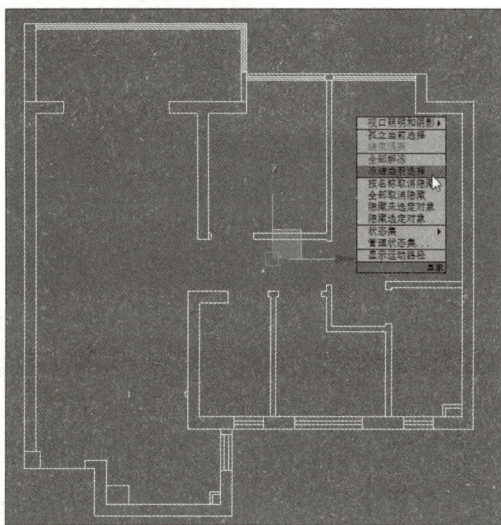

图 2-36　冻结对象

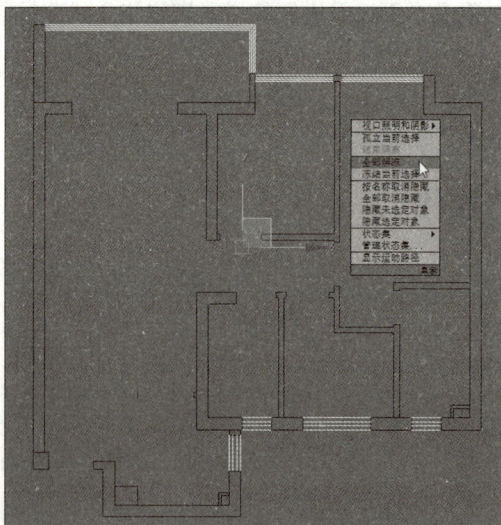

图 2-37　解冻对象

■2.2.7　成组操作

控制成组操作的命令集中在"组"菜单中，如图2-38所示。

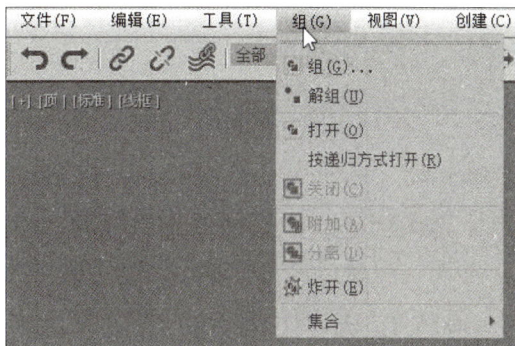

- 执行"组">"组"命令，可将对象或组的选择集组成一个组。

- 执行"组">"解组"命令，可将当前组分离为其组件对象或组。

- 执行"组">"打开"命令，可暂时对组进行解组，并访问组内的对象。

- 执行"组">"关闭"命令，可重新组合打开的组。

图 2-38　成组与解组

- 执行"组">"附加"命令，可使选定对象成为现有组的一部分。

- 执行"组">"分离"命令，可从对象的组中分离选定对象。

- 执行"组">"炸开"命令，可解组组中的所有对象。它与"解组"命令不同，后者只解组一个层级。

- 执行"组">"集合"命令，在其级联菜单中提供了用于管理集合的相关命令。

2.3　课堂演练：创建折叠梯模型

本课堂演练将结合本章所学命令创建一个简单的折叠梯模型。在创建过程中涉及的主要命令有对象的移动、复制、旋转、镜像等。下面介绍具体的绘制操作。

扫码观看视频

步骤 01 单击"长方体"按钮，在透视视口中创建一个长方体，并调整尺寸参数，如图2-39和图2-40所示。

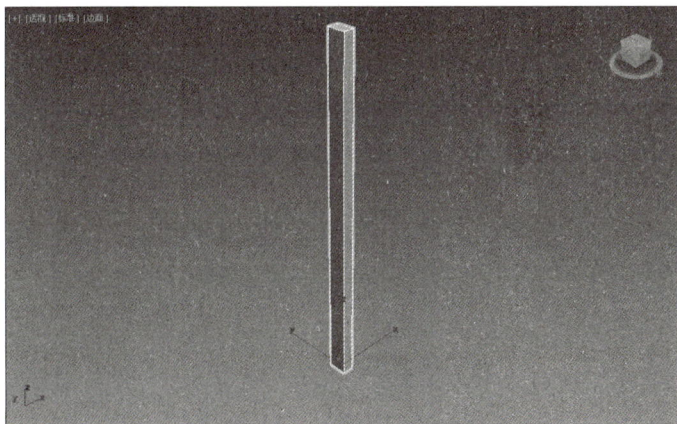

图 2-39　创建长方体

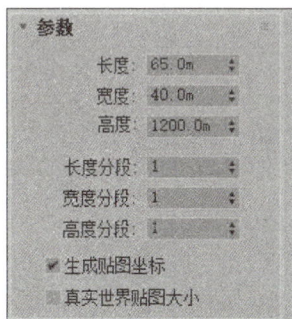

图 2-40　调整长方体尺寸参数

步骤 02 单击"选择并移动"按钮，按Ctrl+V组合键打开"克隆选项"对话框，选择"实例"单选按钮，如图2-41所示，单击"确定"按钮即可克隆对象。

步骤03 切换到前视口，右键单击"选择并移动"按钮，打开"移动变换输入"面板，在"偏移:屏幕"选项组中输入x轴数值为500，如图2-42所示。

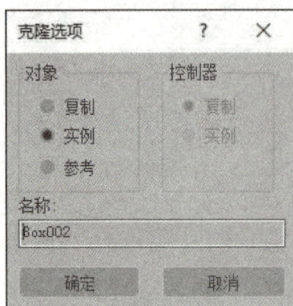

图 2-41　选择"实例"单选按钮

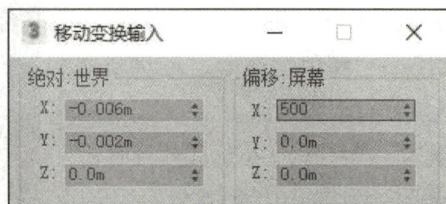

图 2-42　设置偏移值

步骤04 按回车键即可将复制的长方体向右移动，作为折叠梯的两条立柱，如图2-43所示。

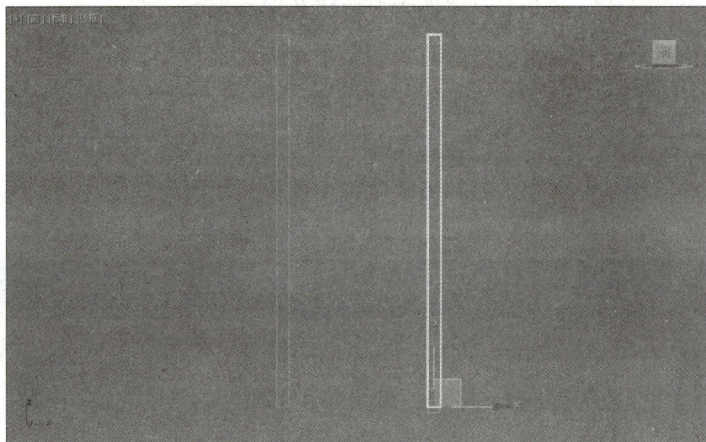

图 2-43　移动长方体

步骤05 单击"长方体"按钮，在前视口中创建一个长方体作为踏步，并调整尺寸参数，如图2-44和图2-45所示；单击"选择并移动"按钮，分别在左视口和前视口中调整长方体的位置。

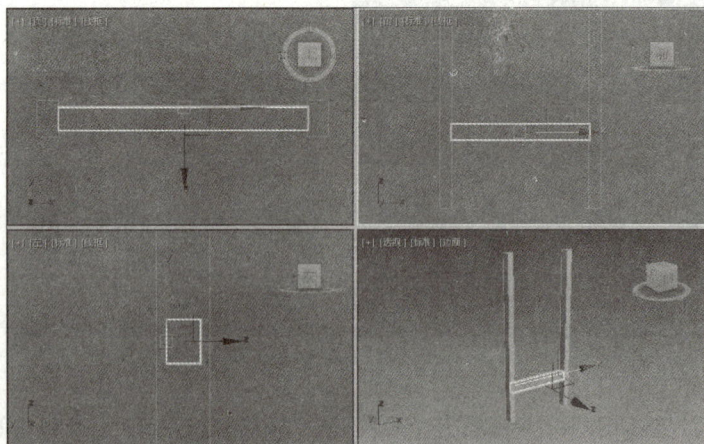

图 2-44　创建踏步模型

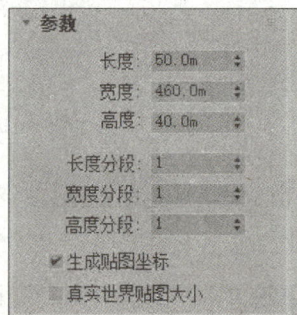

图 2-45　调整踏步尺寸参数

步骤 06 切换到前视口，按住Shift键沿y轴向上移动对象，系统打开"克隆选项"对话框，设置"副本数"为2，如图2-46所示。

步骤 07 单击"确定"按钮即可复制多个长方体，如图2-47所示。

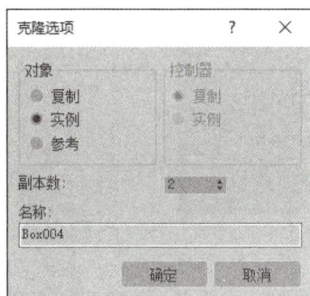

图 2-46　设置"副本数"为2　　　　图 2-47　复制多个踏步

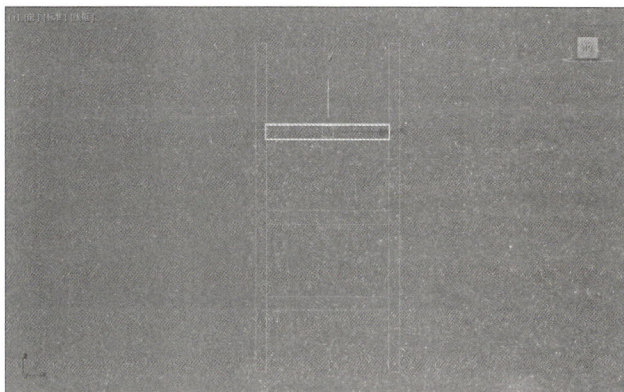

步骤 08 再次按住Shift键向上复制对象，在"克隆选项"对话框中选择"复制"单选按钮，如图2-48所示。

步骤 09 重新调整长方体的尺寸参数，如图2-49所示。

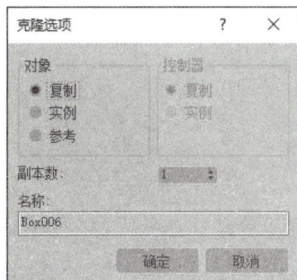

图 2-48　选择"复制"单选按钮　　图 2-49　调整长方体的尺寸参数

步骤 10 移动对象位置，完成一侧折叠梯的造型，如图2-50所示。

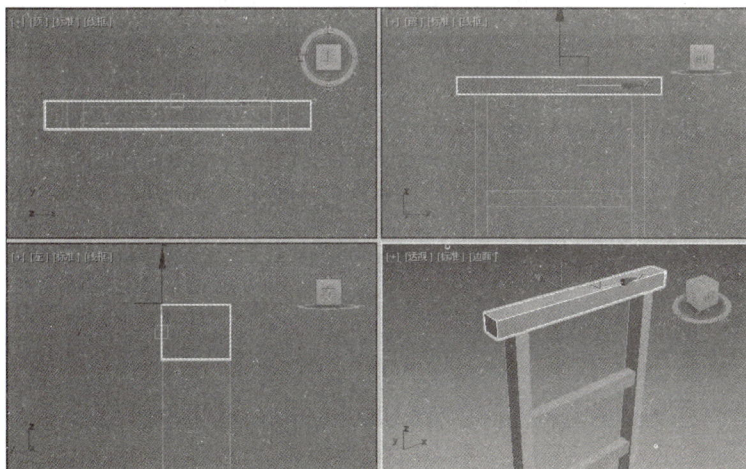

图 2-50　完成一侧折叠梯的造型

步骤11 全选对象，切换到左视口，单击"选择并旋转"按钮，旋转对象，如图2-51所示。

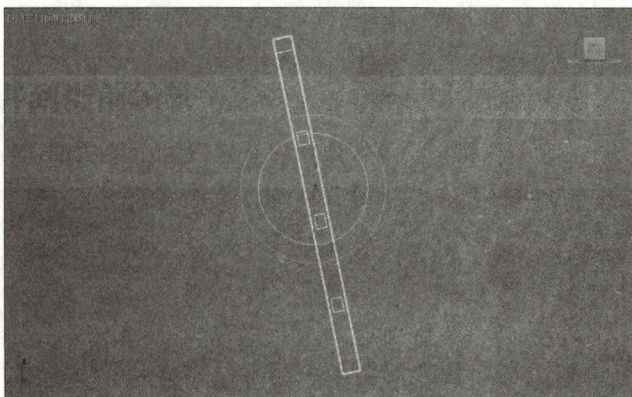

图 2-51 旋转折叠梯

步骤12 单击"镜像"按钮，打开镜像对话框，选择镜像轴为x轴、克隆方式为"实例"，如图2-52所示。

步骤13 单击"确定"按钮完成镜像复制，如图2-53所示。

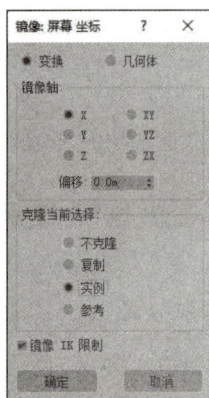

图 2-52 镜像对话框

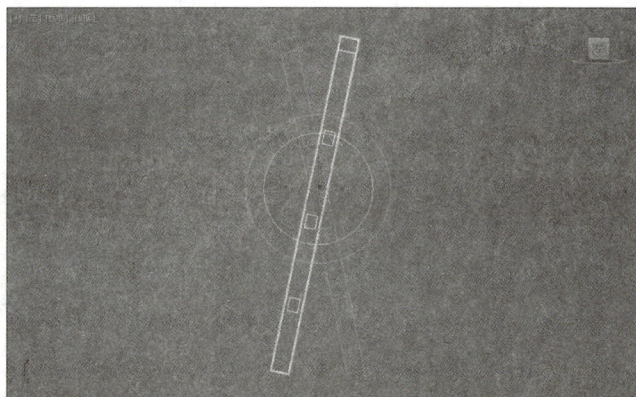

图 2-53 镜像复制折叠梯

步骤14 单击"选择并移动"按钮，移动对象的位置，即可完成折叠梯模型的制作，如图2-54所示。

图 2-54 折叠梯效果

课后作业

一、选择题

1. 使用3ds Max文件保存命令可以保存的文件类型是（　　）。

    A. MAX   B. DXF   C. DWG   D. 3DS

2. 在3ds Max中，可以用来切换各个模块的区域是（　　）。

    A. 视口   B. 工具栏   C. 命令面板   D. 命令面板

3. 将多个场景组合成一个单独的场景，应使用文件（　　）命令。

    A. 归档   B. 合并

    C. 重置   D. 成组

二、填空题

1. 选择对象的工具主要有＿＿＿＿＿＿和＿＿＿＿＿＿两种。

2. 3ds Max提供了3种复制方式，分别是＿＿＿＿＿＿＿＿＿＿＿、＿＿＿＿＿＿＿＿＿＿、

＿＿＿＿＿＿＿＿。

3. 使用＿＿＿＿＿＿命令会自动查找场景中参照的文件，并在可执行文件的文件夹中创建压缩文件。

三、操作题

使用镜像工具完善桌椅模型的创建，效果如图2-55所示。

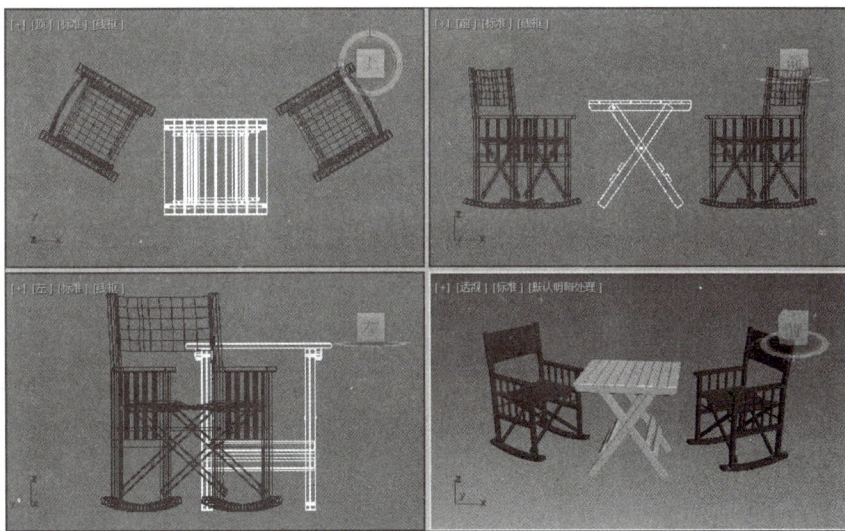

图 2-55　镜像桌椅模型

操作提示

步骤01 选择一侧桌椅模型，在工具栏中单击"镜像"按钮。

步骤02 在镜像对话框中选择镜像轴和克隆方式，复制对象后移动位置。

第3章

基础建模

内容概要

3ds Max建模功能可分基础建模和高级建模两种。本章介绍三维基础建模的方法和技巧，其中包括如何使用内置的样条线、标准基本体、扩展基本体等功能创建简单的三维模型。通过学习本章内容，可以轻松创建简单的实体模型，如座椅、床、沙发、闹钟等。

数字资源

【本章素材】："素材文件\第3章"目录下

【本章课堂演练最终文件】："素材文件\第3章\课堂演练"目录下

3.1 样条线建模

样条线建模是一种基于线条的建模技术，是利用线条（如线、矩形、圆和文本等）来创建和编辑三维模型，相对于基本体建模要灵活一些。3ds Max中提供了13种样条线类型，主要有线、矩形、圆、椭圆、弧、圆环、多边形等，如图3-1所示。

图 3-1 样条线设置面板

3.1.1 线

线在样条线中比较特殊，没有可编辑的参数，只能利用顶点、线段和样条线子层级进行编辑。单击时若立即松开，便形成折角；若继续拖动一段距离后再松开，便形成圆滑的弯角。直线和曲线如图3-2和图3-3所示。

图 3-2 直线

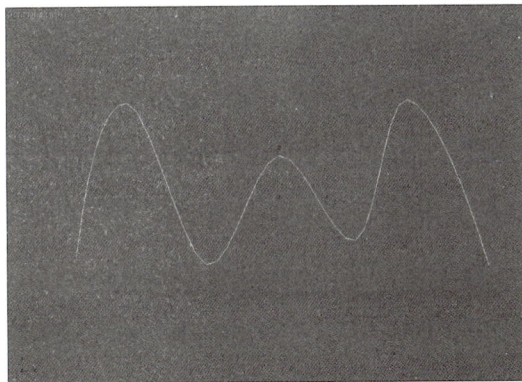

图 3-3 曲线

在"修改"面板的"几何体"卷展栏中，由"线性"所定义的顶点为锐角转角的不可调整的顶点，由"平滑"所定义的顶点为平滑连续曲线的不可调整的顶点；由"Bezier"（贝塞尔）所定义的顶点为带有锁定连续切线控制柄的不可调整的顶点，用于创建平滑曲线；由"Bezier角点"所定义的顶点为带有不连续的切线控制柄的不可调整的顶点，用于创建锐角转角。卷展栏如图3-4所示。

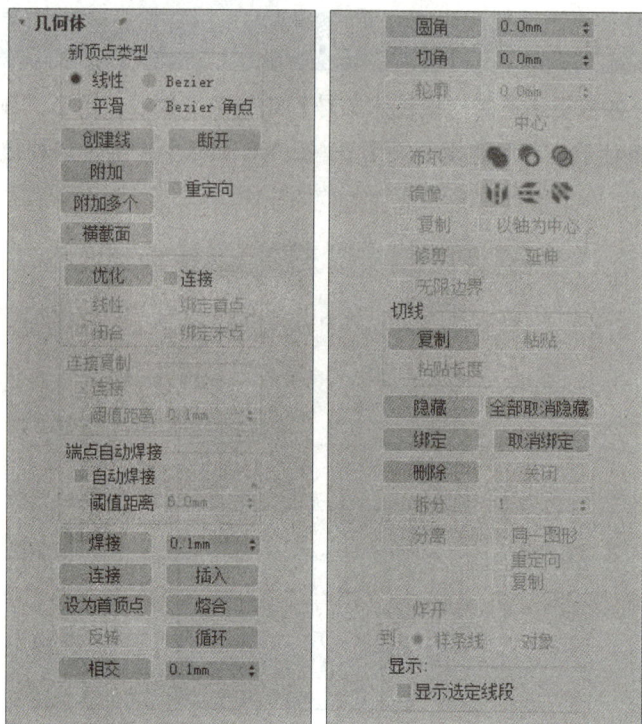

图 3-4　编辑样条线

下面介绍"几何体"卷展栏中的常用选项。

- **创建线**：用于在所选对象的基础上添加更多样条线。
- **断开**：用于在选定的一个或多个顶点拆分样条线。
- **附加**：用于将其他样条线附加到所选样条线。
- **优化**：用于在线条上任意加点。
- **焊接**：用于将两个端点顶点或同一样条线中的两个相邻顶点转化为一个顶点。"连接"与"焊接"的作用是一样的，但"连接"必须是重合的两点。
- **插入**：用于插入一个或多个点以创建线。
- **熔合**：用于将所选顶点移至其平均中心位置，使其重叠。
- **圆角**：用于为直角添加圆滑度。
- **切角**：用于设置形状角部的倒角。
- **隐藏**：用于将选中的点隐藏起来。"全部取消隐藏"用于将隐藏的点显示出来。
- **删除**：用于删除不需要的点。

■3.1.2　其他样条线

掌握线的创建后，其他样条线的创建就相对简单得多。下面对其进行介绍。

1. 矩形

矩形常用于创建简单家具的拉伸原始形状，其关键参数有长度、宽度、角半径，具体介绍如下：

- **长度**：设置矩形的长度。
- **宽度**：设置矩形的宽度。
- **角半径**：设置角半径的大小。

在"图形">"样条线"命令面板中单击"矩形"按钮，拖动鼠标在顶视口中即可创建矩形样条线，如图3-5所示。进入"修改"命令面板，在"参数"卷展栏中可以设置矩形样条线的参数，如图3-6所示。

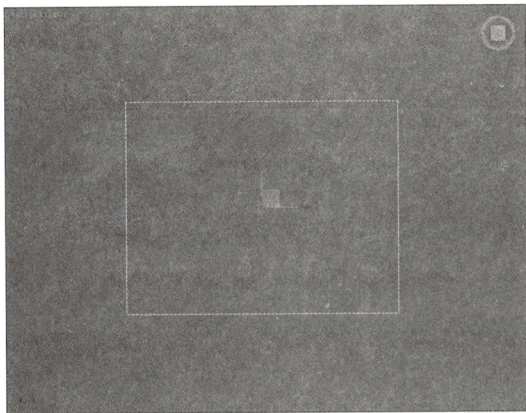

图 3-5　绘制矩形

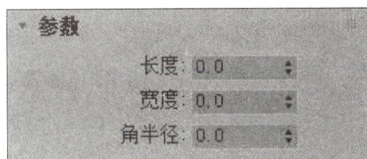

图 3-6　设置样条线的参数

2. 圆/椭圆

在"图形">"样条线"命令面板中单击"圆"按钮，在任意视口中单击，拖动鼠标即可创建圆，如图3-7所示。

创建椭圆样条线与创建圆形样条线的方法类似，通过"参数"卷展栏可以设置半轴的长度和宽度，效果如图3-8所示。

图 3-7　绘制圆形

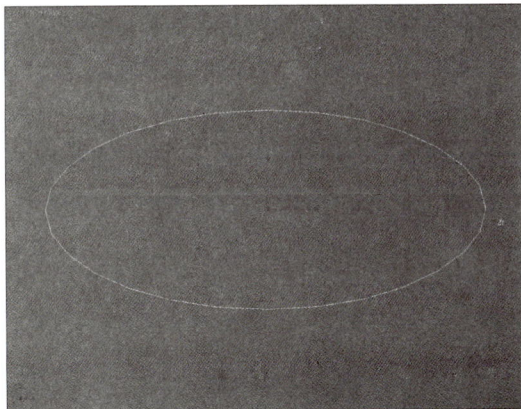

图 3-8　绘制椭圆

> **提示**：在3ds Max中创建对象时，选择不同的视口所创建对象的轴是不一样的，这在对对象进行操作时会产生细小的差别。

3. 弧

利用弧样条线可以创建圆弧和扇形，创建的弧可以通过修改器生成带有平滑圆角的图形。

在"图形">"样条线"命令面板中单击"弧"按钮，在视口中单击，拖动鼠标创建线段，释放鼠标左键后，拖动鼠标指定弧线的弧度可显示弧线，再次单击鼠标左键确认，完成弧的创建，如图3-9所示。

在"创建方法"卷展栏中，可以设置弧样条线的创建方法；在"参数"卷展栏中可以设置弧样条线的参数，如图3-10所示。

图 3-9　绘制弧线

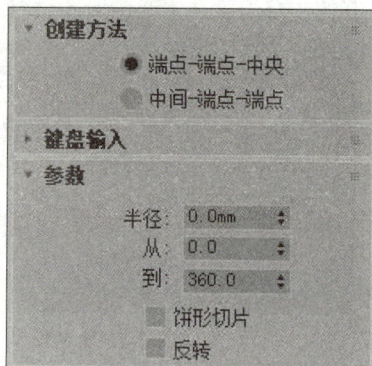

图 3-10　设置弧样条线参数

下面具体介绍各选项。

- **端点-端点-中央**：设置弧样条线以"端点-端点-中央"的方式进行创建。
- **中间-端点-端点**：设置弧样条线以"中间-端点-端点"的方式进行创建。
- **半径**：设置弧样条线的半径。
- **从**：设置弧样条线的起始角度。
- **到**：设置弧样条线的终止角度。
- **饼形切片**：选择该复选框，创建的弧形样条线会更改成封闭的扇形。
- **反转**：选择该复选框，即可反转弧样条线，生成弧样条线所属圆周另一半的弧样条线。

4. 圆环

在"图形">"样条线"命令面板中单击"圆环"按钮，拖动鼠标在顶视口中创建圆环的外框线，释放鼠标左键并拖动鼠标，可创建圆环的内框线，如图3-11所示。单击鼠标左键完成创建圆环的操作，在"参数"卷展栏中可以设置半径1和半径2的大小，如图3-12所示。

5. 多边形/星形

多边形和星形属于多线段的样条线图形，通过设置边数和点数可以定义样条线的形状，如图3-13和图3-14所示。

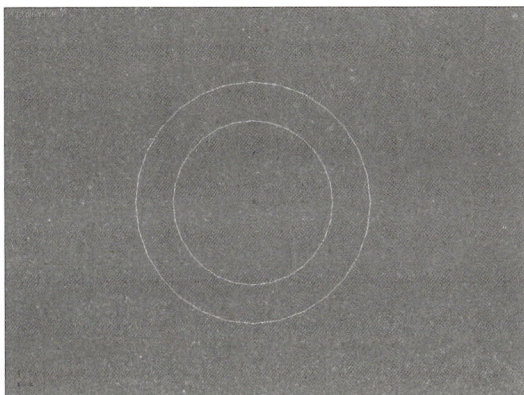

图 3-11 绘制圆环

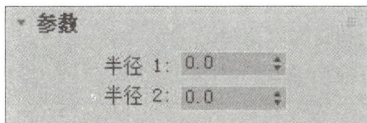

图 3-12 设置圆环参数

图 3-13 绘制多边形

图 3-14 绘制星形

在"参数"卷展栏中有许多设置多边形和星形的参数，如图3-15和图3-16所示。

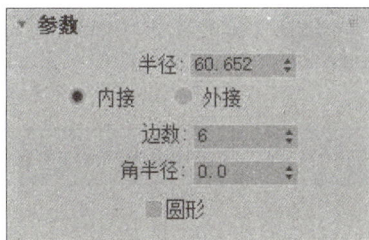

图 3-15 设置多边形参数

图 3-16 设置星形参数

下面具体介绍各选项。

- **半径**：设置多边形径向中心到边的距离。
- **内接、外接**：内接是指多边形的径向中心到各角的距离，即内切圆的半径；外接是指多边形的径向中心到各侧边中心的距离，即外切圆的半径。
- **边数**：设置多边形的边数。数值范围为3～100，默认边数为6。
- **角半径**：设置圆角半径的大小。
- **圆形**：选择该复选框，可指定多边形为圆形样条线。

由图3-16可知，设置星形的选项由半径1、半径2、点、扭曲等组成。下面具体介绍各选项。

- **半径1、半径2**：设置星形的内、外半径。
- **点**：设置星形的点数。默认情况下，创建星形的点数为6。数值范围为3～100。
- **扭曲**：围绕星形中心旋转半径的顶点，生成锯齿形效果。
- **圆角半径1、圆角半径2**：设置星形内、外圆环上圆角半径的大小。

> **！提示**：在创建星形"半径2"时，向内拖动，可将第1个半径作为星形的顶点，或者向外拖动，将第2个半径作为星形的顶点。

6. 文本

在设计过程中，很多时候都需要创建文本，如制作店面名称、商品品牌等。在"图形"＞"样条线"命令面板中单击"文本"按钮，在视口中单击即可创建一个默认的文本，文本内容为"MAX 文本"，如图3-17所示。在"参数"卷展栏中可以对文本的字体、大小、字间距等进行设置，如图3-18所示。

图 3-17　默认文本

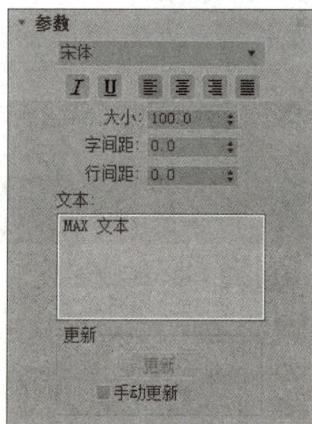

图 3-18　设置文本参数

> **！提示**：在创建较为复杂的场景时，为模型起一个标志性的名称，会为接下来的操作带来很大的便利。

7. 螺旋线

利用螺旋线可以创建弹簧和旋转楼梯扶手等不规则的形状，如图3-19所示。可以通过半径1、半径2、高度、圈数、偏移、顺时针和逆时针等参数设置螺旋线，其"参数"卷展栏如图3-20所示。

下面具体介绍各选项。

- **半径1、半径2**：设置螺旋线起始圆和结束圆的半径。
- **高度**：设置螺旋线在起始圆和结束圆之间的高度。
- **圈数**：设置螺旋线的圈数。
- **偏移**：用于强制在螺旋线的一端累积圈数。

- **顺时针、逆时针：** 设置螺旋线的旋转方向。

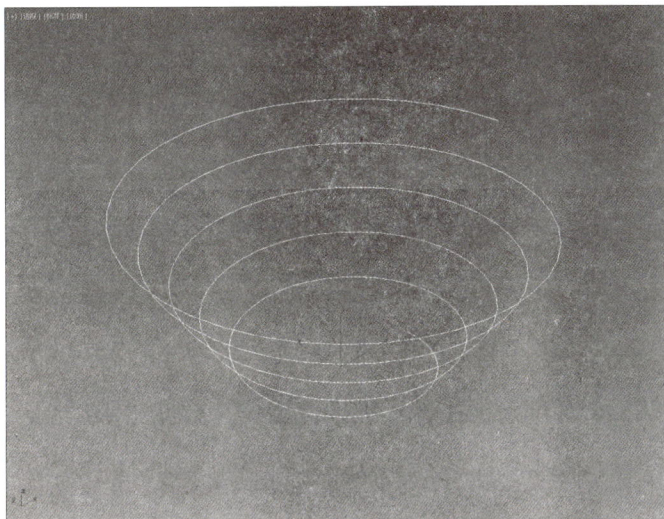

图 3-19 绘制螺旋线

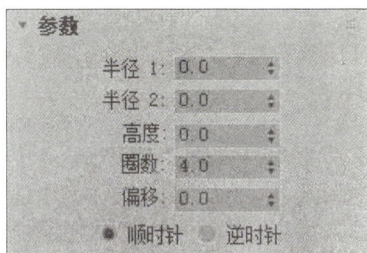

图 3-20 设置螺旋线参数

3.2 几何体建模

很多复杂的模型基本上都是由简单的几何体组成的。3ds Max内置多种标准基本体，如长方体、球体、圆柱体等。另外，还提供多种扩展基本体，如切角长方体、胶囊、油罐、纺锤等，如图3-21和图3-22所示。

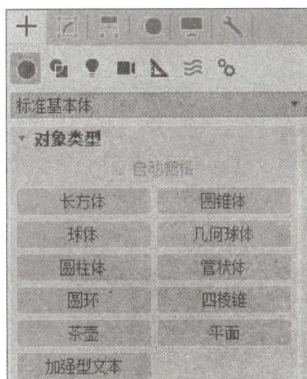

图 3-21 标准基本体

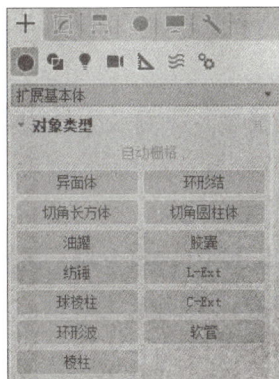

图 3-22 扩展基本体

■3.2.1 标准基本体

标准基本体是最简单的三维对象，拖动鼠标即可在视口中创建标准基本体。可以通过以下两种方法调用创建标准基本体的命令。

- 执行"创建">"标准">"基本体"的子命令。
- 在命令面板中单击"创建"按钮，然后在其下方单击"几何体"按钮，打开"几何体"命令面板，在该命令面板的"对象类型"卷展栏中单击相应的标准基本体按钮。

1. 长方体

长方体是基础建模应用极为广泛的标准基本体之一。现实中与长方体接近的对象很多，因此，可以使用长方体创建很多模型，如方桌、墙体等，还可以将长方体用作多边形建模的基础对象。

利用"长方体"命令可以创建长方体或立方体，如图3-23和图3-24所示。

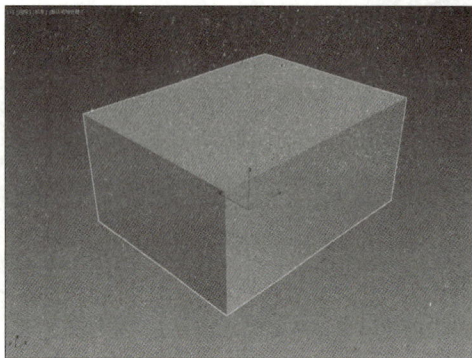

图 3-23　创建长方体

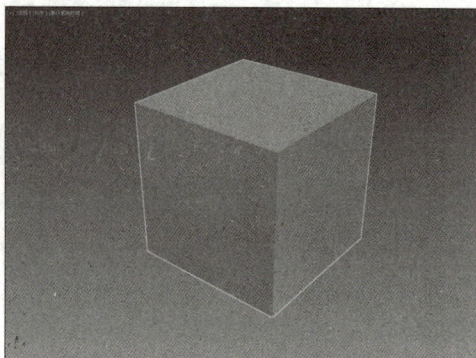

图 3-24　创建立方体

可以通过"参数"卷展栏设置长方体的长度、宽度、高度等参数，如图3-25所示。

下面介绍各选项。

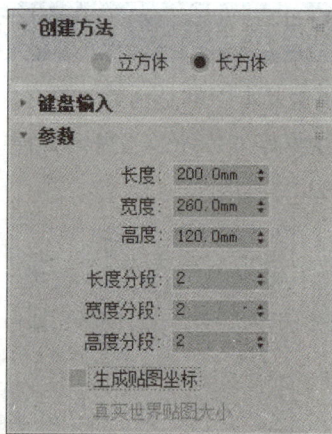

图 3-25　长方体的"参数"卷展栏

- **立方体**：选择该单选按钮，可以创建立方体。
- **长方体**：选择该单选按钮，可以创建长方体。
- **长度、宽度、高度**：设置长方体的长度、宽度和高度数值。拖动鼠标创建长方体时，该数值会随之更改。
- **长度分段、宽度分段、高度分段**：设置沿着对象每个轴的分段数量。
- **生成贴图坐标**：为创建的长方体生成贴图材质坐标，默认为启用。
- **真实世界贴图大小**：控制应用于长方体的纹理贴图材质所使用的缩放方法。

> ❶ 提示：在创建长方体时按住Ctrl键拖动鼠标，可以将创建的长方体的底面宽度与长度保持一致，再调整高度，即可创建具有正方形底面的长方体。

2. 圆柱体

圆柱体在现实中很常见，如玻璃杯和桌腿等。可以创建完整的圆柱体或者圆柱体的一部分，如图3-26所示。在"几何体"＞"标准基本体"面板中单击"圆柱体"按钮，在命令面板的下方会显示圆柱体的"参数"卷展栏，如图3-27所示。

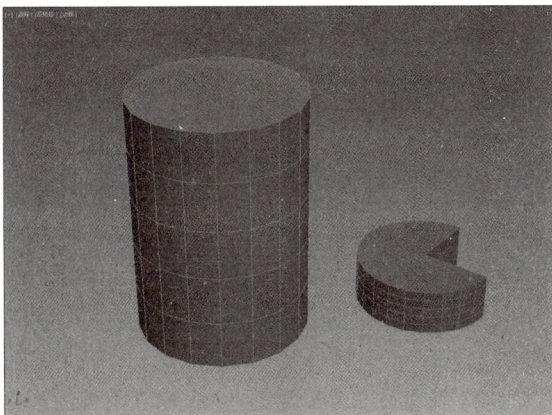

图 3-26 创建圆柱体

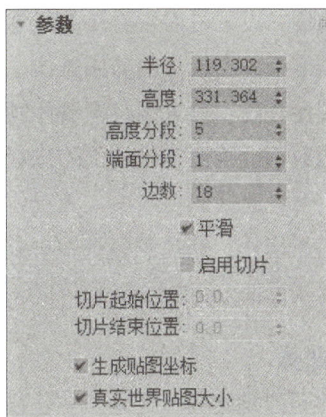

图 3-27 圆柱体的"参数"卷展栏

下面具体介绍"参数"卷展栏中的各选项。

- **半径**：设置圆柱体的半径大小。
- **高度**：设置沿着中心轴的维度。当数值为负数时，在构造平面下方创建圆柱体。
- **高度分段**：设置沿着圆柱体主轴的分段数值。
- **端面分段**：设置圆柱体顶面和底面中心的同心分段数量。
- **边数**：设置圆柱体周围的边数。

3. 圆锥体

圆锥体大多用于创建天台、吊坠等，如图3-28所示。利用"参数"卷展栏中的参数，可以将圆锥体定义成许多形状。在"几何体" > "标准基本体"面板中单击"圆锥体"按钮，命令面板的下方会显示圆锥体的"参数"卷展栏，如图3-29所示。

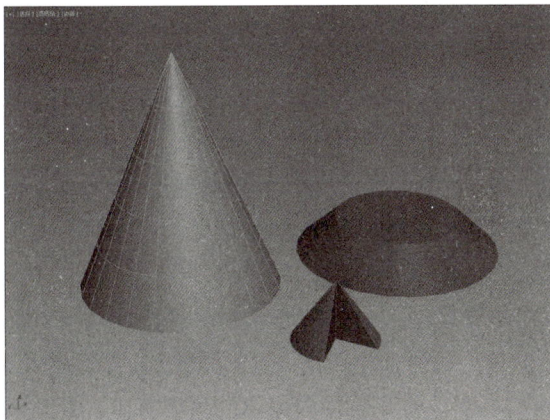

图 3-28 创建圆锥或圆台体

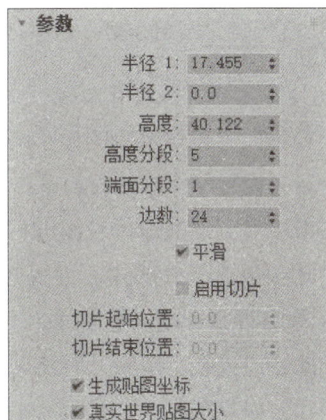

图 3-29 圆锥体的"参数"卷展栏

下面具体介绍"参数"卷展栏中的各选项。

- **半径1**：设置圆锥体的底面半径。
- **半径2**：设置圆锥体的顶面半径。当数值为0时，将创建尖顶圆锥体；当数值大于0时，将创建平顶圆锥体。

- **高度**：设置沿着中心轴的维度。
- **高度分段**：设置沿着圆锥体主轴的分段数。
- **端面分段**：设置围绕圆锥体顶面和地面中心的同心分段数。
- **边数**：设置圆锥体周围的边数。
- **平滑**：选择该复选框，圆锥体将进行平滑处理，在渲染中形成平滑的外观。
- **启用切片**：选择该复选框，将激活"切片起始位置"和"切片结束位置"参数，可以设置从局部 x 轴的原点开始围绕局部轴的度数。

4. 球体

无论是建筑建模，还是工业建模，球形结构都是必不可少的。在3ds Max中可以创建完整的球体，也可以创建半球或球体的其他部分，如图3-30所示。在"几何体">"标准基本体"命令面板中单击"球体"按钮，在命令面板的下方会显示球体的"参数"卷展栏，如图3-31所示。

图 3-30　创建各类球体　　　　图 3-31　球体的"参数"卷展栏

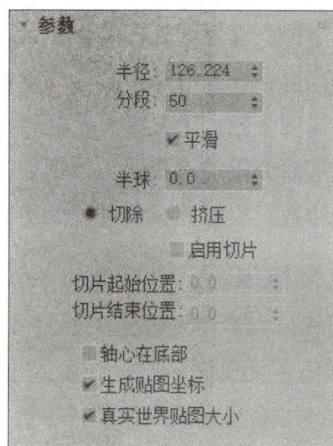

下面具体介绍"参数"卷展栏中的各选项。

- **半径**：设置球体半径的大小。
- **分段**：设置球体的分段数目。设置分段会形成网格，分段的数值越大，网格的密度越大。
- **平滑**：将创建的球体表面进行平滑处理。
- **半球**：创建部分球体。设置较大的数值，可以切断球体。有效数值为0.0～1.0。设置数值为0.5时，可以创建半球。
- **切除**：通过在半球断开时将球体中的顶点和面去除来减少它们的数量，默认为启用。
- **挤压**：保持原始球体的顶点数和面数不变，将几何体向球体的顶部挤压，直到体积越来越小。
- **启用切片**：选择该复选框，将激活切片起始位置和切片结束位置参数，通过设置角度创建部分球体。
- **切片起始位置、切片结束位置**：用于设置切片的起始角度和停止角度。当数值为正数时，按逆时针移动切片的一端；当数值为负数时，按顺时针移动切片的一端。

● **轴心在底部**：将轴心设置为球体的底部。默认为禁用状态，此时轴心位于球体中心的构造平面上。

5. 圆环

圆环可以用于创建环形或具有圆形横截面的环状对象。创建圆环的方法与创建其他标准基本体相似，可以创建完整的圆环，也可以创建圆环的一部分，如图3-32所示。在"几何体">"标准基本体"面板中单击"圆环"按钮后，在命令面板的下方会显示"参数"卷展栏，如图3-33所示。

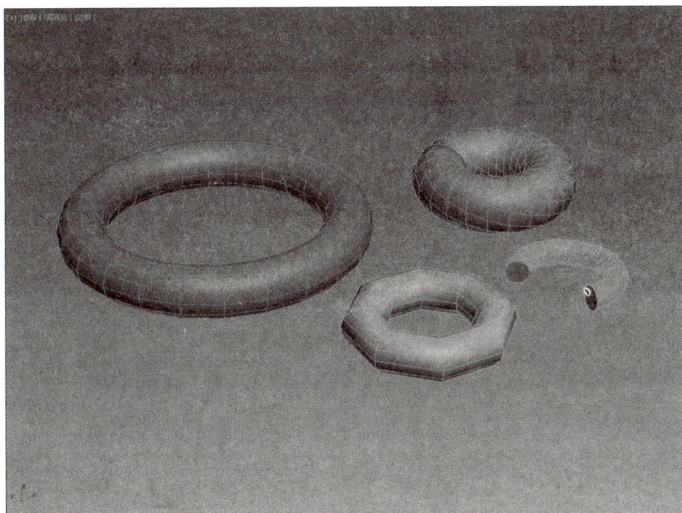

图 3-32　创建各类圆环　　　　　　图 3-33　圆环的"参数"卷展栏

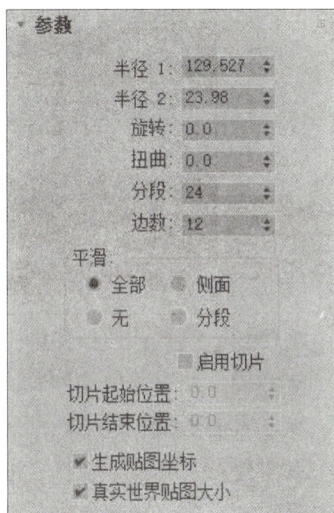

下面具体介绍"参数"卷展栏中的各选项。

● **半径1**：设置从圆环的中心到截面中心的距离。

● **半径2**：设置圆环截面半径的大小，即定义圆环的粗细程度。

● **旋转**：用于使圆环顶点围绕通过环形中心的圆形旋转。

● **扭曲**：用于使截面围绕通过环形中心的圆形旋转，定义每个截面扭曲的角度，产生扭曲的表面。如果数值设置不当，就会产生只扭曲第1段的情况，此时只需要将数值设置为360.0，或者选择"启用切片"复选框。

● **分段**：设置围绕圆环的径向分割数。数值越大，得到的圆环越光滑。

● **边数**：设置圆环截面圆形的边数。

● **平滑**：在"平滑"选项组中包括"全部""侧面""无""分段"4个选项。全部，默认设置，对整个圆环的所有曲面进行平滑处理；侧面，平滑圆环相邻分段的边，生成围绕圆环的平滑带；无，不进行平滑处理；分段，平滑圆环的每个分段，沿着环形生成类似环的分段。

6. 几何球体

几何球体是由三角形面拼接而成的，其创建方法和球体的创建方法一致。在"几何体">"标准基本体"面板中单击"几何球体"按钮后，拖动鼠标在任意视口中即可创建几何球体，如图3-34所示，此时会显示"参数"卷展栏，如图3-35所示。

图 3-34　创建几何球体

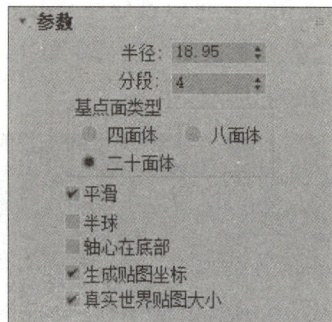

图 3-35　几何球体的"参数"卷展栏

下面具体介绍几何球体"参数"卷展栏中的各选项。

- **半径**：设置几何球体的半径大小。
- **分段**：设置几何球体表面被分成的网格数量。网格数量越多，球体表面就越平滑。
- **基本面类型**：包括四面体、八面体和二十面体，分别表示相应的几何球体的面值。
- **平滑**：选择该复选框，渲染时平滑显示几何球体。
- **半球**：选择该复选框，将几何球体设置为半球体。
- **轴心在底部**：选择该复选框，设置几何球体的中心在球体的底部。

7. 管状体

管状体的外形与圆柱体相似，不过管状体是空心的，主要应用于管道之类模型的制作，如图3-36所示。管状体的创建方法非常简单，在"几何体">"标准基本体"面板中单击"管状体"按钮，在命令面板的下方会显示"参数"卷展栏，如图3-37所示。

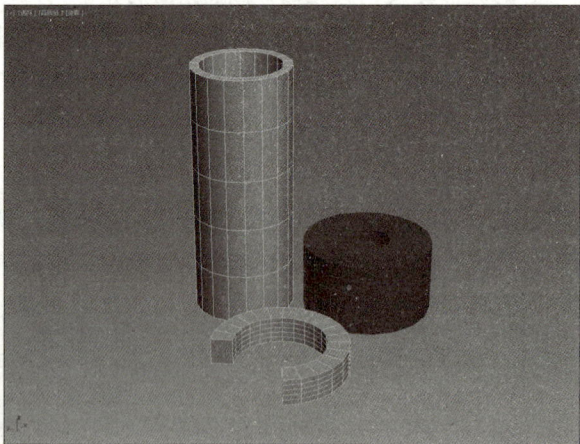

图 3-36　创建管状体

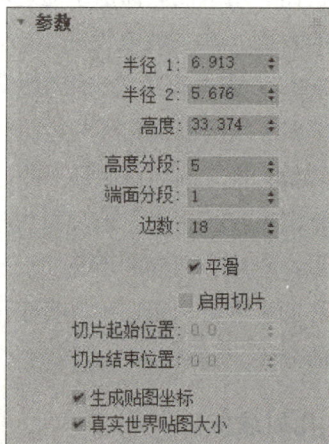

图 3-37　管状体的"参数"卷展栏

下面具体介绍其参数卷展栏中各选项的含义。

- **半径1、半径2**：设置管状体底面圆环的内径和外径的大小。
- **高度**：设置管状体的高度。
- **高度分段**：设置沿管状体主轴的分割数。
- **端面分段**：设置围绕管状体顶部和底部中心的同心分割数。
- **边数**：设置管状体的边数。数值越大，渲染的管状体越平滑。
- **平滑**：选择该复选框，将对管状体进行平滑处理。
- **启用切片**：选择该复选框，将激活切片起始位置和切片结束位置参数，可以移除部分管状体的周长。

8. 茶壶

茶壶是标准基本体中唯一完整的三维模型实体，单击并拖动鼠标即可创建茶壶的三维实体，如图3-38所示。在"几何体">"标准基本体"面板中单击"茶壶"按钮后，命令面板的下方会显示"参数"卷展栏，如图3-39所示。

图 3-38　创建茶壶模型

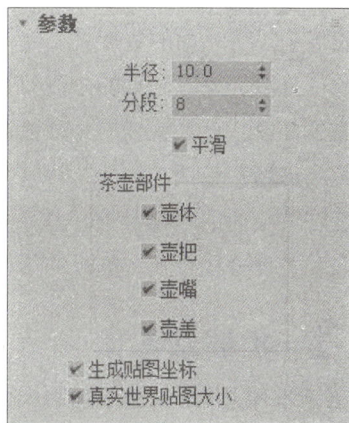

图 3-39　茶壶的"参数"卷展栏

下面具体介绍"参数"卷展栏中的各选项。

- **半径**：设置茶壶的半径大小。
- **分段**：设置茶壶及单独部件的分段数。
- **茶壶部件**：包括壶体、壶把、壶嘴、壶盖，取消选择相应的部件，则在视口中不显示该部件。

9. 平面

平面是一种没有厚度的长方体，在渲染时可以无限放大，如图3-40所示。平面常用来创建大型场景的地面或墙体。此外，可以为平面模型添加噪波等修改器，创建陡峭的地形或波涛起伏的海面。

在"几何体">"标准基本体"面板中单击"平面"按钮后，命令面板的下方会显示"参数"卷展栏，如图3-41所示。

图 3-40　创建平面

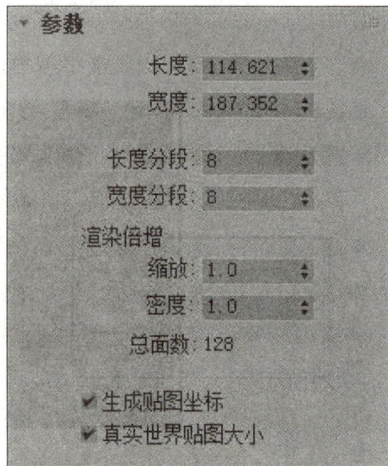

图 3-41　平面的"参数"卷展栏

下面具体介绍"参数"卷展栏中的各选项。

- **长度**：设置平面的长度。
- **宽度**：设置平面的宽度。
- **长度分段**：设置长度的分段数量。
- **宽度分段**：设置宽度的分段数量。
- **渲染倍增**：包括"缩放""密度""总面数"3个选项。缩放，指定平面几何体的长度和宽度在渲染时的倍增数值，从平面几何体中心向外缩放；密度，指定平面几何体的长度分段和宽度分段数在渲染时的倍增数值；总面数，显示创建平面几何体中的总面数。

■3.2.2　扩展基本体

扩展基本体是3ds Max复杂基本体的集合，可以用于创建带有倒角、圆角和特殊形状的对象。与标准基本体相比，它较为复杂。可以通过以下方式创建扩展基本体。

- 执行"创建">"扩展基本体"的子命令。
- 在命令面板中单击"创建"按钮，然后单击"标准基本体"右侧的▼按钮，在弹出的下拉列表中选择"扩展基本体"选项，并在其下方单击相应的"扩展基本体"按钮。

> ❶ **提示**：在3ds Max中，无论是标准基本体模型还是扩展基本体模型都具有创建参数，可以通过这些创建参数对几何体进行适当的变形处理。

1. 切角长方体

切角长方体在创建模型时常被用于创建带有圆角的长方体结构，如图3-42所示。在"几何体">"扩展基本体"面板中单击"切角长方体"按钮后，命令面板下方会显示切角长方体的"参数"卷展栏，如图3-43所示。

下面具体介绍"参数"卷展栏中的各选项。

- **长度、宽度**：设置切角长方体底面或顶面的长度和宽度。

- **高度**：设置切角长方体的高度。
- **圆角**：设置切角长方体的圆角半径。数值越大，圆角越明显。
- **长度分段、宽度分段、高度分段、圆角分段**：分别设置切角长方体在长度、宽度、高度和圆角上的分段数。

图 3-42　创建切角长方体

图 3-43　切角长方体的"参数"卷展栏

实例 创建双人床模型

下面将利用切角长方体来创建双人床模型。

步骤 01 单击"切角长方体"按钮，创建尺寸为2 250 mm×1 950 mm×120 mm的切角长方体，设置圆角半径为5 mm、圆角分段为5，如图3-44所示。

步骤 02 向上复制对象，并设置尺寸为2 000 mm×1 800 mm×200 mm，设置圆角半径为40 mm、圆角分段为10，如图3-45所示。

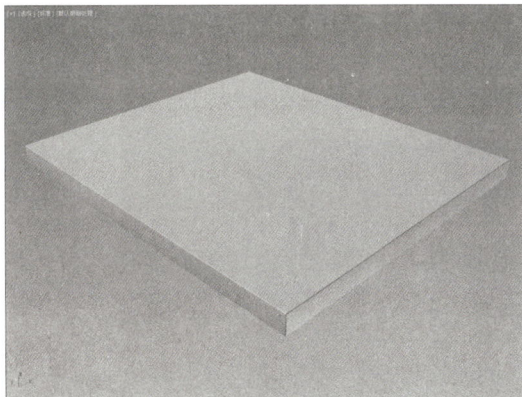

图 3-44　创建切角长方体

图 3-45　复制并调整切角长方体

步骤 03 在"标准基本体"面板中单击"长方体"按钮，在透视视口中创建尺寸为3 200 mm×800 mm×60 mm的长方体作为床背板，如图3-46所示。

步骤 04 创建一个尺寸为450 mm×600 mm×450 mm的长方体作为床头柜，对齐到床背板一侧，如图3-47所示。

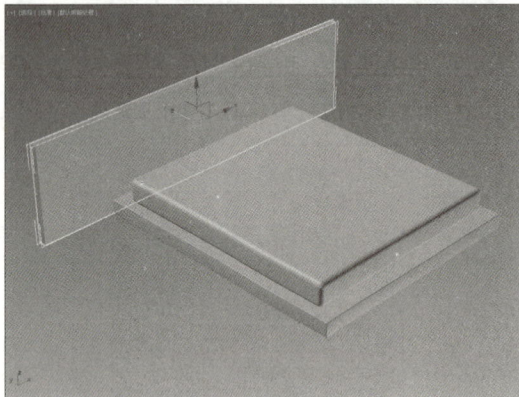

图 3-46　创建床背板

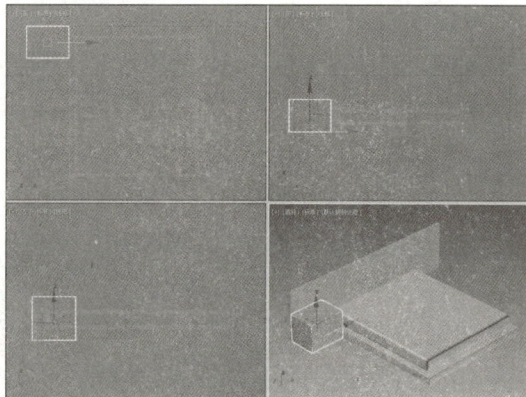

图 3-47　创建床头柜

步骤 05 创建尺寸为580 mm×200 mm×10 mm的切角长方体作为抽屉挡板，设置圆角半径为2 mm、圆角分段为5，如图3-48所示。

步骤 06 向下复制对象，完成床头柜模型的制作，如图3-49所示。

图 3-48　创建抽屉挡板

图 3-49　制作床头柜模型

步骤 07 复制床头柜模型，调整模型对象的颜色。至此，双人床模型创建完毕，如图3-50所示。

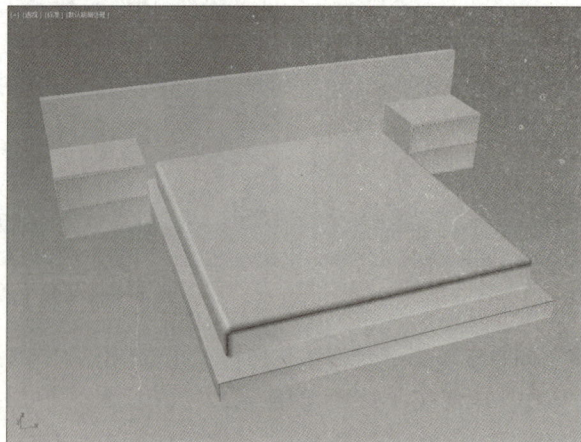

图 3-50　双人床模型效果

2. 切角圆柱体

切角圆柱体是圆柱体的扩展对象，用于快速创建带圆角效果的圆柱体，如图3-51所示。创建切角圆柱体和创建切角长方体的方法相同，但在"参数"卷展栏中的参数却有部分不同，如图3-52所示。

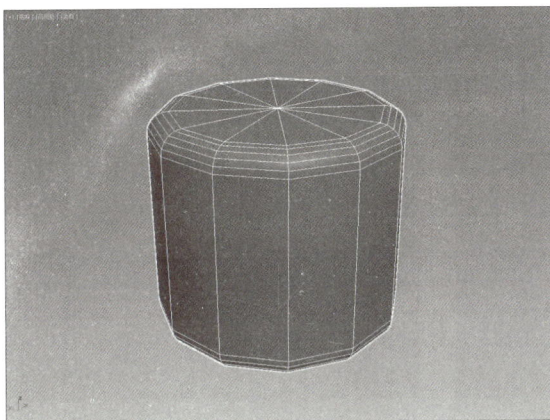

图 3-51 创建切角圆柱体　　　　图 3-52 切角圆柱体的"参数"卷展栏

下面具体介绍"参数"卷展栏中的各选项。

- **半径**：设置切角圆柱体的底面或顶面的半径大小。
- **高度**：设置切角圆柱体的高度。
- **圆角**：设置切角圆柱体的圆角半径大小。
- **高度分段、圆角分段、端面分段**：设置切角圆柱体高度、圆角和端面的分段数目。
- **边数**：设置切角圆柱体边数。数值越大，圆柱体越平滑。
- **平滑**：选择该复选框，即可将创建的切角圆柱体在渲染中进行平滑处理。
- **启动切片**：选择该复选框，将激活切片起始位置和切片结束位置参数，在其中可以设置切片的角度。

3. 油罐、胶囊、纺锤、软管

油罐、胶囊、纺锤是特殊效果的圆柱体；软管则是能连接两个对象的弹性对象，因而能反映这两个对象的运动。油罐、胶囊、纺锤和软管如图3-53所示。

实例 创建休闲椅模型

下面结合样条线、标准基本体和扩展基本体来创建休闲椅模型。

图 3-53 特殊圆柱体

步骤 01 在"标准基本体"面板中单击"圆环"按钮，创建半径1为300 mm、半径2为15 mm的圆环体作为椅子底座边框，设置分段为50、边数为30，如图3-54所示。

步骤 02 单击"切角圆柱体"按钮，创建半径290 mm、高度45 mm的切角圆柱体作为座椅底座，设置圆角半径为20 mm、圆角分段为15、边数为50，与圆环对齐，如图3-55所示。

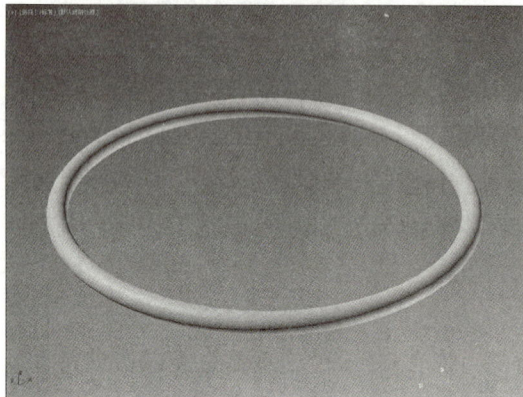

图 3-54　创建圆环

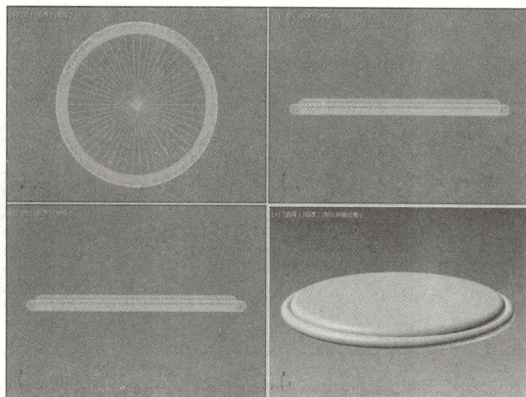

图 3-55　制作底座模型

步骤 03 向上复制切角圆柱体，设置高度为120 mm、圆角半径为60 mm，作为坐垫，如图3-56所示。

步骤 04 单击"球体"按钮，创建半径为15 mm的球体，调整其位置，如图3-57所示。

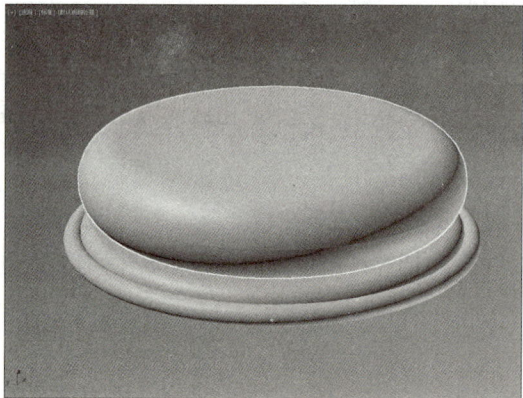

图 3-56　创建坐垫

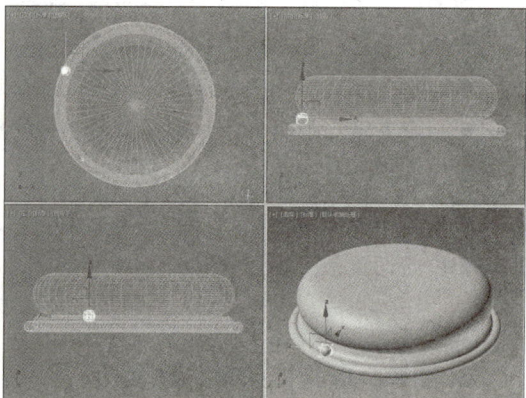

图 3-57　创建球体

步骤 05 切换到顶视口，选中球体，在"层次"命令面板中单击"轴">"仅影响轴"按钮，将坐标轴调整至坐垫的中心位置，如图3-58所示。

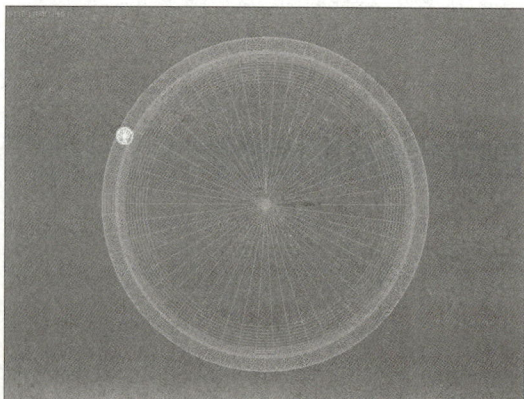

图 3-58　调整坐标至中心位置

步骤 06 执行"工具">"阵列"命令，打开"阵列"对话框，在"阵列变换"选项组中单击"旋转"右侧的按钮，设置z轴角度为-145°；在"阵列维度"选项组中设置"1D"的数量为11，如图3-59所示。

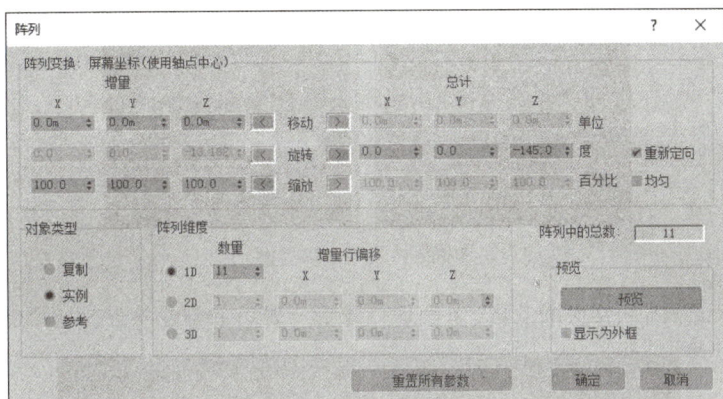

图 3-59 设置"阵列"参数

步骤 07 单击"预览"按钮，可以看到阵列效果，单击"确定"按钮，完成阵列复制操作，如图3-60所示。

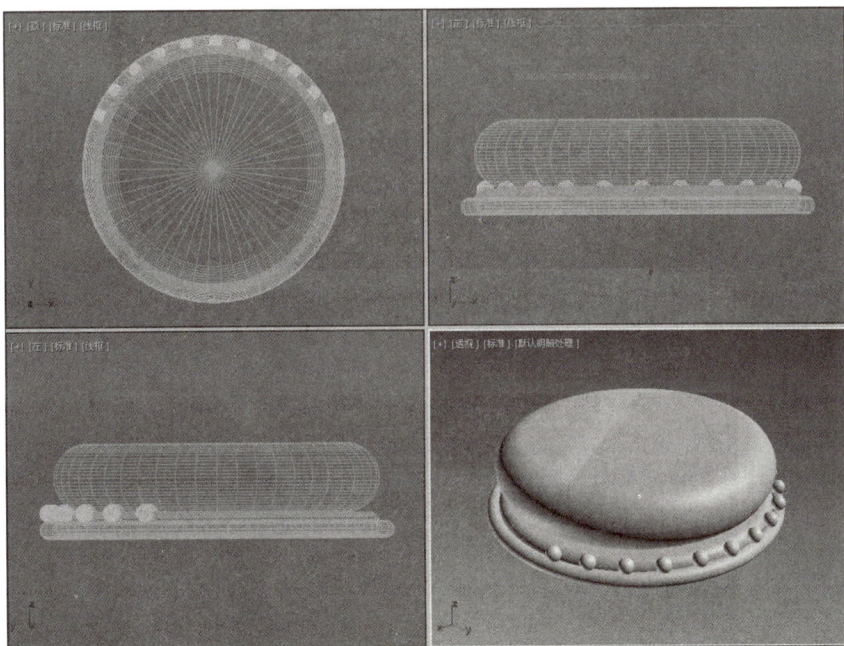

图 3-60 阵列球体

步骤 08 选择正中的球体，向上复制，并在顶视口中沿y轴移动，如图3-61所示。

步骤 09 最大化顶视口，按照步骤05的操作方法，调整坐标轴至坐垫的中心位置。执行"工具">"阵列"命令，打开"阵列"对话框，在"阵列变换"选项组中单击"旋转"右侧的按钮，设置z轴角度为-33°；在"阵列维度"选项组中设置"1D"的数量为6，如图3-62所示。

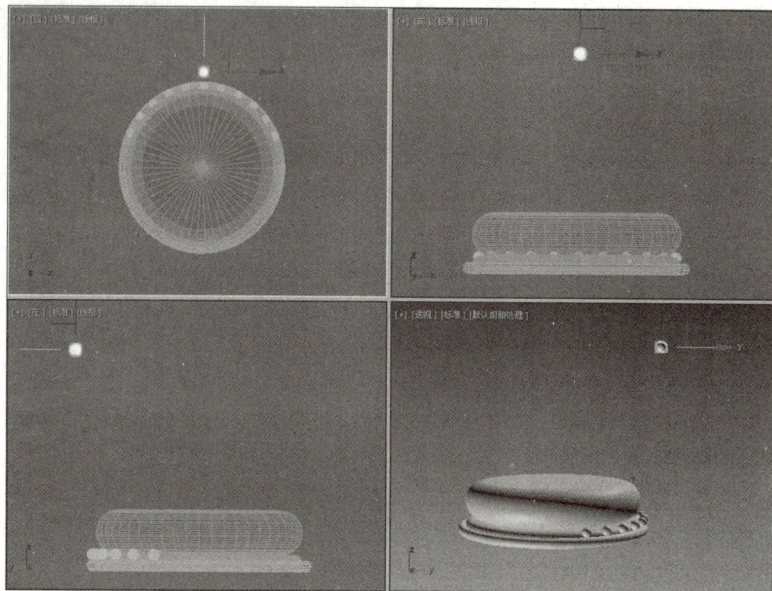

图 3-61 复制并移动正中的球体

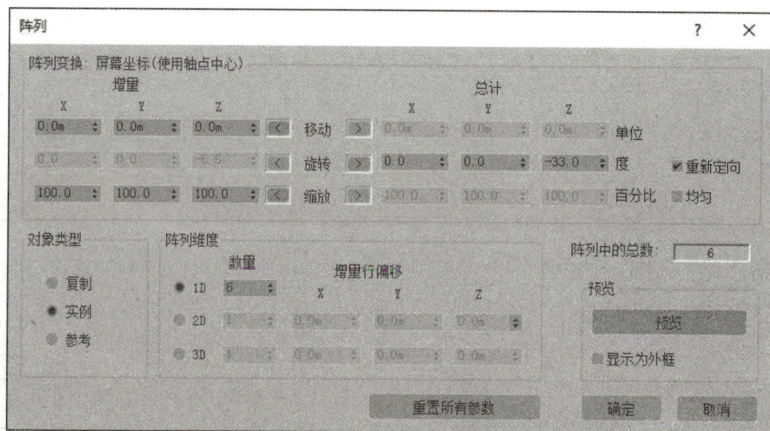

图 3-62 设置"阵列"参数

步骤⑩ 单击"确定"按钮，完成一侧的阵列复制操作，如图3-63所示。

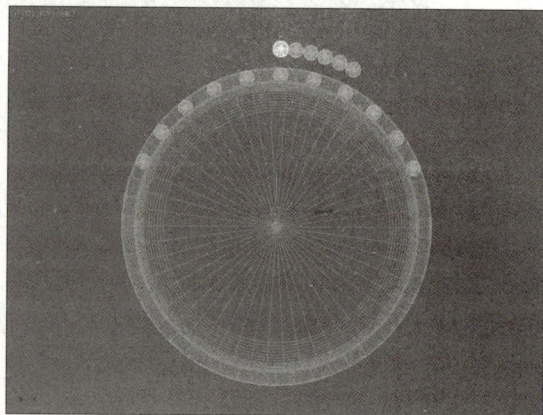

图 3-63 完成一侧的球体阵列

步骤 11 按照上述操作方法，为另一侧阵列复制球体，如图3-64所示。

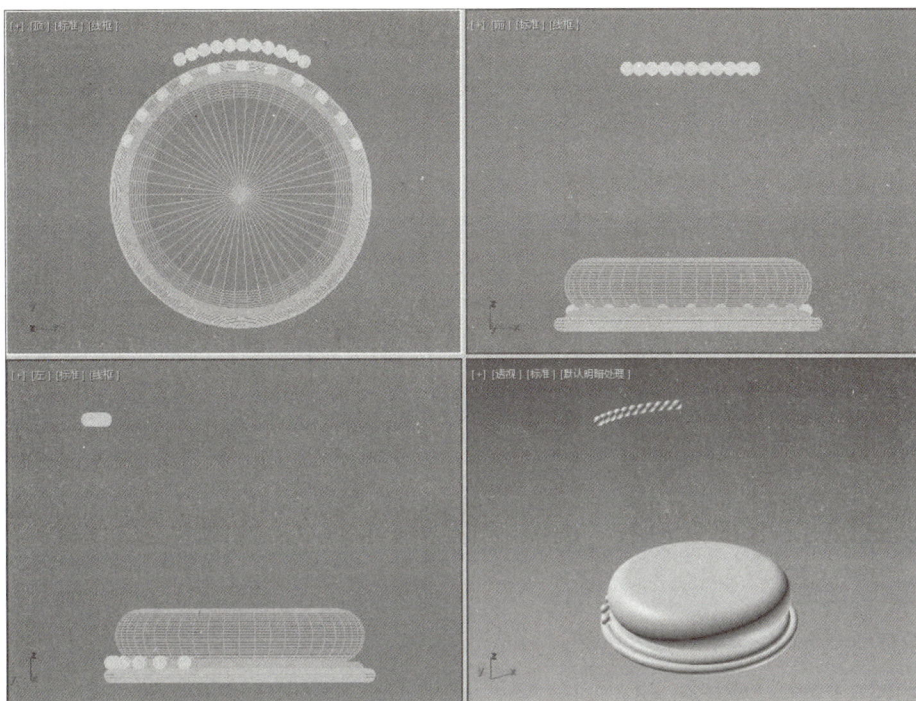

图 3-64 阵列另一侧球体

步骤 12 单击"线"按钮，在上、下两个球体之间创建一条样条线，如图3-65所示。

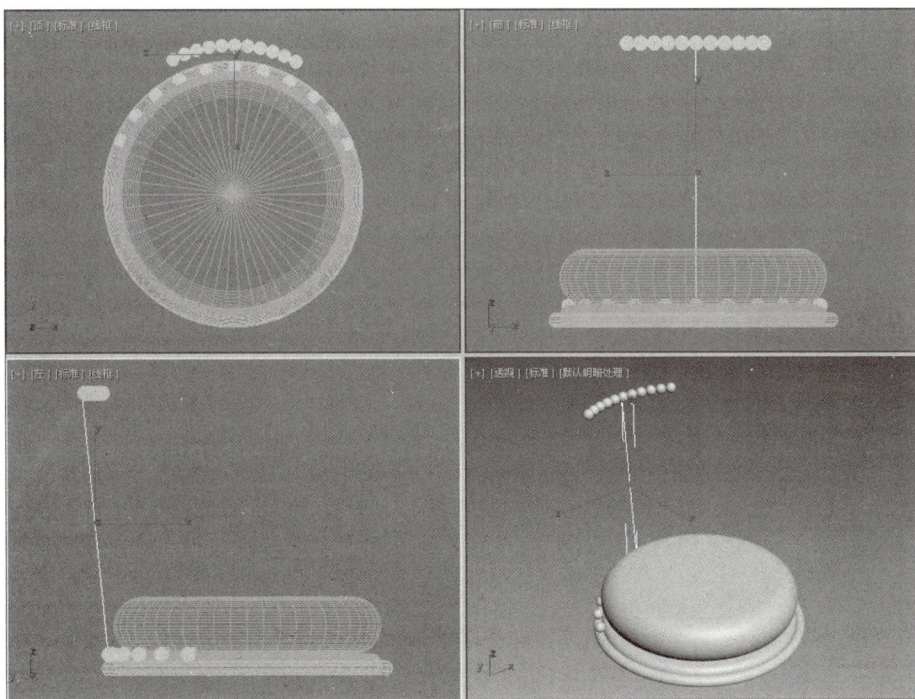

图 3-65 创建样条线

步骤 13 继续创建样条线，并调整顶点位置，使上、下的球体相对应，如图3-66所示。

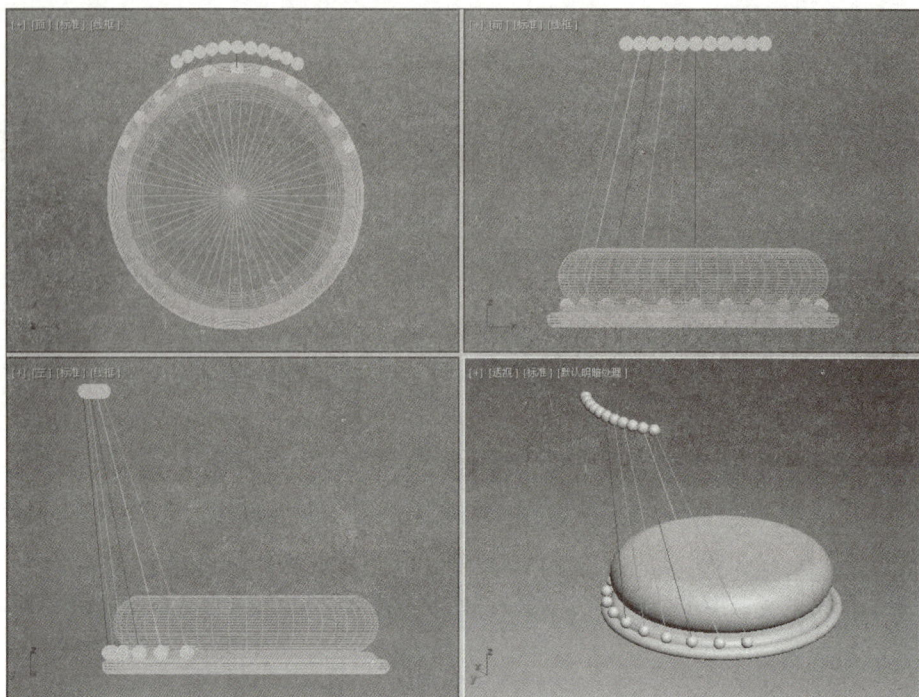

图 3-66　继续创建样条线

步骤 14 选择5条样条线，利用"镜像"命令镜像复制到另一侧，如图3-67所示。

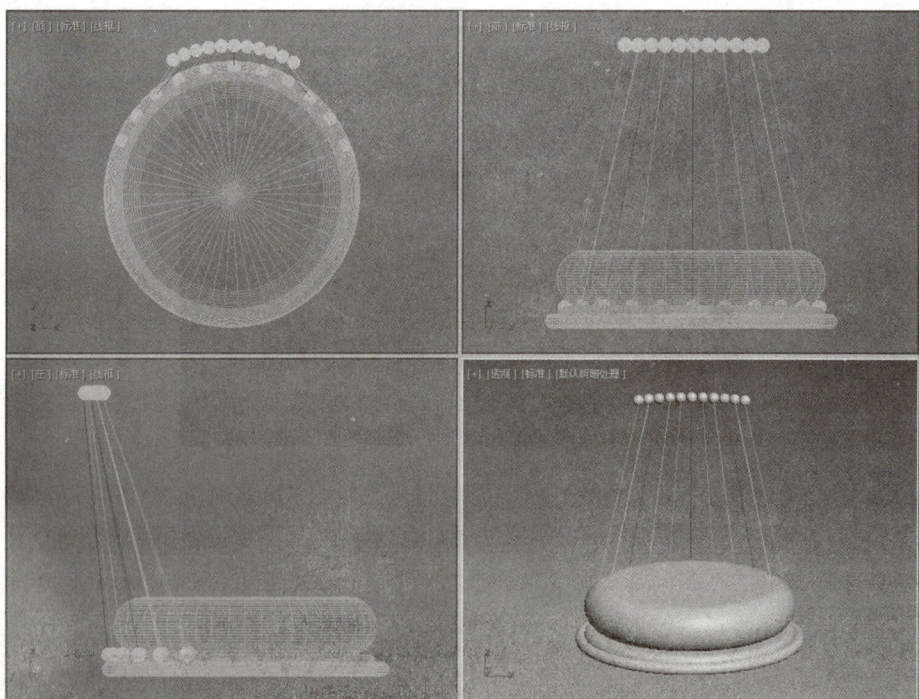

图 3-67　镜像复制样条线

步骤15 选择样条线，在"渲染"卷展栏中选择"在渲染中启用"和"在视口中启用"复选框，设置径向厚度为12 mm，如图3-68所示，效果如图3-69所示。

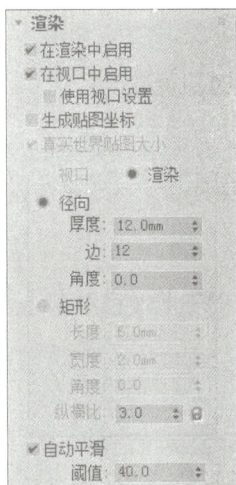

图 3-68 设置参数   图 3-69 设置效果

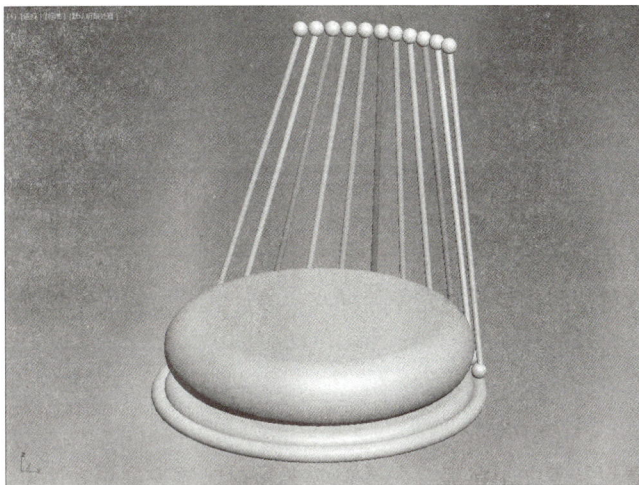

步骤16 按照上述操作方法，利用"线"和"镜像"功能创建径向厚度为30 mm的椅子腿，如图3-70所示。

图 3-70 创建椅子腿

步骤17 单击"弧"按钮，在左视口中创建径向厚度为30 mm的弧线作为圆弧底架。至此，休闲椅模型创建完成，如图3-71所示。

图 3-71　创建圆弧底架

4. 异面体

异面体是由多个边面组合而成的三维实体，可以调整异面体边、面的状态，也可以调整异体面的数量以改变其形状，如图3-72所示。在"几何体">"扩展基本体"命令面板中单击"异面体"按钮后，在命令面板下方会显示异面体的"参数"卷展栏，如图3-73所示。

图 3-72　创建异面体

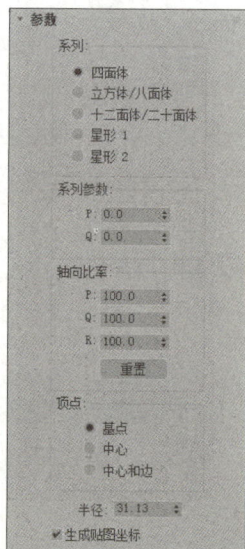

图 3-73　异面体的"参数"卷展栏

下面具体介绍"参数"卷展栏中的选项组和选项。

- **系列**：包括四面体、立方体/八面体、十二面体/二十面体、星形1、星形2，主要用于定义异面体的形状和边面的数量。
- **系列参数**：包括P和Q参数。P和Q参数用于控制异面体的顶点分别在横向（P）和纵向（Q）上的延伸或扩展值，两者之和不可大于1.0。
- **轴向比率**：包括P、Q、R参数，用于控制多面体一个面反射的轴，设置相应的参数可以使其相应面凸起或凹陷。
- **顶点**：设置异面体的顶点。
- **半径**：设置异面体的半径大小。

3.3 修改器建模

修改器用于对创建的模型进行各种调整、变形与优化，可以为同一个模型对象添加多个修改器。3ds Max中提供了多种修改器，如挤出、车削、扭曲、晶格、细化等。本小节将对常用修改器的使用方法进行介绍。

■3.3.1 "车削"修改器

使用"车削"修改器可以将绘制的二维样条线旋转一周，以生成旋转体；也可以设置旋转角度，更改实体旋转效果。该修改器常用于创建中心放射对象。在使用"车削"修改器后，命令面板的下方会显示"参数"卷展栏，如图3-74所示。

下面具体介绍"参数"卷展栏中的各选项。

- **度数**：设置车削实体绕轴旋转的度数，范围为0°～360°。
- **焊接内核**：焊接旋转轴的顶点，以得到结构相对简单的模型。
- **翻转法线**：将模型表面的法线方向反向。
- **分段**：确定在曲面上创建多少插补线段。数值越大，实体表面越光滑。
- **封口**：该选项组主要用于设置在实体的顶端和底端是否封盖实体。
- **方向**：该选项组用于设置实体进行车削旋转的坐标轴。
- **对齐**：该选项组用于控制曲线旋转时的对齐方式。
- **输出**：该选项组用于设置车削实体输出模型的类型。
- **生成材质ID**：将不同的材质ID指定给车削实体的面。顶面材质ID为1，底面材质ID为2，侧面材质ID为3。
- **使用图形ID**：选择该复选框，将使用指定给车削样条线中的线段或指定给车削NURBS曲线中的曲线子对象的材质ID。
- **平滑**：将车削实体平滑显示。

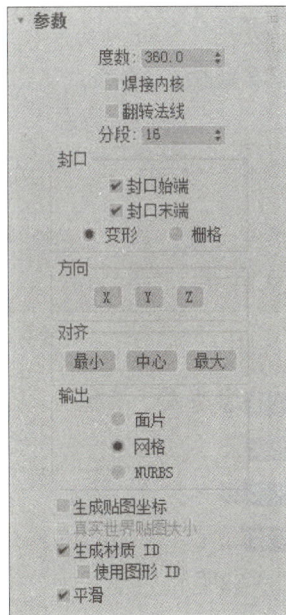

图3-74 "车削"修改器卷展栏

实例 创建花瓶模型

下面利用"车削"修改器创建一个花瓶模型，具体操作步骤如下：

步骤01 单击"线"按钮，在前视口中创建样条线，如图3-75所示。

步骤02 在"修改"命令面板中打开堆栈，进入"顶点"子层级，选中如图3-76所示的顶点。

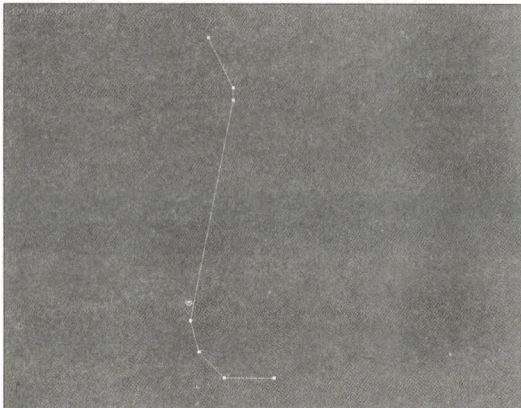

图 3-75 绘制样条线

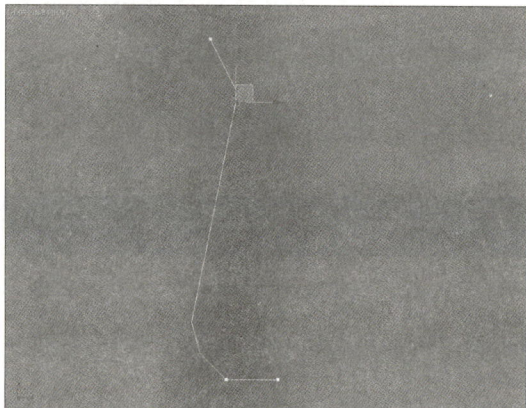

图 3-76 选中顶点

步骤03 单击鼠标右键，将其转换为Bezier角点，然后调整控制柄，如图3-77所示。

步骤04 进入"样条线"子层级，在"几何体"卷展栏中设置轮廓为2 mm，为样条线添加轮廓，如图3-78所示。

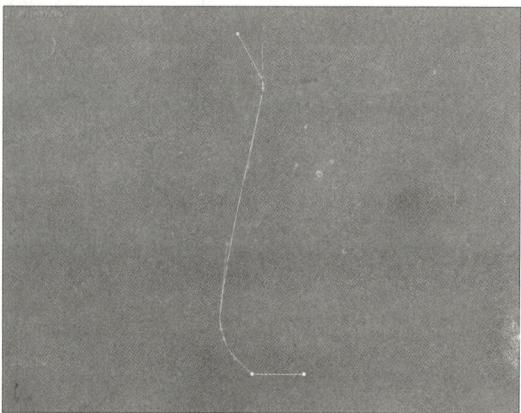

图 3-77 转换为 Bezier 角点

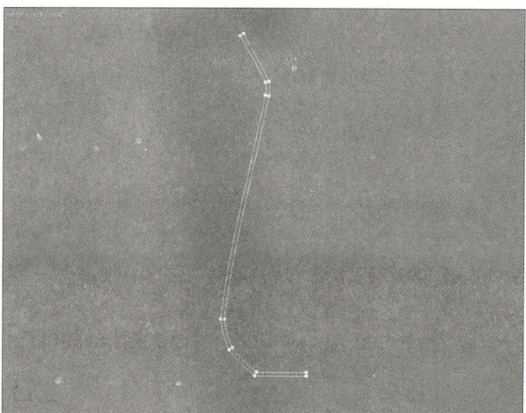

图 3-78 设置轮廓效果

步骤05 进入"顶点"子层级，选择如图3-79所示的顶点。

步骤06 在"几何体"卷展栏中单击"圆角"按钮，调整顶点圆角效果，如图3-80所示。

步骤07 为样条线添加"车削"修改器，初始效果如图3-81所示。

步骤08 在"参数"卷展栏中单击"最大"按钮，再设置分段为8，完成花瓶模型的制作，如图3-82所示。

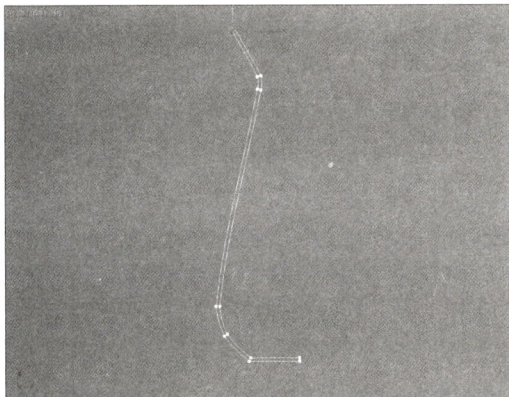

图 3-79 选择轮廓顶点

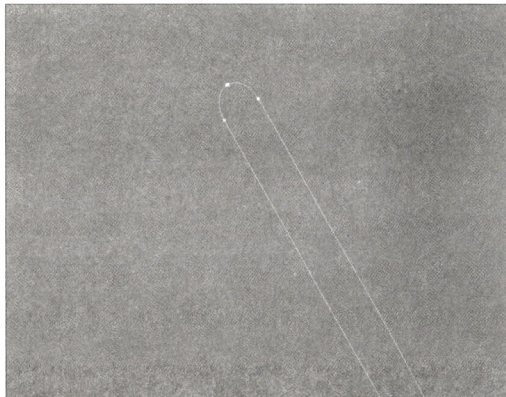

图 3-80 调整顶点圆角效果

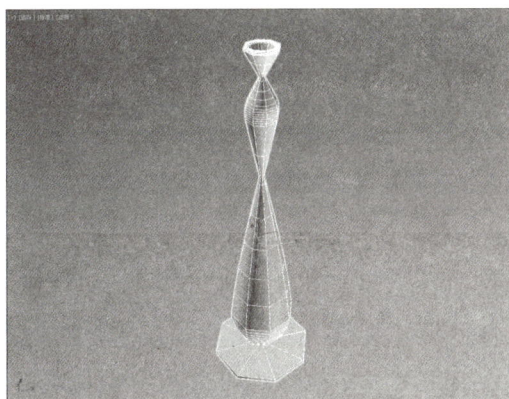

图 3-81 添加"车削"修改器效果

图 3-82 花瓶模型效果

■3.3.2 "挤出"修改器

利用"挤出"修改器可以将绘制的二维样条线挤出厚度，从而生成三维实体。如果绘制的线段是封闭的，可挤出带有底面面积的三维实体；如果绘制的线段不是封闭的，那么挤出的三维实体则是片状的。

"挤出"修改器可以使二维样条线沿z轴方向伸展，应用十分广泛。在使用"挤出"修改器后，命令面板的下方会显示"参数"卷展栏，如图3-83所示。

下面具体介绍"参数"卷展栏中的选项组和选项。

- **数量**：设置挤出实体的厚度。
- **分段**：设置挤出厚度上的分段数量。
- **封口**：该选项组主要用于设置在挤出实体的顶端和底端是否封盖实体。"封口始端"是指在顶端加面封盖实体，"封口末端"是指在底端加面封盖实体。
- **变形**：以可预测、可重复的方式排列封口面，是创建变形对象的必需操作。

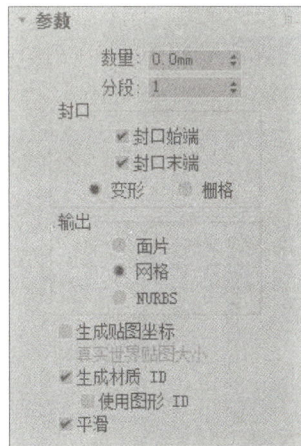

图 3-83 "挤出"修改器卷展栏

- **栅格**：在图形边界的方形栅格中排列封口面。
- **输出**：用于设置挤出实体输出模型的类型。
- **生成贴图坐标**：为挤出的三维实体生成贴图材质坐标。选择该复选框，将激活"真实世界贴图大小"复选框。
- **真实世界贴图大小**：用于控制应用于该挤出实体的纹理贴图材质所使用的缩放方法。
- **生成材质ID**：将不同的材质ID指定给挤出实体的面。顶面材质ID为1，底面材质ID为2，侧面材质ID则为3。
- **使用图形ID**：选择该复选框，将使用指定给挤出的样条线中的线段或挤出的NURBS曲线的曲线子对象的材质ID。
- **平滑**：将挤出的实体平滑显示。

实例 创建躺椅模型

下面利用样条线结合"挤出"修改器来创建躺椅模型。

步骤 01 单击"线"按钮，在前视口中绘制封闭的样条线，如图3-84所示。

步骤 02 进入"顶点"子层级，选择部分顶点，通过右键菜单将其转换为Bezier角点，如图3-85所示。

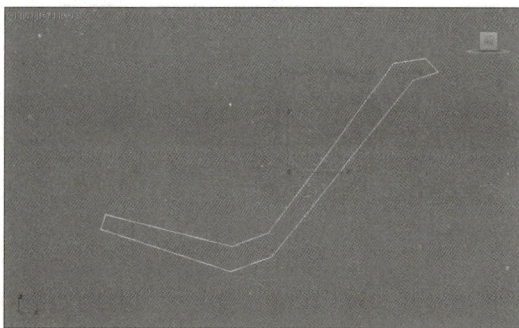

图 3-84　绘制封闭的样条线

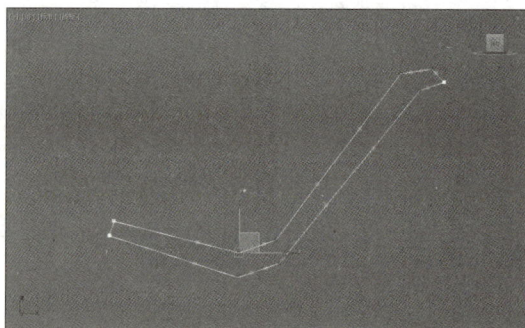

图 3-85　转换为 Bezier 角点

步骤 03 拖动控制柄调整样条线的造型，如图3-86所示。

步骤 04 选择两侧的顶点，在"几何体"卷展栏中单击"圆角"按钮，拖动鼠标在视口中制作圆角效果，如图3-87所示。

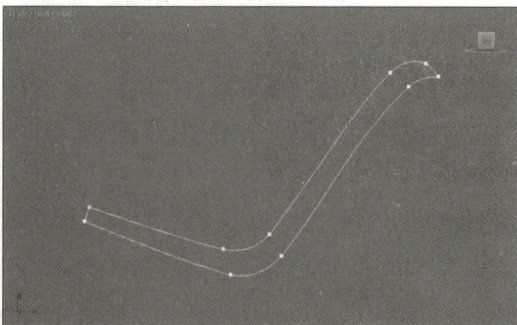

图 3-86　调整样条线的造型

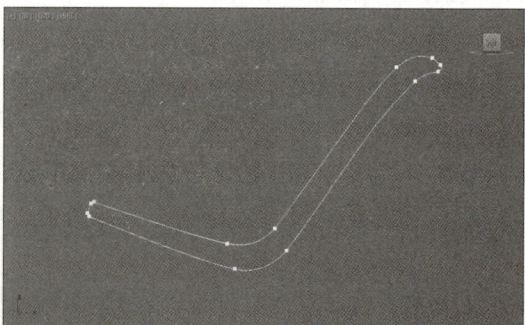

图 3-87　制作圆角效果

步骤 05 退出堆栈，按Ctrl+V组合键，使用"复制"方式克隆对象，如图3-88所示。

步骤 06 选择其中一条样条线，为其添加"挤出"修改器，设置挤出数量为500 mm，在透视视口可以看到挤出模型效果，如图3-89所示。

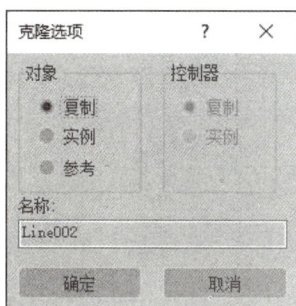

图 3-88 选择"复制"单选按钮

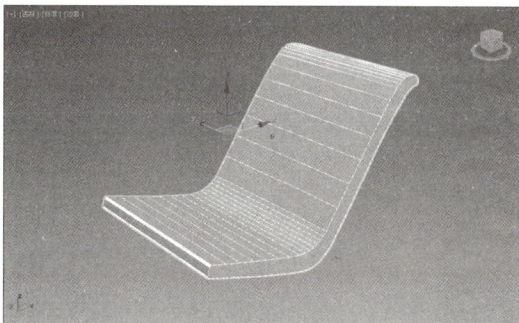

图 3-89 利用"挤出"修改器挤出模型

步骤 07 选择另一条样条线，进入"样条线"子层级，在"几何体"卷展栏中设置轮廓为15 mm，按回车键即可制作出轮廓效果，如图3-90所示。

步骤 08 退出堆栈，为样条线添加"挤出"修改器，设置挤出数量为520 mm，如图3-91所示。

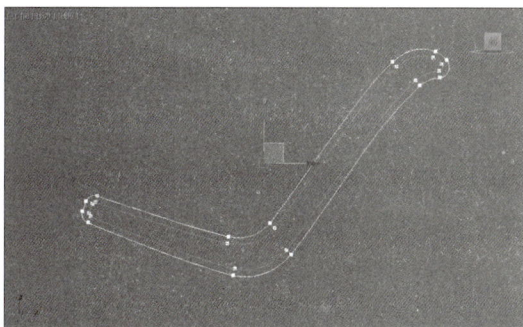

图 3-90 添加轮廓效果

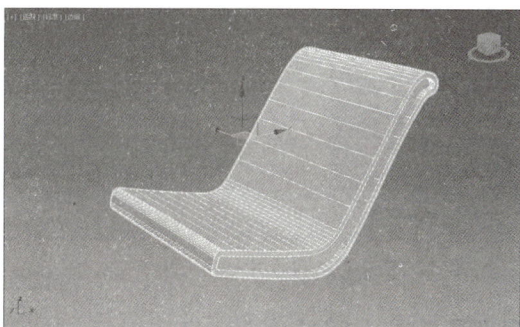

图 3-91 挤出模型

步骤 09 切换到左视口，右键单击"选择并移动"工具，打开"移动变换输入"面板，在"偏移:屏幕"选项组中输入x轴数值为-10，如图3-92所示。

步骤 10 按回车键移动对象，使两个对象居中对齐，如图3-93所示。

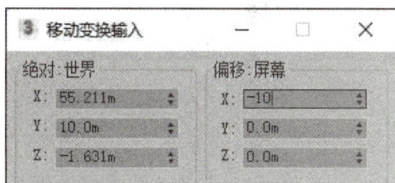

图 3-92 设置移动参数

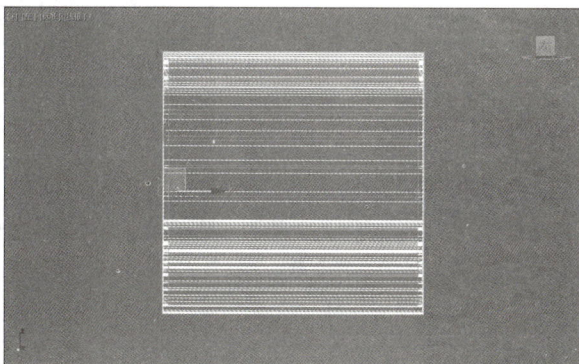

图 3-93 移动模型

步骤 11 单击"线"按钮，在前视口中绘制如图3-94所示的样条线。

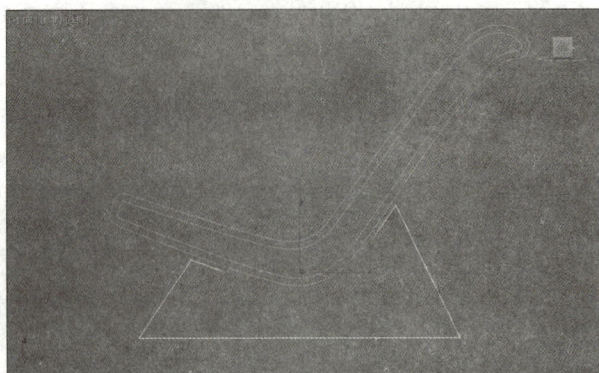

图 3-94　绘制躺椅底座轮廓线

步骤 12 进入"顶点"子层级，选择顶部的两个顶点，在"几何体"卷展栏中设置圆角为10 mm，制作圆角效果；再选择底部两个顶点，设置圆角为50 mm，如图3-95和图3-96所示。

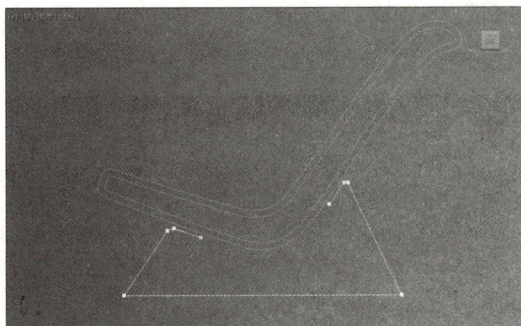

图 3-95　设置顶部两个顶点

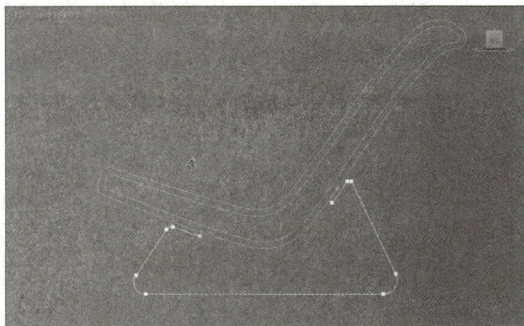

图 3-96　设置底部两个顶点

步骤 13 单击"矩形"按钮，在左视口中绘制一个矩形，并调整矩形尺寸，如图3-97和图3-98所示。

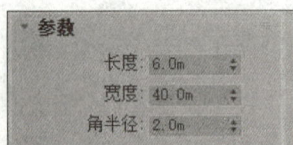

图 3-97　设置矩形参数

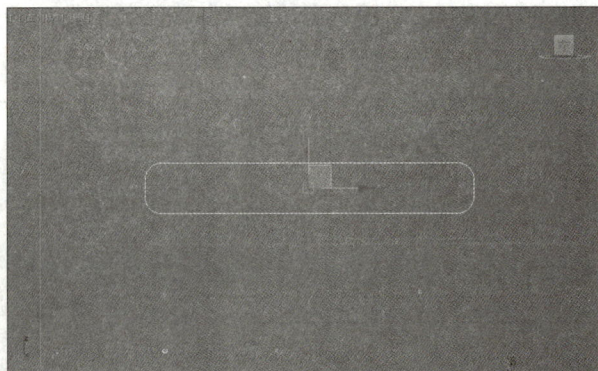

图 3-98　绘制圆角矩形

步骤14 先选择样条线，在"几何体">"复合对象"面板中单击"放样"按钮，再单击"获取图形"按钮，在视口中拾取矩形，单击即可创建底座模型，如图3-99和图3-100所示。

图 3-99 放样并拾取矩形

图 3-100 创建底座模型

步骤15 进入"图形"子层级，选择底座截面，如图3-101所示。

步骤16 切换到左视口，右键单击"选择并旋转"按钮，打开"旋转变换输入"面板，在"偏移:局部"选项组中输入z轴旋转角度为90°，如图3-102所示。

图 3-101 选择底座截面

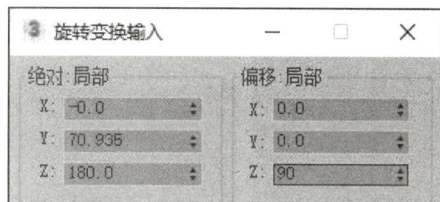

图 3-102 设置旋转角度

步骤17 按回车键旋转截面角度，调整放样结果，如图3-103所示。

步骤18 退出堆栈，展开"蒙皮参数"卷展栏，选择"优化图形"复选框，并设置图形步数和路径步数参数均为10，如图3-104所示。

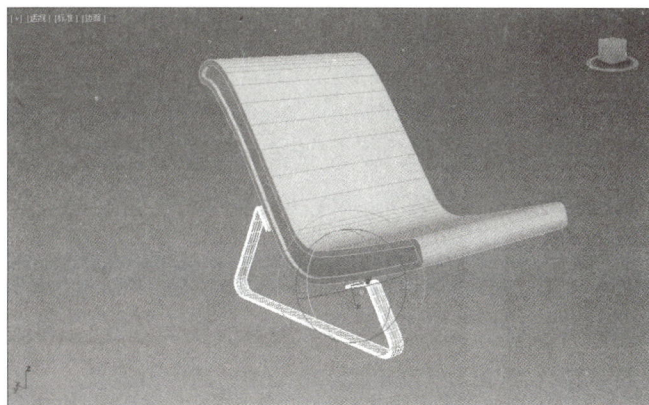

图 3-103 调整放样效果

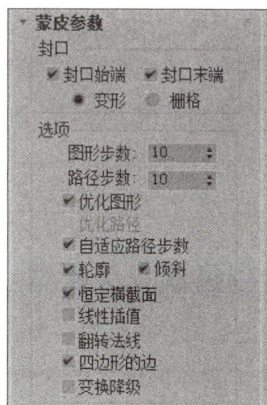

图 3-104 "蒙皮参数"卷展栏

步骤 19 设置效果如图3-105所示。按住Shift键移动对象，使用"实例"方式克隆对象，并调整对象位置。至此，完成躺椅模型的制作，如图3-106所示。

图 3-105　设置效果

图 3-106　躺椅模型效果

■3.3.3　"弯曲"修改器

使用"弯曲"修改器可以使对象进行弯曲变形，可以设置弯曲角度和方向等，还可以将修改限制在指定的范围内。该修改器常用于创建管道变形和人体弯曲等。

打开修改器列表，选择"弯曲"选项，即可调用"弯曲"修改器。在使用"弯曲"修改器后，命令面板的下方会显示"弯曲"修改器的"参数"卷展栏，如图3-107所示。

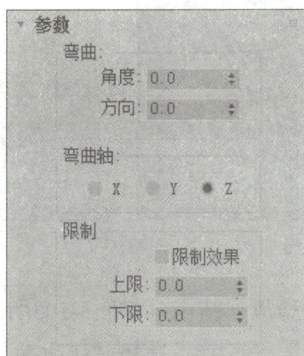

图 3-107　"弯曲"修改器卷展栏

下面具体介绍"参数"卷展栏中的各选项组。

- **弯曲**：用于控制实体的角度和方向。
- **弯曲轴**：用于控制弯曲的坐标轴向。
- **限制**：用于限制实体弯曲的范围。选择"限制效果"复选框，将激活"限制"功能，设置上限和下限参数定义限制范围即可完成限制效果。

实例 创建水龙头模型

下面运用"弯曲"修改器创建水龙头模型。

步骤 01 单击"圆柱体"按钮，设置半径为15 mm、高度为400 mm、高度分段为12，创建圆柱体，效果如图3-108所示。

扫码观看视频

步骤02 复制圆柱体，为圆柱体添加"弯曲"修改器，在"参数"卷展栏中设置角度为160°、弯曲轴为z轴，效果如图3-109所示。

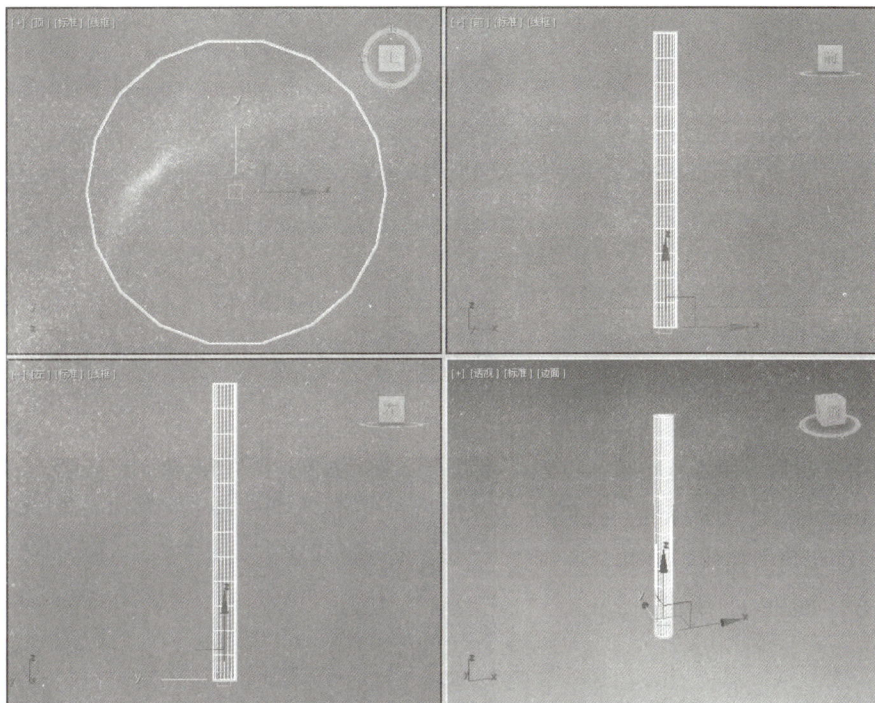

图 3-108 创建分段圆柱体

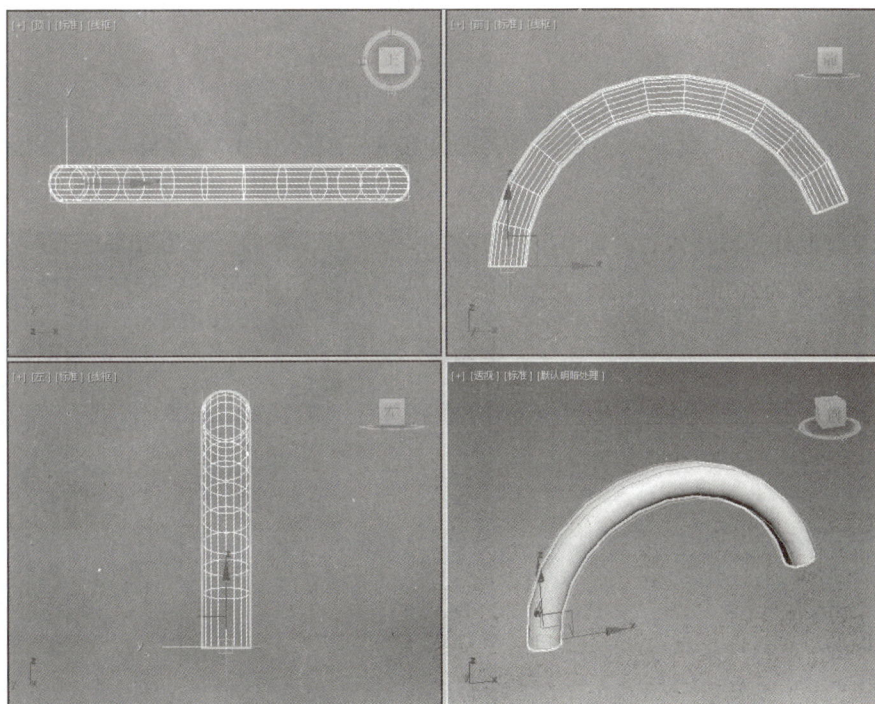

图 3-109 添加"弯曲"修改器并设置参数

步骤 03 将弯曲后的圆柱体对齐放在原圆柱体的合适位置，如图3-110所示。

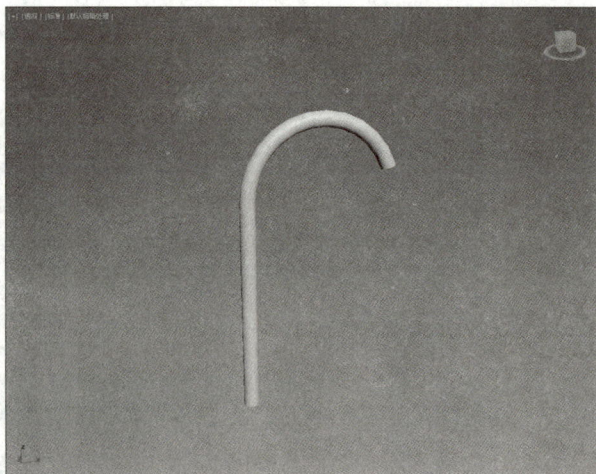

图 3-110 对齐模型

步骤 04 单击"切角圆柱体"按钮，设置半径为40 mm、高度为180 mm、圆角为5 mm，创建切角圆柱体，将其放在圆柱体的下方，如图3-111所示。

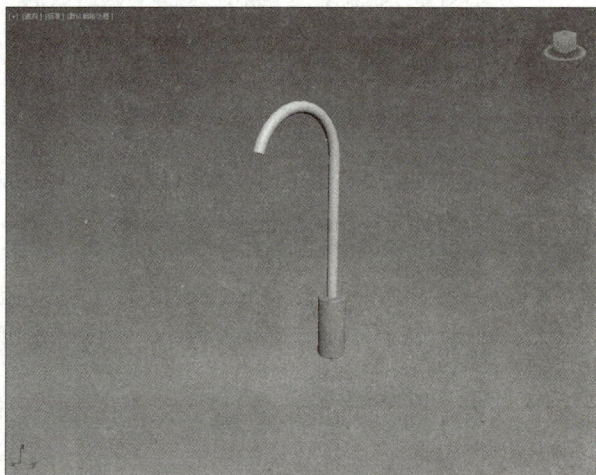

图 3-111 创建切角圆柱体

步骤 05 向下复制切角圆柱体，设置半径为55 mm、高度为20 mm，如图3-112所示。

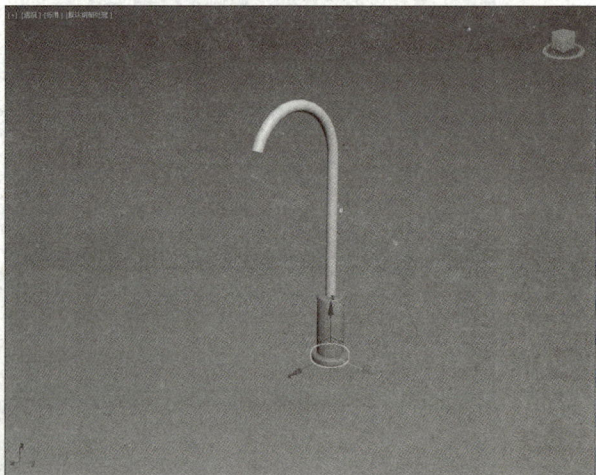

图 3-112 复制并调整切角圆柱体的尺寸

步骤 06 单击"切角圆柱体"按钮，创建半径为25 mm、高度为90 mm、圆角为5 mm的切角圆柱体，如图3-113所示。

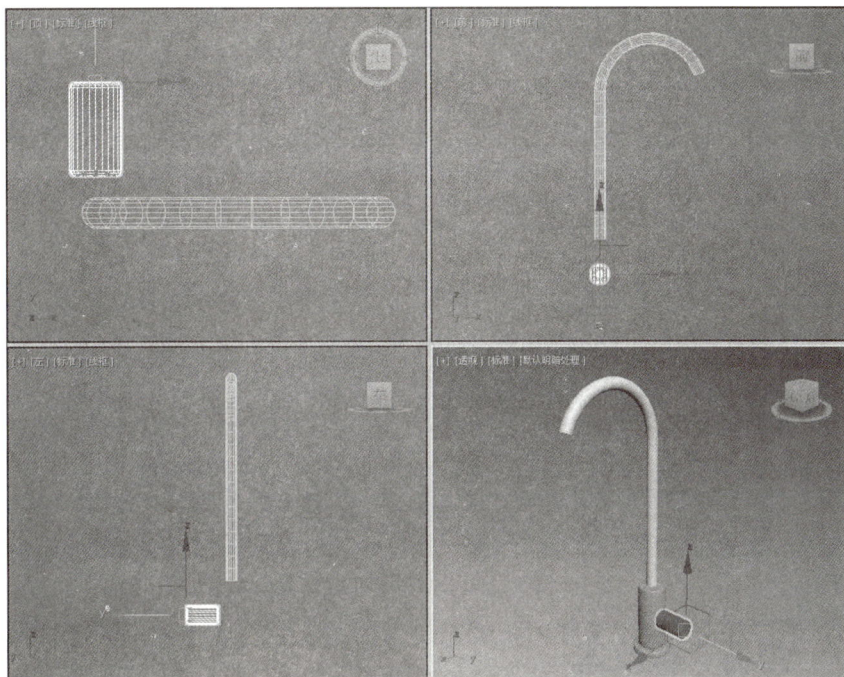

图 3-113 创建另一个切角圆柱体

步骤 07 复制刚创建的切角圆柱体，并修改其颜色，如图3-114所示。

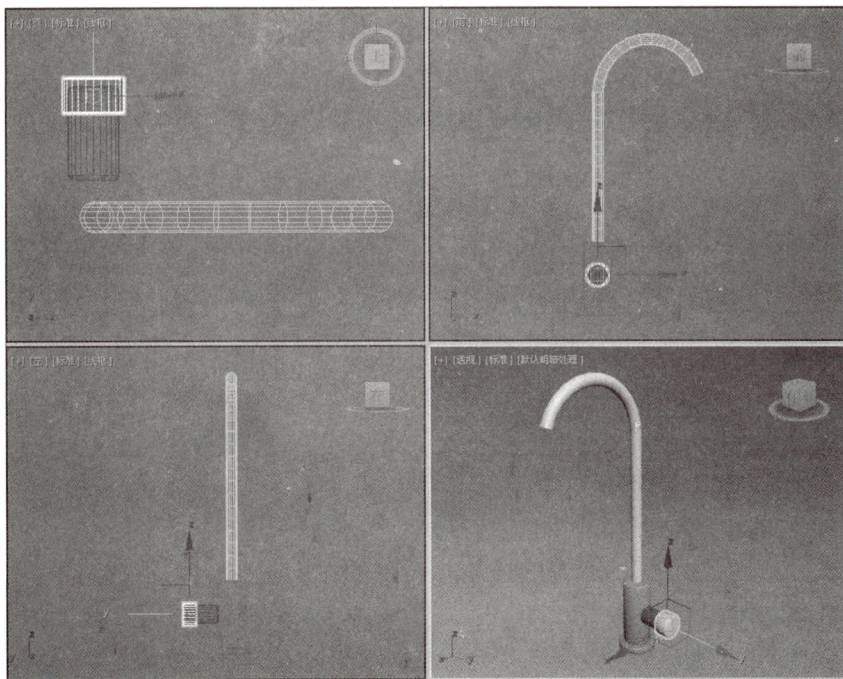

图 3-114 复制切角圆柱体并修改颜色

步骤 08 单击"圆柱体"按钮，创建半径为7 mm、高度为100 mm的圆柱体，将其放在合适位置，完成水龙头模型的绘制，如图3-115所示。

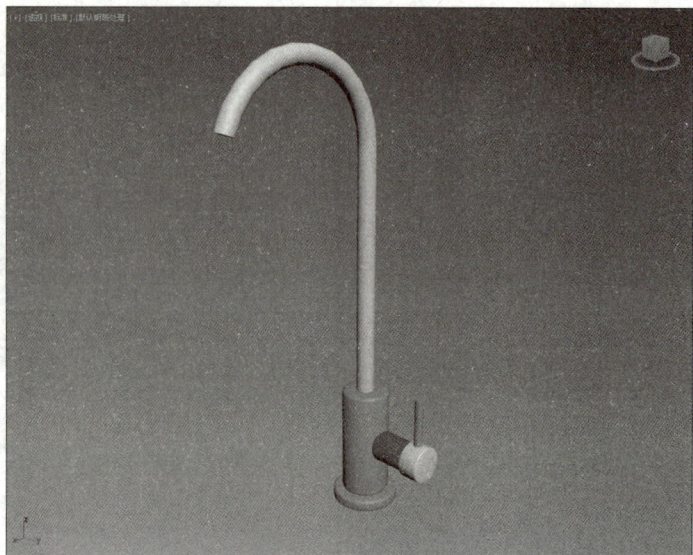

图 3-115 水龙头模型效果

■3.3.4 "扭曲"修改器

使用"扭曲"修改器可在对象的几何体中心进行旋转，使其产生扭曲的特殊效果。"扭曲"修改器的"参数"卷展栏与"弯曲"修改器类似，如图3-116所示。

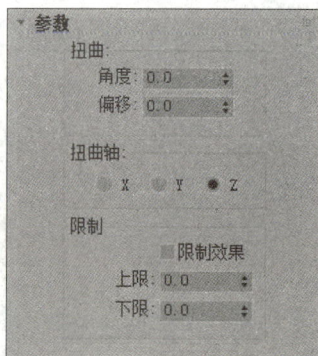

图 3-116 "扭曲"修改器卷展栏

下面介绍"参数"卷展栏中的各选项。

- **角度**：确定围绕垂直轴扭曲的量。
- **偏移**：使扭曲旋转在对象的任意末端聚团。
- **X、Y、Z**：指定执行扭曲所沿的轴向。
- **限制效果**：对扭曲效果应用限制约束。
- **上限**：设置扭曲效果的上限。
- **下限**：设置扭曲效果的下限。

■ 3.3.5 "晶格"修改器

使用"晶格"修改器可以将创建的实体进行晶格处理，快速编辑创建的框架结构。在使用
"晶格"修改器之后，命令面板的下方会显示"参数"卷展栏，如图3-117所示。

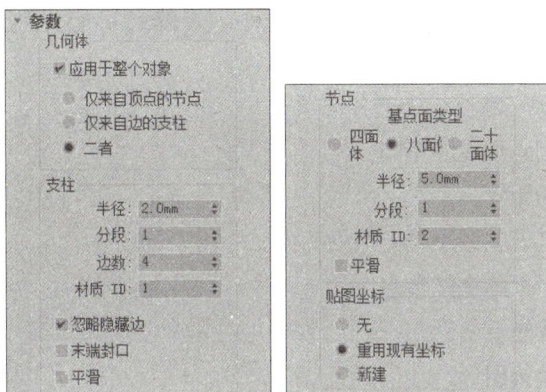

图 3-117 "晶格"修改器卷展栏

■ 3.3.6 "细化"修改器

使用"细化"修改器可以对当前选择的曲面进行细分。它在渲染曲面时特别有用，可以为
其他修改器创建附加的网格分辨率。"细化"修改器的"参数"卷展栏如图3-118所示。

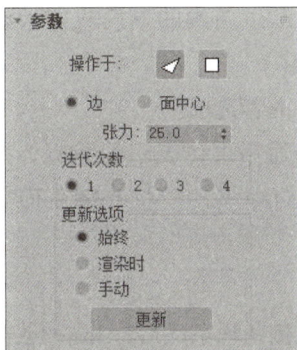

图 3-118 "细化"修改器卷展栏

下面具体介绍"参数"卷展栏中的各选项。

- **面☑**：将选择作为三角形面集来处理。
- **多边形□**：拆分多边形面。
- **边**：从面或多边形的中心到每条边的中点进行细分。
- **面中心**：从面或多边形的中心到角顶点进行细分。
- **张力**：决定新面在经过边细分后是平面、凹面还是凸面。
- **迭代次数**：应用细分的次数。

■3.3.7 FFD修改器

FFD修改器是对网格对象进行变形修改的主要修改器之一，其特点是通过移动控制点带动网格对象表面产生平滑一致的变形。在使用FFD修改器后，命令面板的下方会显示"参数"卷展栏，如图3-119所示。

下面具体介绍"参数"卷展栏中的各选项。

- **晶格**：只显示控制点形成的矩阵。
- **源体积**：显示初始矩阵。
- **仅在体内**：只影响处在最小单元格内的面。
- **所有顶点**：影响对象的全部节点。
- **重置**：回到初始状态。
- **与图形一致**：转换为图形。
- **外部点、内部点**：仅控制受"与图形一致"影响的对象内部点或外部点。
- **偏移**：设置偏移量。

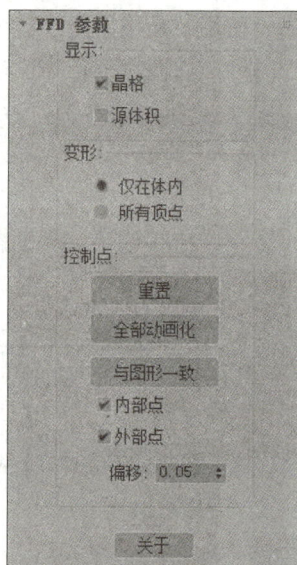

图 3-119　FFD 修改器卷展栏

■3.3.8 "壳"修改器

使用"壳"修改器可以使模型产生向内的厚度或向外的厚度。其"参数"卷展栏如图3-120所示。

下面具体介绍"参数"卷展栏中的各选项。

- **内部量、外部量**：以3ds Max通用单位表示的距离，按此距离从原始位置将内部曲面向内移动或将外部曲面向外移动。
- **分段**：封口横截面的分段数。
- **倒角边**：选择该复选框并指定倒角样条线后，3ds Max会使用该样条线定义边的剖面和分辨率。
- **倒角样条线**：单击右侧按钮，然后选择打开样条线以定义边的形状和分辨率。
- **覆盖内部材质ID**：选择该复选框，使用"内部材质ID"参数为所有内部曲面多边形指定材质ID。
- **覆盖外部材质ID**：选择该复选框，可使用"外部材质ID"参数作为壳表面的材质ID。
- **自动平滑边**：选择该复选框后，可以使用角度参数应用自动基于角度平滑到边面。
- **角度**：在边面之间指定最大角，该边面由"自动平滑边"平滑。

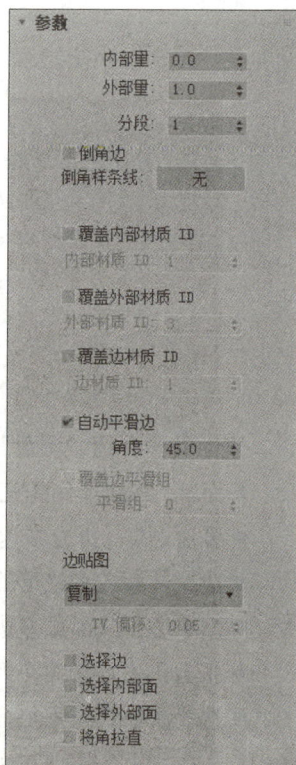

图 3-120　"壳"修改器卷展栏

3.4 复合对象建模

复合对象建模是一种比较特殊的建模方法，它是将两种或两种以上的模型对象合并成一个新对象。利用复合对象功能可以创建出丰富且多样的模型效果。

在"创建"命令面板的下拉列表中选择"复合对象"选项，即可看到所有对象类型，其中包括变形、散布、一致、连接、水滴网格、图形合并、地形、放样、网格化、ProBoolean、ProCutter、布尔，如图3-121所示。

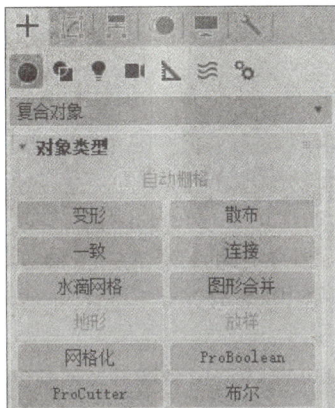

图 3-121 复合对象

3.4.1 布尔

布尔是通过对两个以上的对象进行布尔运算，从而得到新的对象形状。布尔运算包括并集、差集、交集、合并等运算方式，利用不同的运算方式，可以形成不同的对象形状。

在视口中选取源对象，在命令面板中单击"布尔"按钮，此时会显示"布尔参数"和"运算对象参数"卷展栏，如图3-122和图3-123所示。单击"添加运算对象"按钮，在"运算对象参数"卷展栏中选择运算方式，然后选取目标对象即可进行布尔运算。

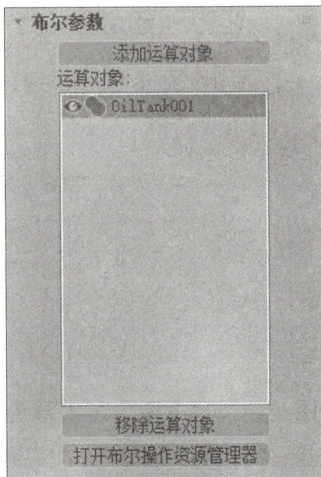

图 3-122 "布尔参数"卷展栏　　图 3-123 "运算对象参数"卷展栏

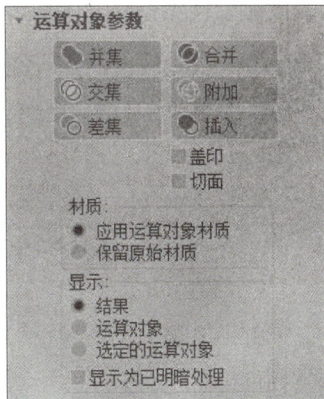

布尔运算方式包括并集、交集、差集、合并、附加、插入，具体介绍如下：

（1）并集：结合两个对象的体积，几何体的相交部分或重叠部分会被丢弃。应用了"并集"运算的对象在视口中会以先选中对象的颜色来显示并集后对象的颜色，如图3-124和图3-125所示。

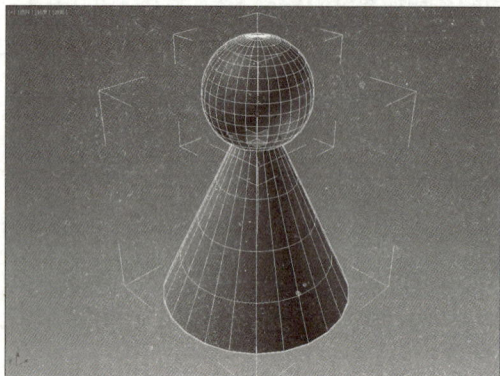

图 3-124　选择并集对象

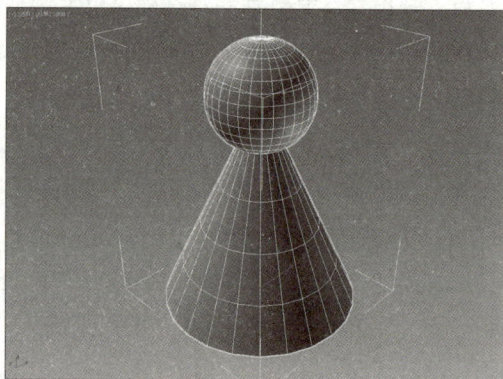

图 3-125　并集效果

（2）交集：使两个原始对象共同的重叠体积相交，剩余的几何体会被丢弃，如图3-126和图3-127所示。

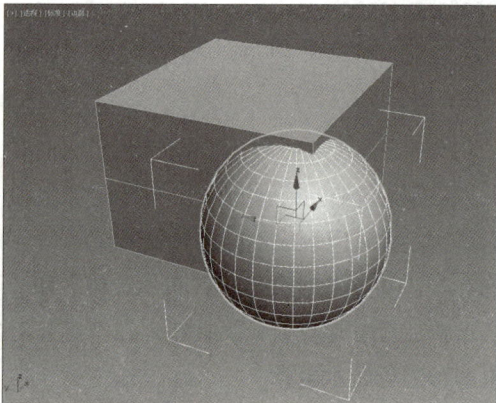

图 3-126　选择交集对象

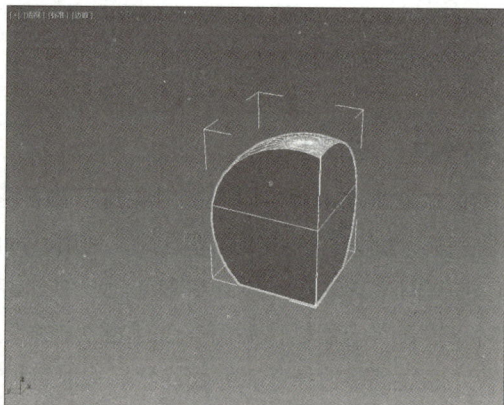

图 3-127　交集效果

（3）差集：从基础对象移除相交的体积，如图3-128和图3-129所示。

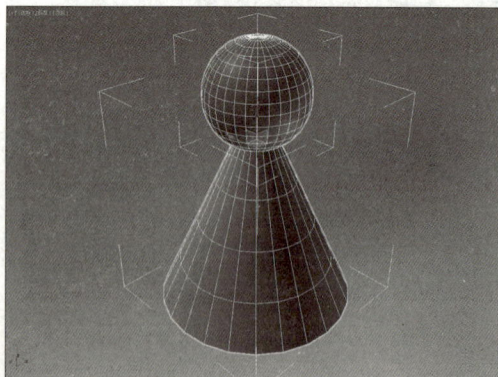

图 3-128　选择要移除的对象

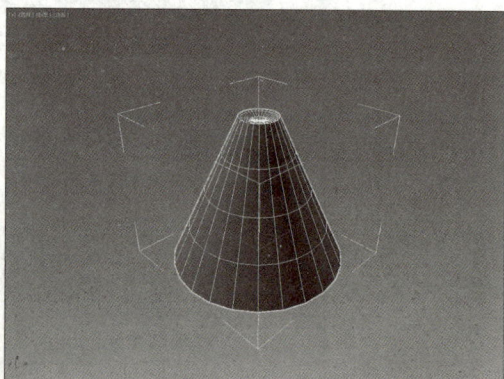

图 3-129　差集效果

（4）合并：使两个网格相交并组合，不移除任何原始多边形。

（5）附加：将多个对象合并成一个对象，不影响各对象的拓扑。

（6）插入：从当前对象减去新添加对象的边界图形，新添加对象的图形不受此操作的影响。

■3.4.2 放样

放样是将二维图形作为横截面，沿着一定的路径生成三维模型，因此，只可以对样条线进行放样。同一路径上可以在不同段添加不同的截面，从而实现很多复杂模型的构建。

选择横截面，在"几何体">"复合对象"命令面板中单击"放样"按钮，在"创建方法"卷展栏中单击"获取路径"按钮，在视口中单击路径即可完成放样操作。如果先选择路径，则需要在"创建方法"卷展栏中单击"获取图形"按钮并拾取图形。放样的参数卷展栏主要包括"曲面参数""路径参数""蒙皮参数"，如图3-130～图3-132所示。

常用选项介绍如下：

- **路径**：通过输入值或调整微调器来设置路径的级别。
- **图形步数**：设置横截面图形每个顶点之间的步数。该数值会影响围绕放样周界的边的数量。
- **路径步数**：设置路径每个主分段之间的步数。该数值会影响沿放样长度方向的分段的数量。
- **优化图形**：选择该复选框后，对于横截面图形的直分段忽略"图形步数"。

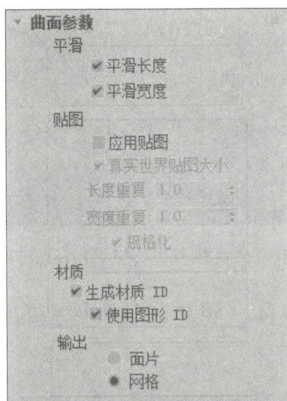

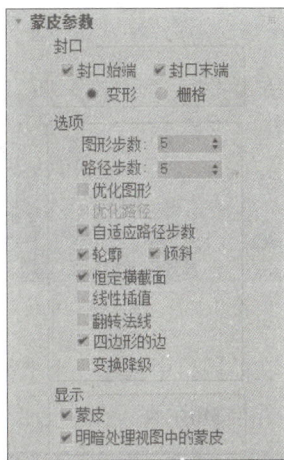

图 3-130 "曲面参数"卷展栏　　图 3-131 "路径参数"卷展栏　　图 3-132 "蒙皮参数"卷展栏

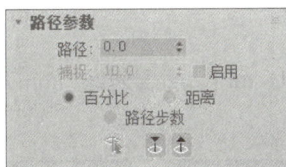

3.5 课堂演练：创建趣味闹钟模型

本课堂演练将结合本章所学知识点来创建趣味闹钟模型。在创建过程中涉及的主要操作有基本体建模、晶格修改器建模、布尔建模等。

步骤01 单击"切角长方体"按钮，在顶视口中创建一个切角长方体，设置尺寸为290 mm× 520 mm× 300 mm，设置圆角半径为30 mm、宽度分段为5、高度分段为3、圆角分段为5，效果如图3-133所示。

步骤02 为切角长方体添加一个FFD 3×3×3修改器，效果如图3-134所示。

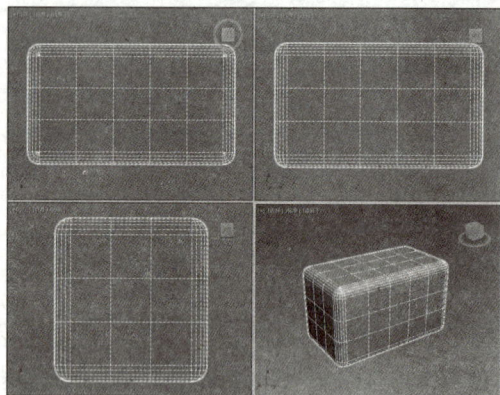

图 3-133　绘制分段切角长方体

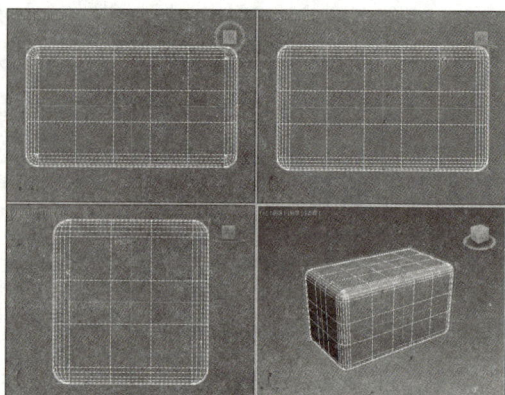

图 3-134　添加 FFD3×3×3 修改器

步骤 03 激活"晶格点"子层级，在前视口中选择中间的晶格点，并在左视口中沿*x*轴进行缩放，如图3-135所示。

步骤 04 在顶视口中选择中间的晶格点，在左视口中缩放对象，如图3-136所示，效果如图3-137所示。

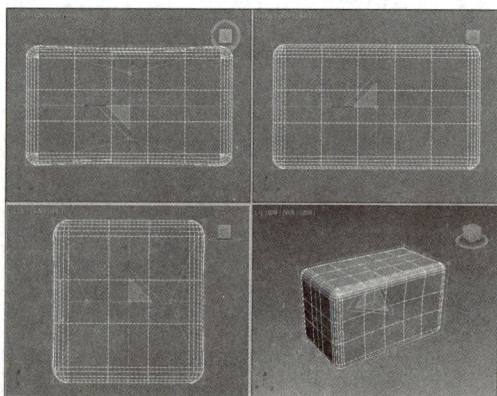

图 3-135　在左视口中缩放晶格点

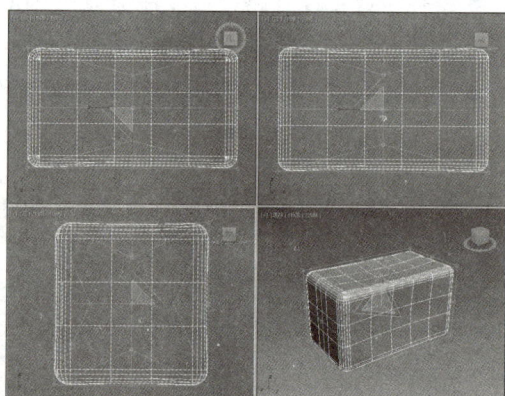

图 3-136　在左视口中缩放对象

步骤 05 在前视口中创建一个半径为16 mm、高度为26 mm的圆柱体，将其调整到模型的合适位置，如图3-138所示。

图 3-137　缩放效果

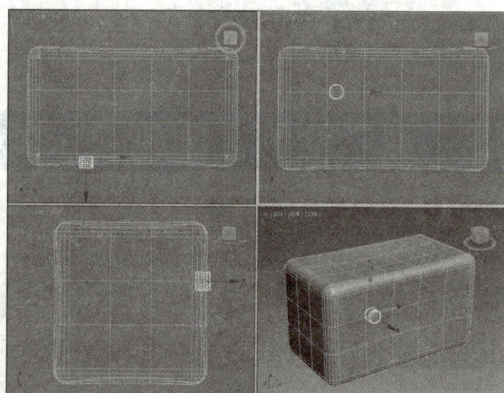

图 3-138　创建圆柱体

步骤06 按住Shift键移动对象到合适位置，复制出一个圆柱体，如图3-139所示。

步骤07 单击"矩形"按钮，创建尺寸为60 mm×200 mm的矩形，并设置角半径为30 mm，如图3-140所示。

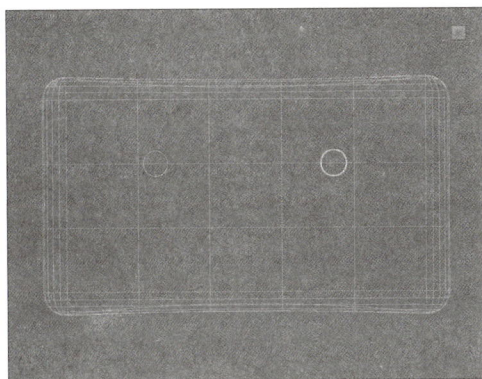

图 3-139　复制并移动圆柱体

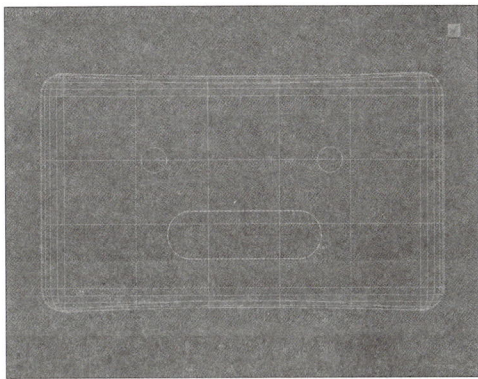

图 3-140　创建圆角矩形

步骤08 为矩形添加"挤出"修改器，设置挤出数量为40 mm，调整模型的位置，如图3-141所示。

步骤09 将其转换为可编辑多边形，进入"多边形"子层级，选择如图3-142所示的面。

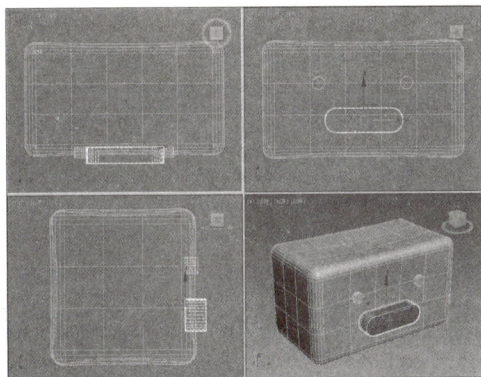

图 3-141　挤出圆角矩形

图 3-142　转换可编辑多边形

步骤10 在"编辑多边形"卷展栏中单击"插入"设置按钮，设置插入数量为4，如图3-143所示。

步骤11 单击"挤出"设置按钮，设置挤出数量为-4，效果如图3-144所示。

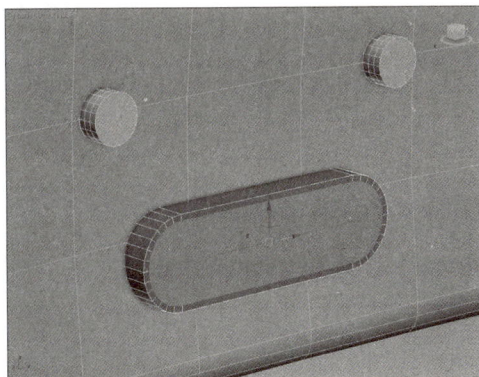

图 3-143　编辑挤出的模型

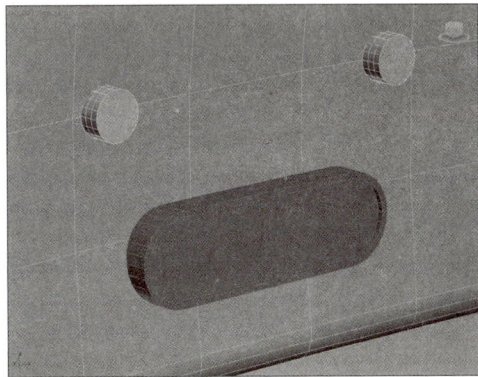

图 3-144　挤出效果

步骤 12 在前视口中创建文本"12:50",设置字体为黑体、大小为50,如图3-145所示。

步骤 13 为文本添加"挤出"修改器,设置挤出数量为1,将挤出的文本调整到合适位置,完成闹钟主体模型的创建,如图3-146所示。

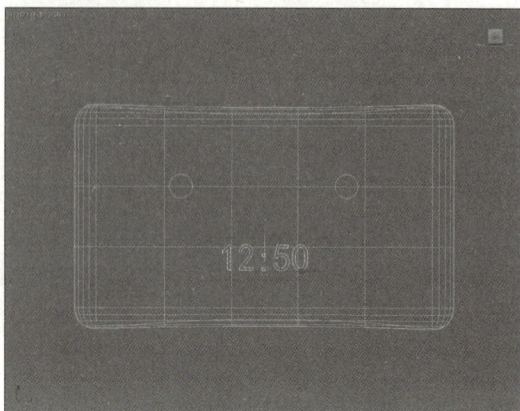

图 3-145　创建文本

图 3-146　挤出文本模型并调整位置

步骤 14 单击"管状体"按钮,创建半径1为160 mm、半径2为200 mm、高度为40 mm的管状体,设置高度分段为2,并调整对象位置,如图3-147所示。

步骤 15 将管状体转换为可编辑多边形,选择如图3-148所示的边。

图 3-147　创建管状体

图 3-148　转换为可编辑多边形并选择边

步骤 16 在左视口中向内缩放边线,如图3-149所示。

步骤 17 在"编辑边"卷展栏中单击"切角"设置按钮,设置切角数量为8、分段为5,如图3-150所示。

步骤 18 选择中间的一圈边线,如图3-151所示。

步骤 19 单击"切角"设置按钮,设置切角数量为5、分段为5,如图3-152所示。

步骤 20 单击"圆柱体"按钮,创建一个半径为160 mm、高度为20 mm的圆柱体,设置端面分段为2、边数为40,调整圆柱体的位置,如图3-153所示。

步骤 21 将圆柱体转换为可编辑多边形，进入"顶点"子层级，在左视口中选择如图3-154所示的顶点。

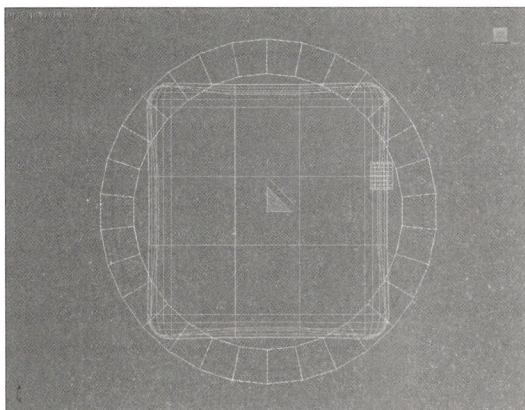

图 3-149 在左视口中缩放边线

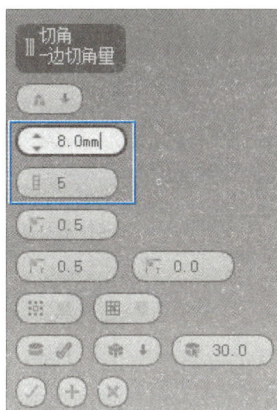

图 3-150 设置边切角参数

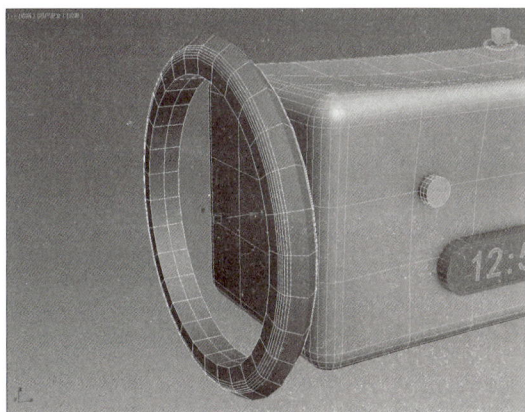

图 3-151 选择边线

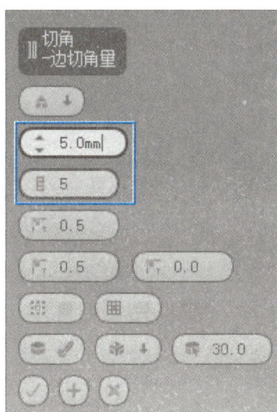

图 3-152 设置切角参数

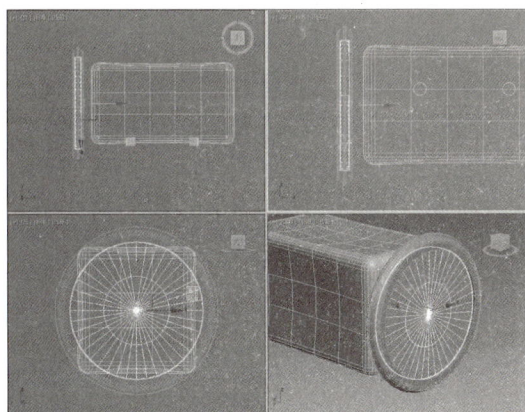

图 3-153 创建分段圆柱体

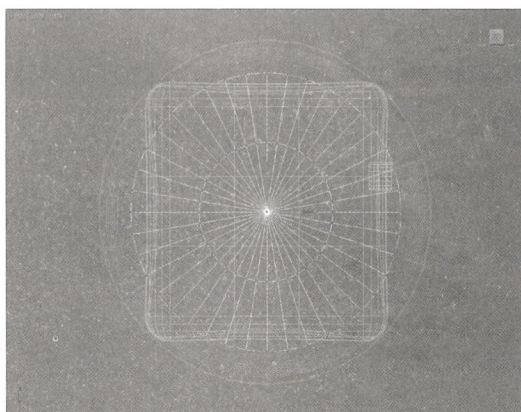

图 3-154 转换为可编辑多边形并选择顶点

步骤 22 在左视口中缩放顶点，如图3-155所示。

步骤 23 进入"多边形"子层级，分别在左视口和右视口中选择如图3-156所示的面。

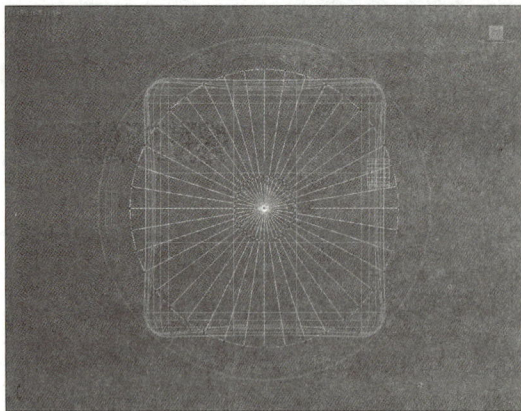

图 3-155　在左视口中缩放顶点

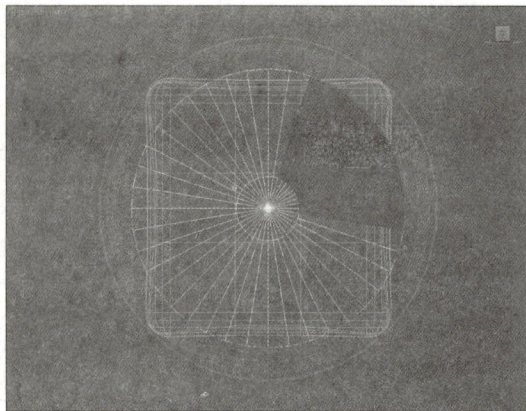

图 3-156　选择所需多边形面

步骤 24 在"编辑多边形"卷展栏中单击"桥"按钮，即可创建出镂空效果，如图3-157所示。

步骤 25 按照相同的方法再创建3处镂空效果，并删除多余的面，效果如图3-158所示。

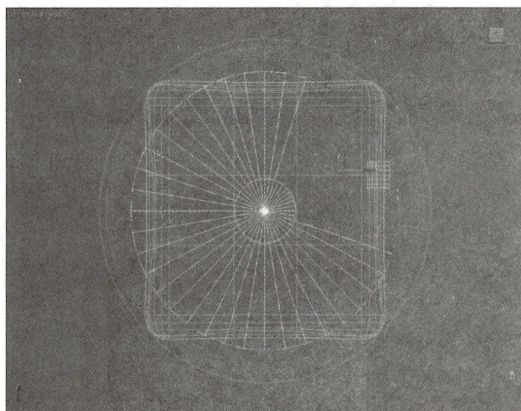

图 3-157　创建镂空效果

图 3-158　创建其他镂空效果并删除面

步骤 26 为模型添加"细分"修改器，设置细分大小为10，效果如图3-159所示。

步骤 27 为模型添加"网格平滑"修改器，默认迭代次数为1，效果如图3-160所示。

图 3-159　添加"细分"修改器效果

图 3-160　添加"网络平滑"修改器效果

步骤28 选择外围管状体，在"编辑几何体"卷展栏中单击"附加"按钮，再拾取齿轮模型，使其成为一个整体，成为轮子模型，效果如图3-161所示。

步骤29 "实例"复制轮子模型到另一侧，即可完成趣味闹钟模型的制作，如图3-162所示。

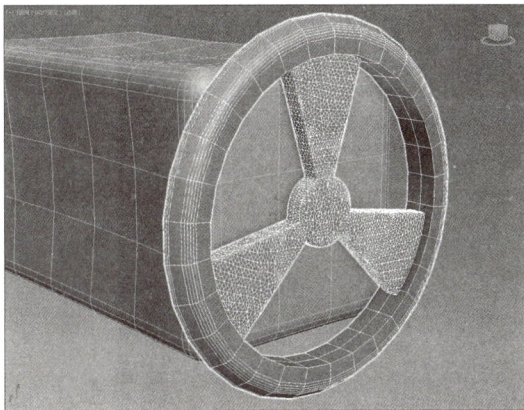

图 3-161 附加合并模型

图 3-162 趣味闹钟模型效果

课后作业

一、选择题

1. 下列（　　）不属于样条线类型。

A. 多边形　　　　　　　　　　　　B. 车削

C. 文本　　　　　　　　　　　　　D. 弧

2. 下列选项中关于"挤出"修改器参数的描述不正确的是（　　）。

A. 数量参数用于设置挤出厚度上的片段划分数

B. 封口始端参数用于在顶端加面封盖实体

C. 封口末端参数用于在底端加面封盖实体

D. 变形参数用于变形对象的制作

3. "车削"修改器的旋转角度范围是（　　）。

A. 0°～90°　　　　　　　　　　　B. 0°～180°

C. 0°～360°　　　　　　　　　　　D. 0°～720°

二、填空题

1. ＿＿＿＿＿＿＿、＿＿＿＿＿＿＿、＿＿＿＿＿＿＿是特殊效果的圆柱体。

2. 修改器主要用于对创建的模型进行各种＿＿＿＿＿＿、＿＿＿＿＿＿、＿＿＿＿＿＿。

3. 在实际绘图时，常用到的建模协同软件有＿＿＿＿＿＿、＿＿＿＿＿＿、＿＿＿＿＿＿、

＿＿＿＿＿＿。

三、操作题

利用几何体建模中的相关命令创建沙发模型，效果如图3-163所示。

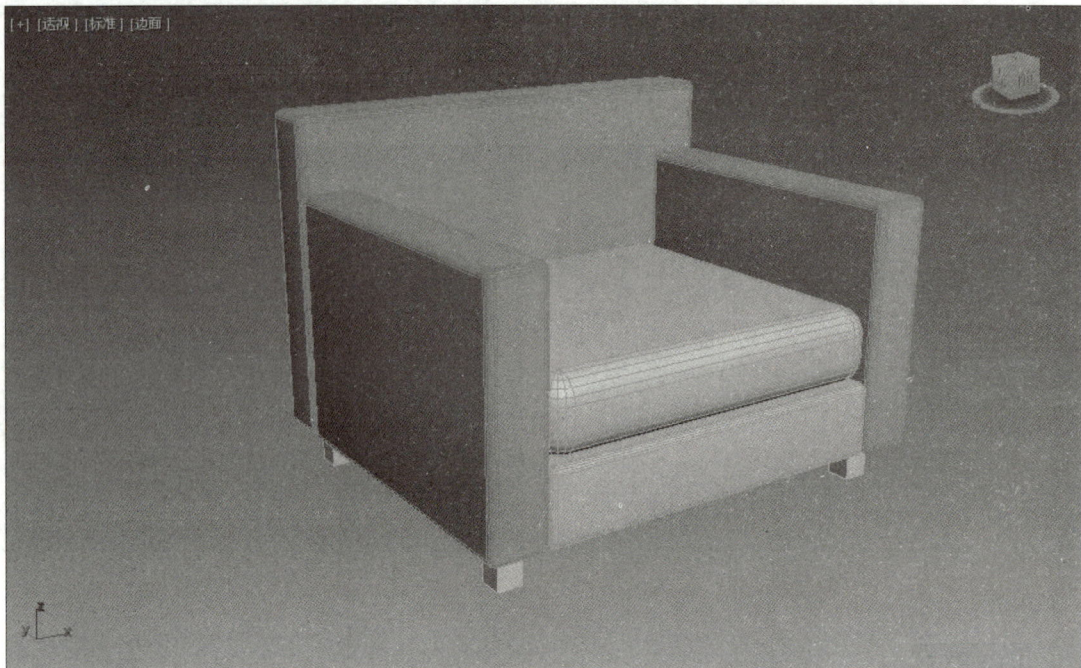

图 3-163　沙发模型效果

操作提示

步骤 **01** 执行"切角长方体"命令，创建沙发的靠背、扶手和坐垫模型。

步骤 **02** 执行"长方体"命令，创建沙发腿，然后对其进行复制。

学习体会

3DS MAX

第4章

高级建模

内容概要

　　基础建模适合于创建一些外观规则的模型，而高级建模则偏向于创建外观不规则且具有复杂细节的模型。与基础建模相比，高级建模的技术难度要复杂一些。本章将从网格建模、多边形建模和NURBS建模这3种常用建模方式来介绍高级建模的相关知识点，使读者能全面地了解三维建模技巧。

数字资源

【本章素材】："素材文件\第4章"目录下
【本章课堂演练最终文件】："素材文件\第4章\课堂演练"目录下

4.1 可编辑网格

可编辑网格是将任意形状划分为若干个三角面，通过编辑这些三角面来创建出各类结构复杂的三维模型。

■4.1.1 转换为可编辑网格

可编辑网格是在顶点、边和面等子对象层级上像操作普通对象那样，对由三角面组成的网格对象进行操作控制。可以将3ds Max中的大多数对象转换为可编辑网格，但是对于开口样条线对象，只有顶点可用，这是因为在转换为网格时开放样条线没有面和边。通过以下方式可以将对象转换为可编辑网格。

- 选择对象并单击鼠标右键，在弹出的快捷菜单中选择"转换为">"转换为可编辑网格"命令，如图4-1所示。
- 在修改堆栈中右键单击对象名，在弹出的快捷菜单中选择"可编辑网格"命令，如图4-2所示。
- 选择对象并在修改器列表中为其添加"编辑网格"修改器，如图4-3所示。

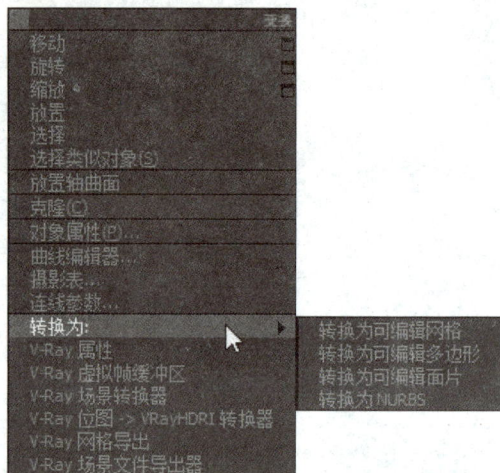

图 4-1　右键菜单转换

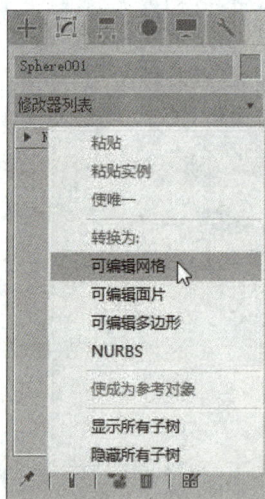

图 4-2　选择"可编辑网格"命令　图 4-3　添加"编辑网格"修改器

■4.1.2 可编辑网格的参数

将模型转换为可编辑网格后，可以看到其子层级分别为顶点、边、面、多边形和元素。网格对象共有4个参数卷展栏，分别是"选择"卷展栏、"软选择"卷展栏、"编辑几何体"卷展栏和"曲面属性"卷展栏，如图4-4所示。

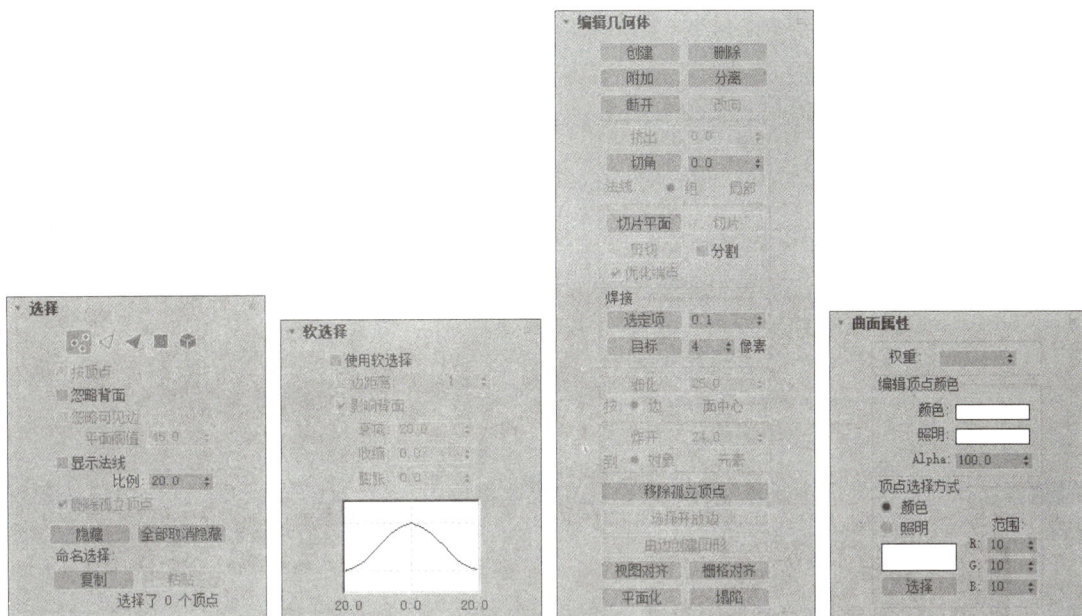

图 4-4　参数卷展栏

实例 创建笔筒模型

下面通过可编辑网格相关功能创建一个笔筒模型。

步骤 01 单击"切角圆柱体"按钮，创建半径为45 mm、高度为3 mm的切角圆柱体，设置圆角半径为1.5 mm、圆角分段为5、边数为50，效果如图4-5所示。

步骤 02 右键单击"捕捉开关"按钮，打开"栅格和捕捉设置"面板，选择"轴心"复选框，如图4-6所示。

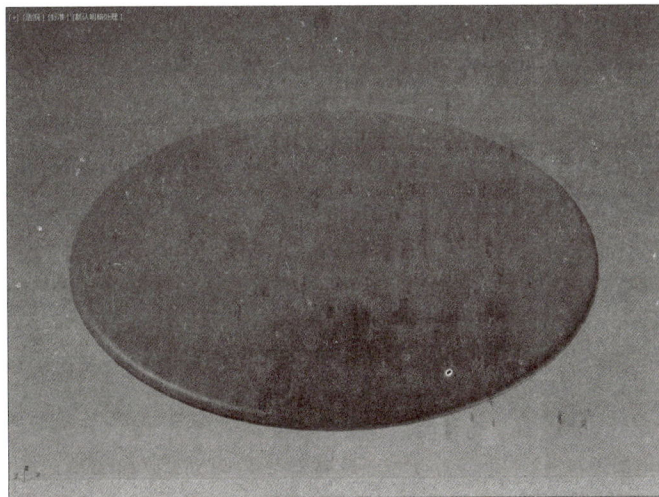

图 4-5　创建切角圆柱体

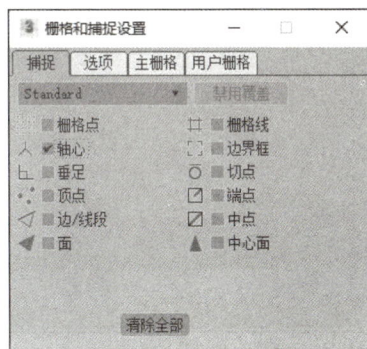

图 4-6　"栅格和捕捉设置"面板

步骤 03 最大化显示所有视口，单击"圆柱体"按钮，捕捉切角圆柱体的中心，创建半径为43.5 mm、高度为90 mm的圆柱体，再设置高度分段及边数等参数，如图4-7和图4-8所示。

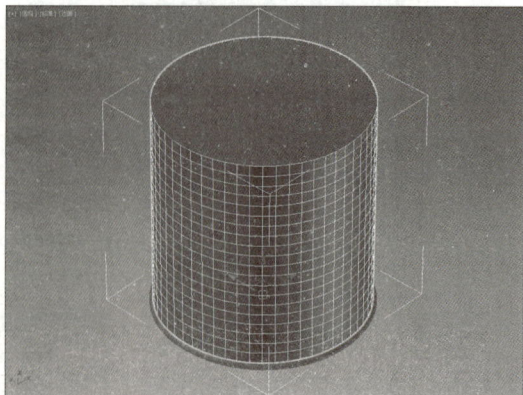

图 4-7　创建分段切角圆柱体

图 4-8　设置参数

步骤 04 选择圆柱体并单击鼠标右键，在弹出的快捷菜单中选择"转换为">"转换为可编辑网格"命令，将其转换为可编辑网格，进入"多边形"子层级，将顶部与底部的多边形删除，如图4-9所示。

步骤 05 为模型添加"细分"修改器，参数保持默认设置，模型效果如图4-10所示。

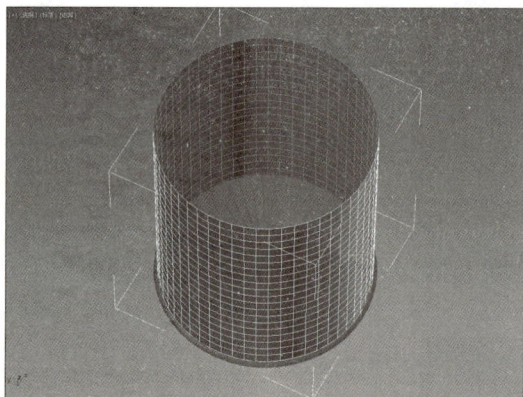

图 4-9　转换为可编辑网格

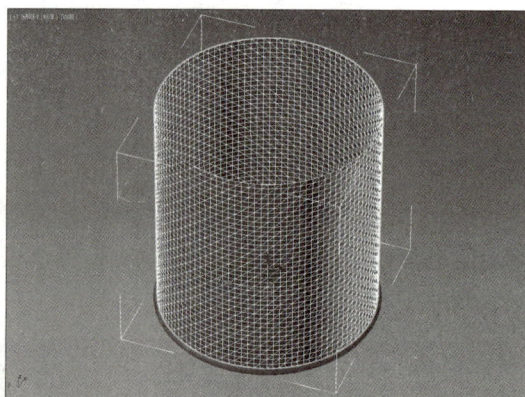

图 4-10　添加"细分"修改器效果

步骤 06 为模型添加"扭曲"修改器，设置扭曲角度为90，模型效果如图4-11所示。

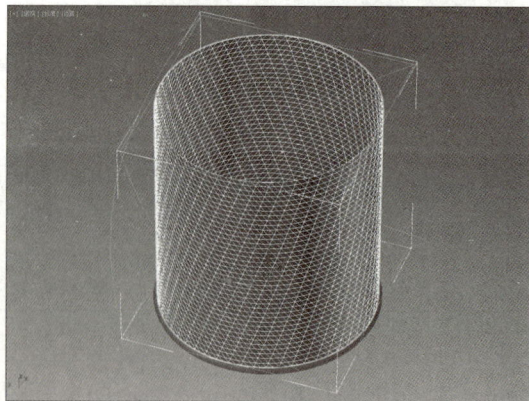

图 4-11　添加"扭曲"编辑器效果

步骤 07 为模型添加"晶格"修改器，在"参数"卷展栏中设置支柱和节点的参数，如图4-12所示，效果如图4-13所示。

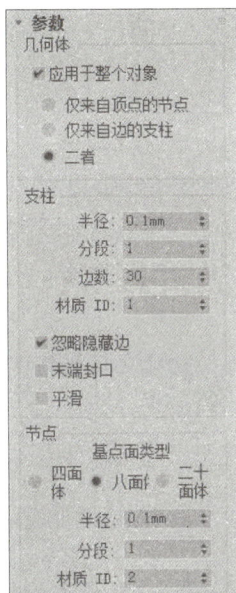

图 4-12 设置"晶格"修改器参数

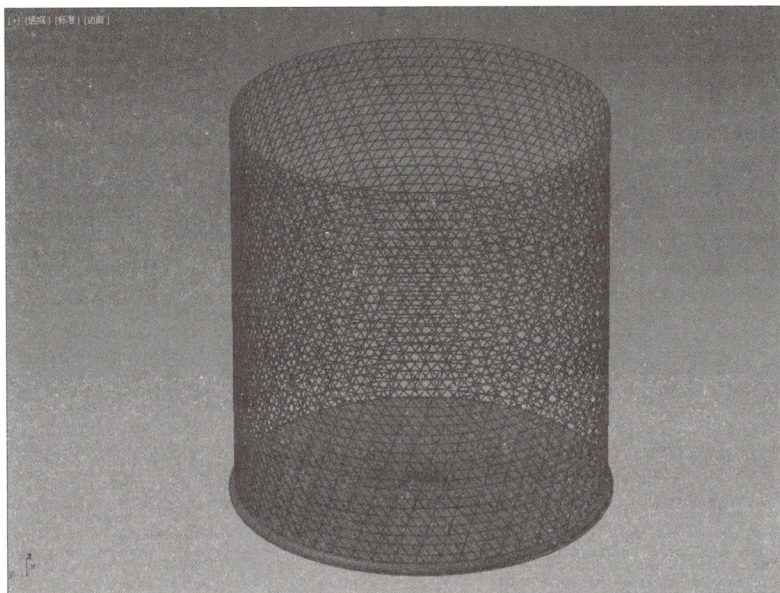

图 4-13 添加"晶格"修改器效果

步骤 08 创建半径1为44 mm、半径2为1.5 mm的圆环体，设置分段数为50、边数为30，对齐到模型顶部。至此，笔筒模型创建完成，效果如图4-14所示。

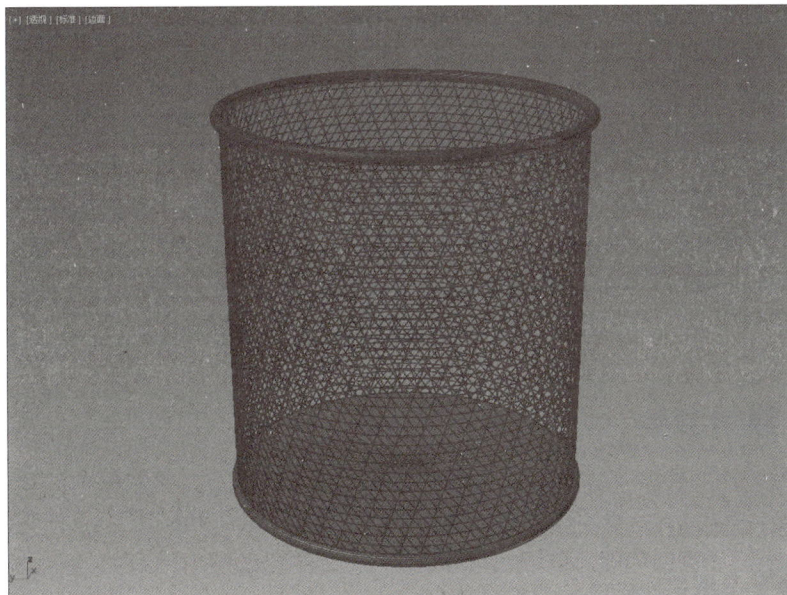

图 4-14 笔筒模型效果

4.2 多边形建模

在三维建模中，多边形建模很常见。它是将一个规则的模型对象转换为可编辑的多边形，然后根据需要对其顶点、边、多边形、边界、元素进行编辑，从而生成新模型。

■ 4.2.1 转换为可编辑多边形

多边形建模在编辑上更加灵活，对硬件的要求也很低，其建模思路与网格建模的思路很接近。二者的不同点在于，网格建模只能编辑三角面，而多边形建模对面数没有任何要求。

在编辑多边形对象之前首先要明确多边形对象不是创建出来的，而是塌陷（转换）出来的。将对象塌陷为多边形的方法大致有如下3种。

- 选择对象，单击鼠标右键，在弹出的快捷菜单中选择"转换为">"转换为可编辑多边形"命令，如图4-15所示。
- 选择对象，在修改堆栈中右击，在弹出的菜单中选择"可编辑多边形"命令，如图4-16所示。
- 选择对象，在"修改"面板中添加"编辑多边形"修改器，如图4-17所示。

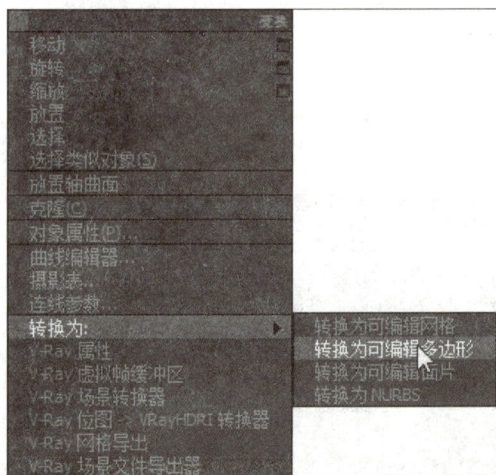

图4-15　右键菜单转换　　　　图4-16　选择"可编辑多边形"命令　　　　图4-17　添加"编辑多边形"修改器

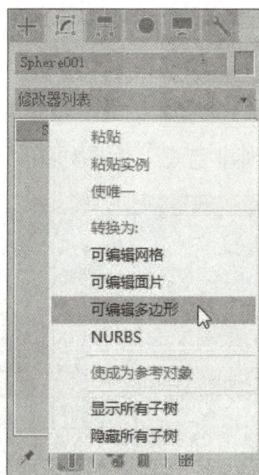

■ 4.2.2 通用参数

将对象转换为可编辑多边形对象后，就可以对可编辑多边形对象的顶点、边、边界、多边形和元素分别进行编辑。这里主要介绍"选择""软选择""编辑几何体"3个通用卷展栏。

1. "选择"卷展栏

"选择"卷展栏提供了各种工具，用于访问不同的子对象层级和进行显示设置，以及创建与修改选定内容。此外，还显示了与选定内容有关的信息，如图4-18所示。卷展栏中的各选项介绍如下：

- **5种级别**：包括顶点 、边 、边界 、多边形 和元素 。
- **按顶点**：选择该复选框后，单击顶点时将选择使用该顶点的所有子对象。
- **忽略背面**：选择该复选框后，将隐藏模型背面的几何体，在编辑或渲染时只显示模型的正面。
- **按角度**：选择该复选框后，可以设置右侧数值，确定要选择的邻近多边形之间的最大角度。
- **收缩**：通过取消选择最外部的子对象缩小子对象的选择区域。
- **扩大**：向所有可用方向外侧扩展选择区域。
- **环形**：通过选择所有平行于选中边的边来扩展边选择范围。
- **循环**：在与所选边对齐的同时，尽可能远地扩展边选择范围。
- **预览选择**：选择对象之前，利用这里的选项可以预览光标滑过位置的子对象，有"禁用""子对象""多个"3个选项可供选择。

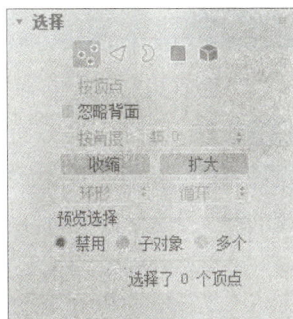

图 4-18 "选择"卷展栏

2."软选择"卷展栏

软选择是以选中的子对象为中心向四周扩散，以放射状方式来选择子对象，在对选择的子对象进行变换时，子对象会以平滑的方式进行过渡。可以通过控制衰减、收缩、膨胀参数的数值来控制所选子对象区域的大小和对子对象控制力的强弱，如图4-19所示。选择"使用软选择"复选框后，选择强度会发生变化，颜色越接近红色表示越强烈，接近蓝色则表示强度变弱，如图4-20所示。

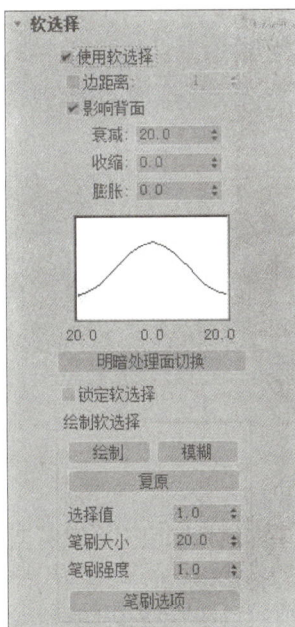

图 4-19 "软选择"卷展栏

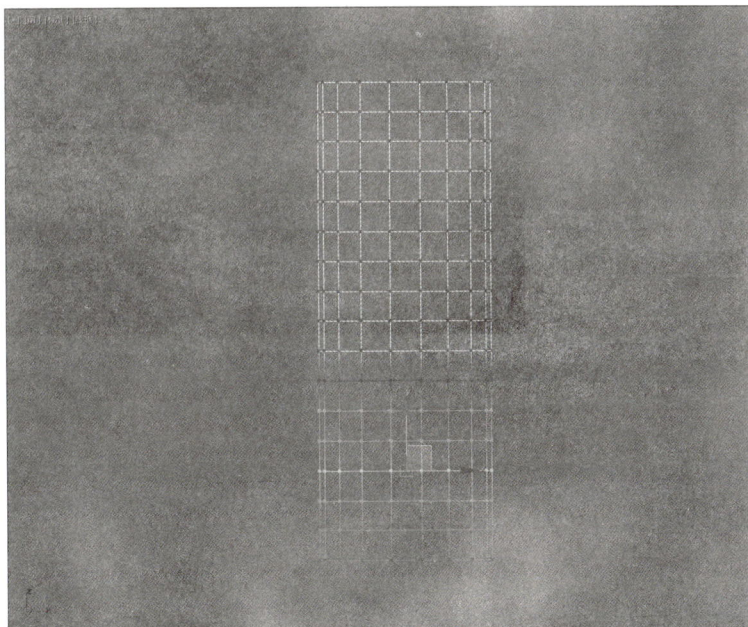

图 4-20 强度变化

实例 创建水果刀模型

下面利用软选择的相关功能来制作水果刀模型。

步骤01 在"创建"命令面板中单击"线"按钮，创建刀身轮廓的样条线，如图4-21所示。

步骤02 在"修改"命令面板中进入"顶点"子层级，选择部分顶点，单击鼠标右键，在弹出的快捷菜单中设置顶点类型为"Bezier角点"，如图4-22所示。

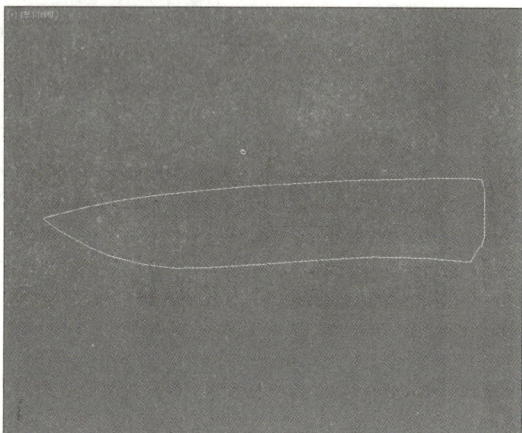

图 4-21　创建水果刀轮廓的样条线

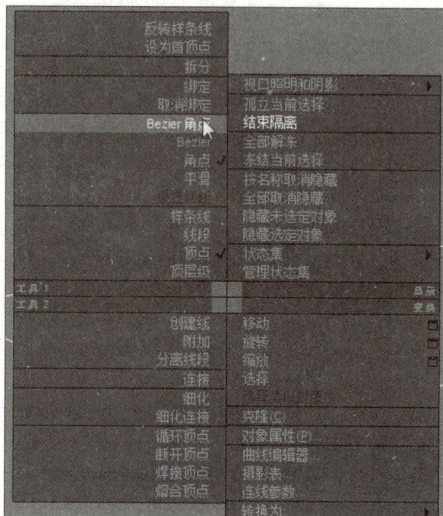

图 4-22　设置顶点为 Bezier 角点

步骤03 调整刀身轮廓线的形状，使其光滑、圆润，如图4-23所示。

步骤04 在修改器列表中为其添加"挤出"修改器，设置挤出数量为1.5 mm，如图4-24所示。

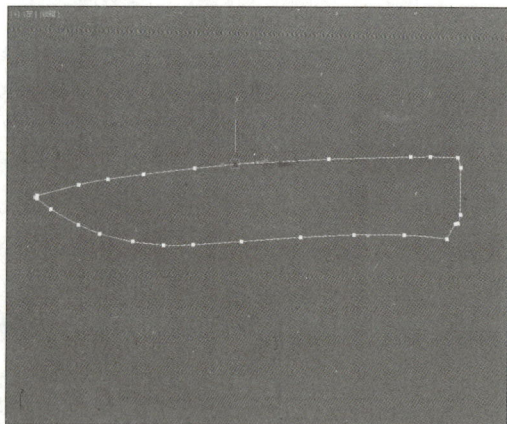

图 4-23　调整刀身轮廓线的形状

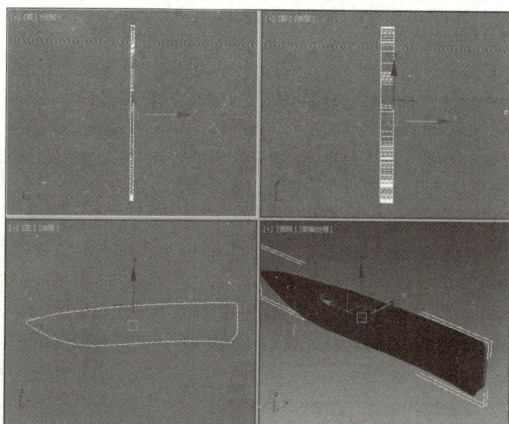

图 4-24　添加"挤出"修改器效果

步骤05 将刀身模型转换为可编辑多边形，并选择顶点，如图4-25所示。

步骤06 打开"软选择"卷展栏，选择"使用软选择"复选框，设置衰减为3，顶点选择效果如图4-26所示。

步骤07 在透视视口中使用"移动并缩放"命令缩放模型，制作出刀锋造型，如图4-27所示。

步骤08 在"创建"命令面板中单击"圆柱体"按钮，创建一个半径为8.5 mm、高度为6 mm的圆柱体，设置高度分段为5、边数为30，调整模型的位置，效果如图4-28所示。

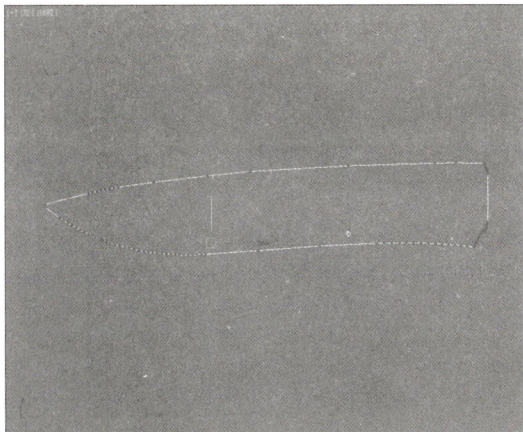

图 4-25　转换为可编辑多边形

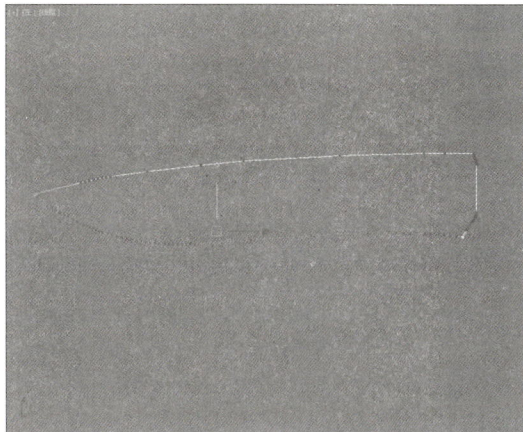

图 4-26　使用软选择

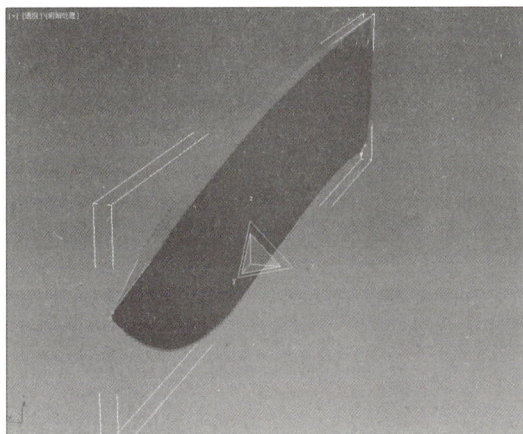

图 4-27　制作刀锋造型

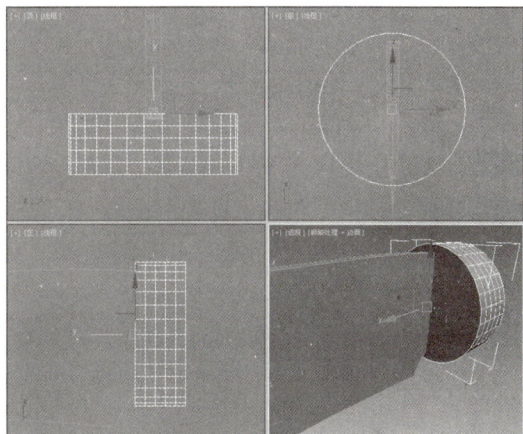

图 4-28　创建圆柱体

步骤09 单击"移动并缩放"按钮，在前视口中缩放圆柱体模型，如图4-29所示。

步骤10 将圆柱体转换为可编辑多边形，进入"顶点"子层级，选择顶点，再打开"软选择"卷展栏，选择"使用软选择"复选框，设置衰减为5，效果如图4-30所示。

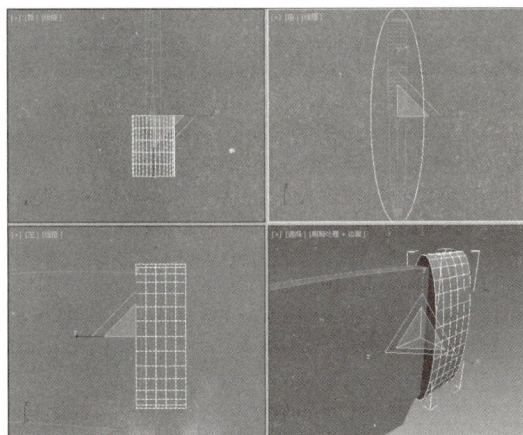

图 4-29　缩放圆柱体

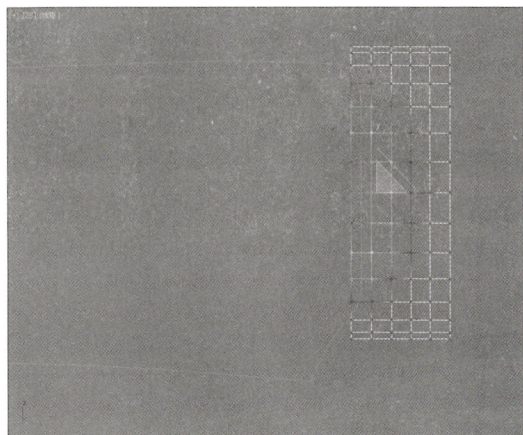

图 4-30　设置软选择参数效果

步骤11 在透视视口中对模型顶点进行缩放调整，如图4-31所示。

步骤12 在"创建"命令面板中单击"圆柱体"按钮，创建一个半径为10 mm、高度为55 mm的圆柱体，将其作为刀柄，设置高度分段为30、边数为30，调整模型的位置，如图4-32所示。

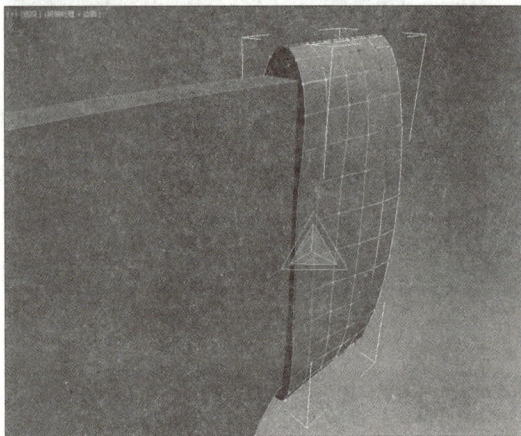

图 4-31　缩放模型顶点

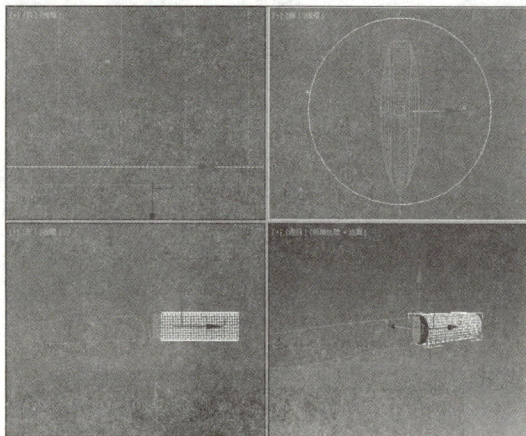

图 4-32　创建刀柄模型

步骤13 单击"选择并缩放"按钮，缩放刀柄模型，如图4-33所示。

步骤14 将刀柄模型转换为可编辑多边形，进入"顶点"子层级，选择部分顶点，再打开"软选择"卷展栏，选择"使用软选择"复选框，设置衰减为50，如图4-34所示。

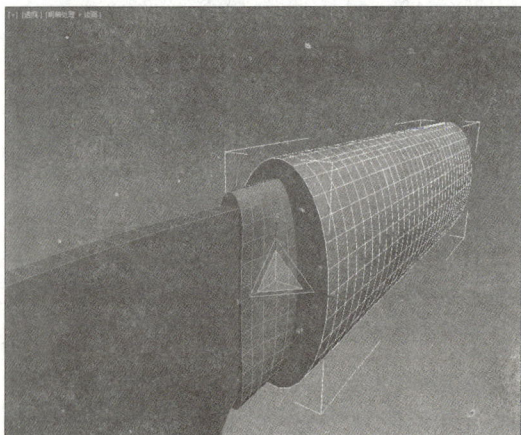

图 4-33　缩放刀柄模型

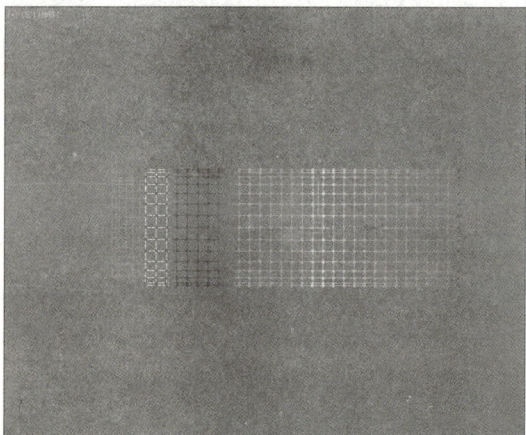

图 4-34　设置软选择参数

步骤15 移动顶点，可以看到模型发生了变化，如图4-35所示。

步骤16 继续利用顶点调整模型的大致形状，调整出刀柄轮廓，如图4-36所示。

步骤17 切换到左视口，选择刀柄头部的顶点，利用"移动并旋转"命令旋转顶点，调整刀柄头部模型，如图4-37所示。

步骤18 旋转整个刀柄模型，将其调整到合适位置，如图4-38所示。

步骤19 为刀柄模型添加"细分"修改器，设置细分大小为2，效果如图4-39所示。

步骤20 为刀柄模型添加"网格平滑"修改器，设置迭代次数为2，效果如图4-40所示。

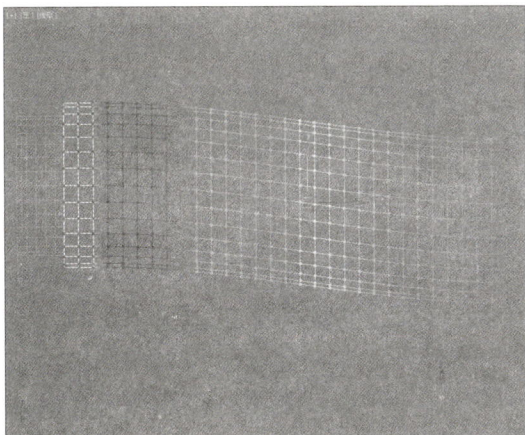

图 4-35 移动相关顶点

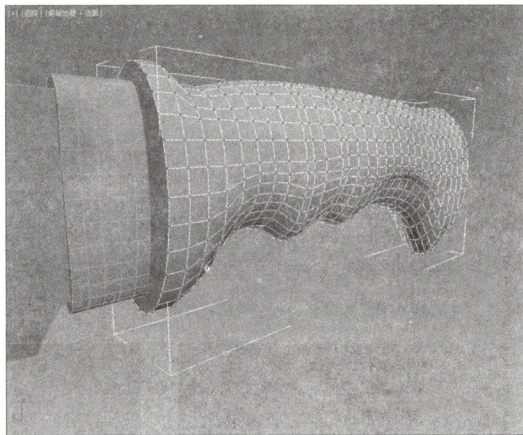

图 4-36 调整出刀柄轮廓

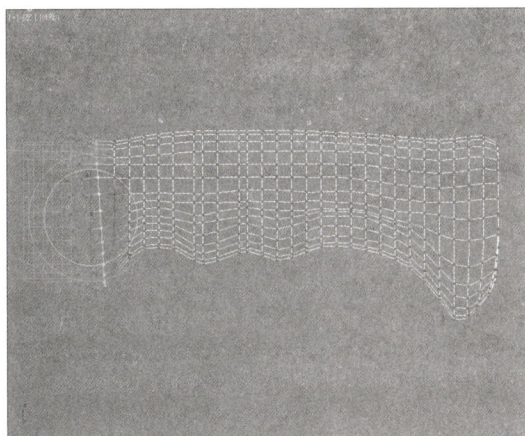

图 4-37 调整刀柄头部模型

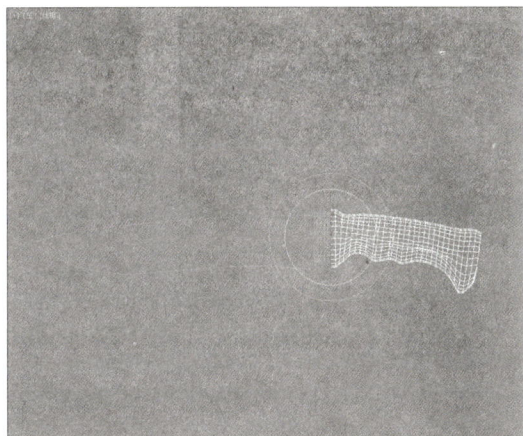

图 4-38 旋转刀柄模型

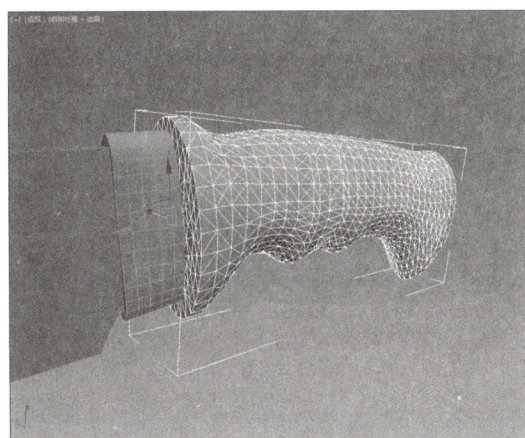

图 4-39 添加"细分"修改器效果

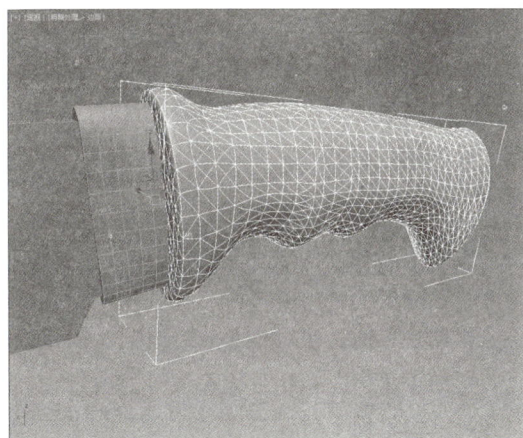

图 4-40 添加"网格平滑"修改器效果

步骤21 再次调整模型，完成水果刀模型的制作，如图4-41所示。

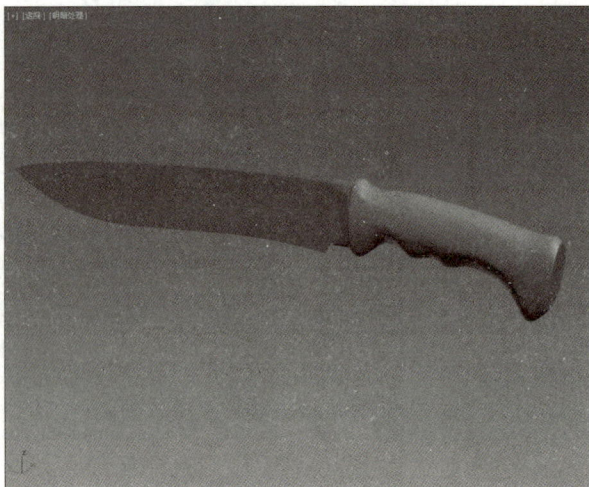

图 4-41 水果刀模型效果

3. "编辑几何体"卷展栏

"编辑几何体"卷展栏提供了用于在顶层级或子对象层级更改多边形对象几何体的全局参数，在所有对象层级都可以使用，如图4-42所示。

卷展栏中各选项介绍如下：

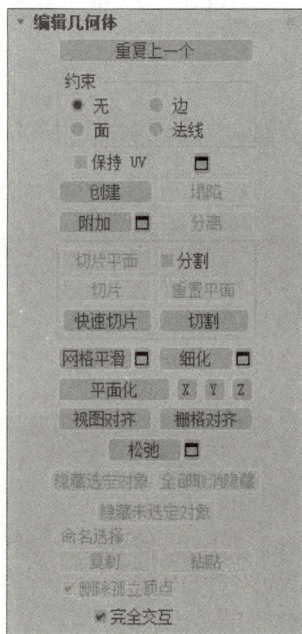

- **重复上一个**：单击该按钮，可以重复使用上一次的命令。
- **约束**：使用现有的几何体来约束子对象的变换效果。
- **保持UV**：选择该复选框后，可以在编辑子对象的同时不影响该对象的UV贴图。
- **创建**：创建新的几何体。
- **塌陷**：通过将顶点与选择中心的顶点焊接，使连续选定的子对象的组产生塌陷。该工具类似于"焊接"工具，但是不需要设置阈值就可以直接塌陷在一起。
- **附加**：使用该工具可以将场景中的其他对象附加到选定的可编辑多边形中。
- **分离**：将选定的子对象和关联的多边形作为单独的对象或元素分离出来。

图 4-42 "编辑几何体"卷展栏

- **切片平面**：使用该工具可以沿某一平面分开网格对象。
- **切片**：可以在切片平面位置处执行切割操作。
- **重置平面**：将执行过"切片"的平面恢复到其默认位置和方向。
- **快速切片**：可以将对象进行快速切片，切片线沿着对象表面，因而切片可以更加准确。
- **切割**：可以在一个或多个多边形上创建出新的边。
- **网格平滑**：使选定的对象产生平滑效果。

- **细化**：增加局部网格的密度，细分对象中的所有多边形，从而方便处理对象的细节。
- **平面化**：强制所有选定的子对象成为共面。
- **视图对齐**：使对象中的所有顶点与活动视口所在的平面对齐。
- **栅格对齐**：使选定对象中的所有顶点与活动视口的构造平面对齐，并将其移动到该平面。
- **松弛**：使当前选定的对象产生松弛现象。

> ⚠ **操作技巧**：在进行多边形编辑操作时，单击卷展栏中命令后方的设置按钮，会在视口中打开一个小盒控件设置栏。在此用户可根据需要对相关的参数进行设置，如设置挤出高度、边切角量、插入数量、连接边数量等，其选项会随着命令的不同而发生相应的改变。

4.2.3 多边形子对象

在多边形建模中，可以针对某一级别的对象进行调整，如顶点、边、多边形、边界、元素等。当选择某一级别时，会出现该级别相应的卷展栏。

1. 编辑顶点

进入可编辑多边形的"顶点"子层级后，在"修改"面板中会显示"编辑顶点"卷展栏，如图4-43所示。该卷展栏下的工具全都用于编辑顶点。

卷展栏中的各选项介绍如下：

- **移除**：用于将顶点进行删除，并结合使用该顶点的多边形。
- **断开**：选择顶点并单击该按钮后，在与选定顶点相连的每个多边形上都创建一个新顶点，使多边形的转角分开，不再相连于原来的顶点上。

图 4-43 "编辑顶点"卷展栏

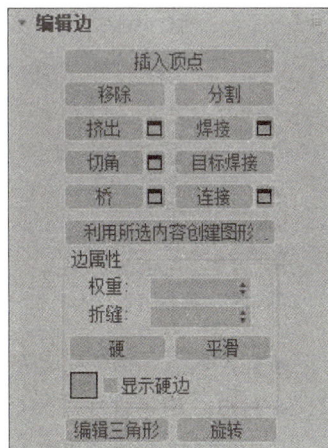

- **挤出**：选择顶点并单击该按钮后，可以将顶点沿法线向外挤出，使其产生锥形的效果。
- **焊接**：在一定的距离范围内，将两个或多个连续顶点焊接为一个顶点。
- **切角**：用于将顶点切角为三角形的面。
- **目标焊接**：选择一个顶点并单击该按钮后，可以将该顶点焊接到相邻的目标顶点。
- **连接**：用于在选中的对角顶点之间创建新的边。
- **权重**：设置选定顶点的权重，供NURBS细分选项和"网格平滑"修改器使用。

2. 编辑边

边是连接两个顶点的直线，可以形成多边形的边。选择"边"子层级后，会显示"编辑边"卷展栏，该卷展栏包括所有关于边的操作，如图4-44所示。卷展栏中的各选项介绍如下：

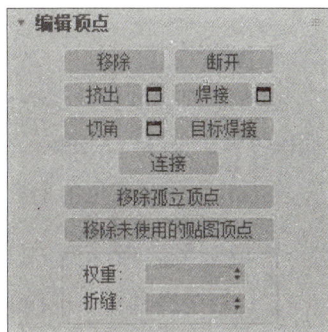

图 4-44 "编辑边"卷展栏

- **插入顶点：**用于手动在选择的边上任意添加顶点。
- **移除：**选择边并单击该按钮后，可以删除边并合并使用这些边的多边形，与按Delete键删除的效果是不同的。
- **分割：**沿着选定边分割网格。对网格中心的单条边应用时，不会起任何作用。
- **挤出：**用于直接在视口中移动挤出边。挤出是常用的工具，需要熟练掌握。
- **焊接：**用于在一定的范围内将选择的边进行合并。
- **切角：**可以将选择的边进行切角处理以产生平行的多条边。切角是常用的工具，需要熟练掌握。
- **目标焊接：**选择一条边并单击该按钮会出现一条线，然后单击另外一条边即可进行焊接。
- **桥：**用于连接对象的边，但只能连接边界边，也就是只在一侧有多边形的边。
- **连接：**用于在选定边之间创建新边。连接是常用的工具，需要熟练掌握。
- **利用所选内容创建图形：**用于将选定的边创建为样条线图形。
- **编辑三角形：**用于通过绘制内边或对角线修改多边形细分为三角形的方式。
- **旋转：**用于通过单击对角线修改多边形细分为三角形的方式。

3. 编辑边界

边界是网格的线性部分，通常可以描述为孔洞的边缘。选择"边界"子层级后，会显示"编辑边界"卷展栏，如图4-45所示。卷展栏中的主要选项介绍如下：

- **封口：**用于使用单个多边形封住整个边界环。

4. 编辑多边形/元素

多边形是通过曲面连接的3条或多条边的封闭序列，提供了可渲染的可编辑多边形对象曲面。"多边形"与"元素"子层级是兼容的，在二者之间可以切换，并且可以保留所有现在的选择。在"编辑元素"卷展栏中包含常见的多边形和元素命令，而在"编辑多边形"卷展栏中包含"编辑元素"卷展栏中的这些命令以及多边形特有的多个命令，如图4-46和图4-47所示。

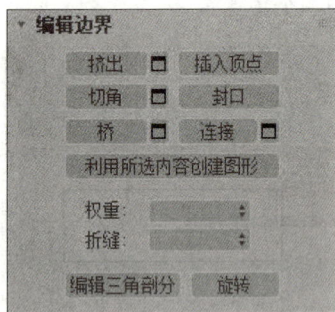

图 4-45 "编辑边界"卷展栏   图 4-46 "编辑多边形"卷展栏   图 4-47 "编辑元素"卷展栏

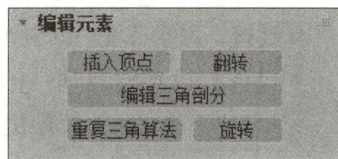

- **插入顶点：**用于手动在选择的多边形上任意添加顶点。
- **挤出：**用于将选择的多边形进行手动挤出处理。单击"挤出"设置按钮，在弹出的界面中可以设置挤出类型，包括组、局部法线、按多边形，效果各不相同。
- **轮廓：**用于增加或减少每组连续的选定多边形的外边。

- **倒角**：与挤出类似，但更为复杂，可以挤出多边形，也可以向内和向外缩放多边形。
- **插入**：用于制作插入一个新多边形的效果。插入是常用的工具，需要熟练掌握。
- **桥**：选择模型正反两面相对的两个多边形，然后单击该按钮，即可制作出镂空的效果。
- **翻转**：反转选定多边形的法线方向，使其面向用户的正面。
- **从边旋转**：选择多边形并单击该按钮后，可以沿着垂直方向拖动任何边，旋转选定的多边形。
- **沿样条线挤出**：沿样条线挤出当前选定的多边形。
- **编辑三角剖分**：通过绘制内边修改多边形细分为三角形的方式。
- **重复三角算法**：用于对当前选定的一个或多个多边形执行最佳的三角剖分。
- **旋转**：用于通过单击对角线修改多边形细分为三角形的方式。

实例 创建座椅模型

下面利用多边形编辑的相关功能来创建座椅模型。

步骤 01 单击"长方体"按钮，创建尺寸为500 mm×500 mm×300 mm的长方体，如图4-48所示。

步骤 02 将长方体转换为可编辑多边形，进入"多边形"子层级，选择如图4-49所示的多边形。

图 4-48　创建长方体

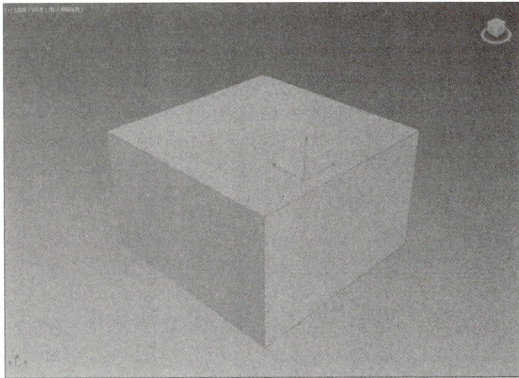

图 4-49　转换为可编辑多边形并选择多边形

步骤 03 按Delete键删除多边形，如图4-50所示。

步骤 04 进入"边"子层级，在前视口中选择如图4-51所示的边。

图 4-50　删除多余多边形

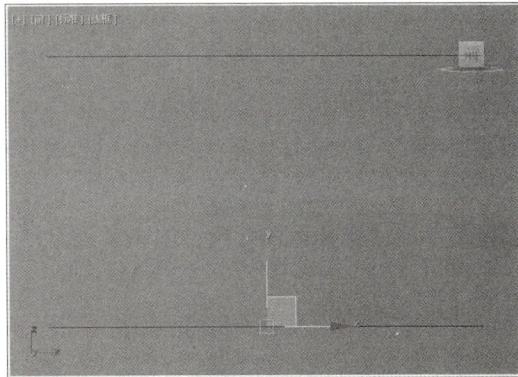

图 4-51　选择边

步骤 05 在"编辑边"卷展栏中单击"连接"设置按钮,设置连接分段为10,创建连接线,如图4-52所示。

步骤 06 继续在左视口中选择如图4-53所示的边线。

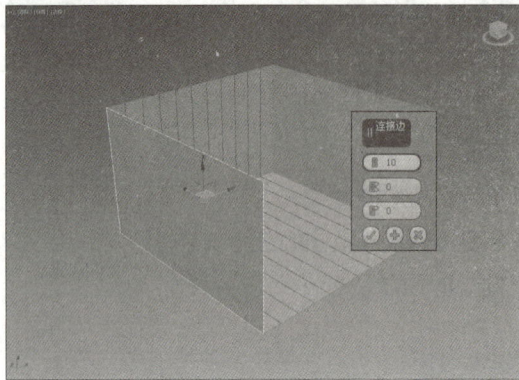

图 4-52　创建连接线

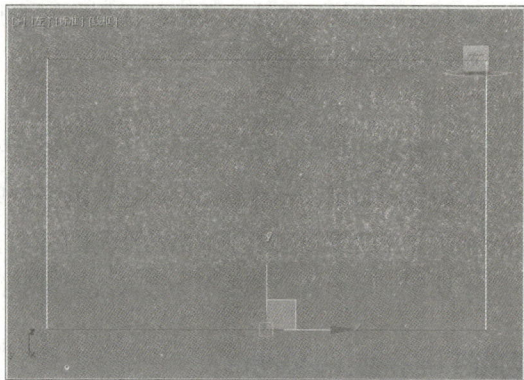

图 4-53　在左视口中选择边线

步骤 07 单击"连接"设置按钮,设置连接分段为10,创建连接线,如图4-54所示。

步骤 08 在透视视口中选择竖向边线,单击"连接"设置按钮,设置连接分段为6,创建连接线,如图4-55所示。

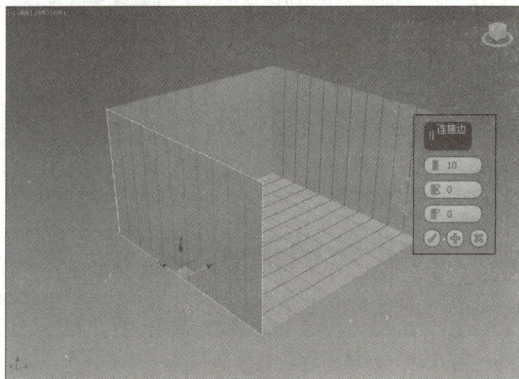

图 4-54　创建连接线

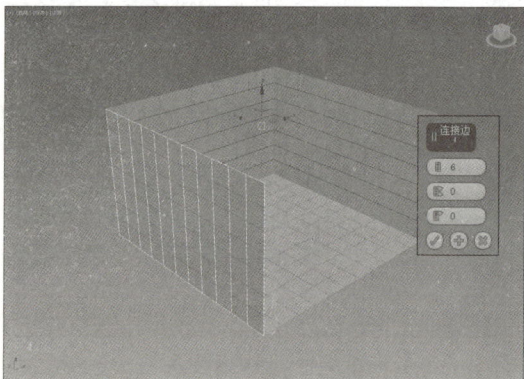

图 4-55　创建连接线

步骤 09 进入"顶点"子层级,在透视视口中选择并调整顶点,如图4-56所示。

步骤 10 在前视口中调整顶点,如图4-57所示。

步骤 11 继续在前视口中调整顶点,如图4-58所示。

步骤 12 为多边形添加"壳"修改器,设置外部量为5、分段为3,效果如图4-59所示。

步骤 13 继续为模型添加"网格平滑"修改器,设置迭代次数为2,完成座椅面的制作,效果如图4-60所示。

步骤 14 单击"圆柱体"按钮,创建半径为15 mm、高度为420 mm的圆柱体,设置高度分段为5,效果如图4-61所示。

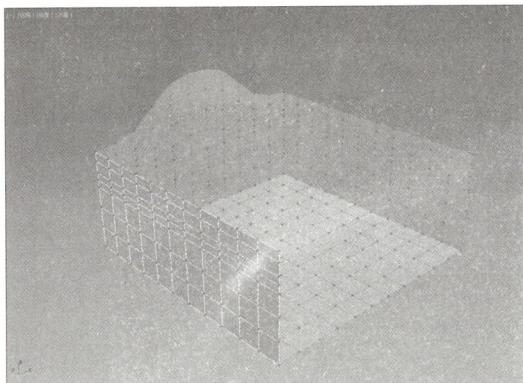

图 4-56　在透视视口中调整顶点

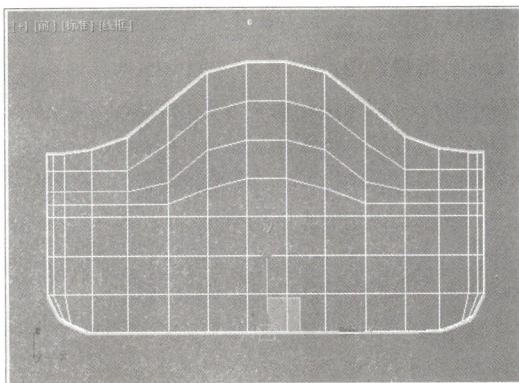

图 4-57　在前视口中调整顶点

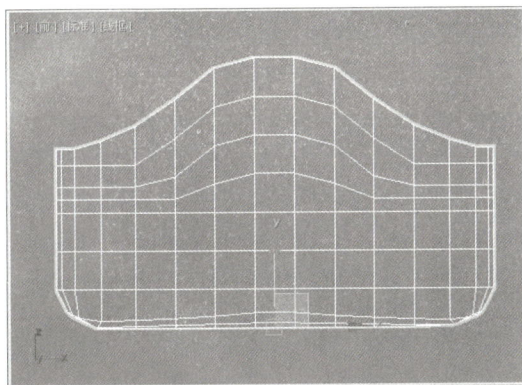

图 4-58　继续调整顶点

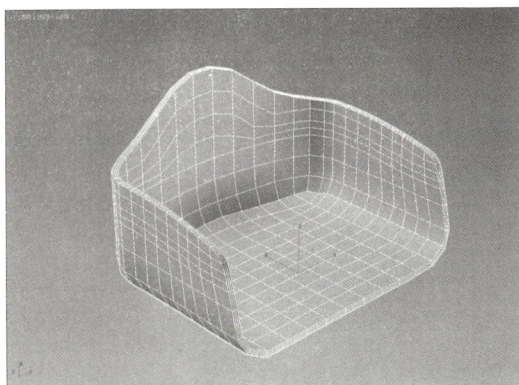

图 4-59　添加"壳"修改器效果

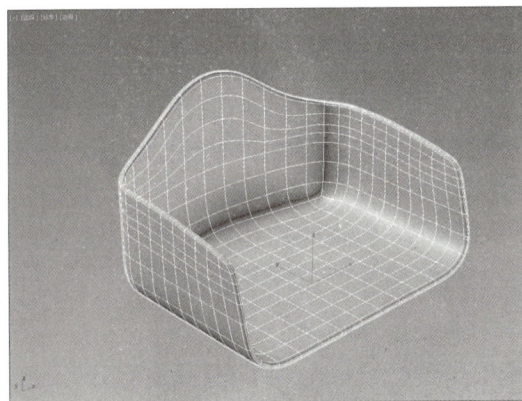

图 4-60　座椅面效果

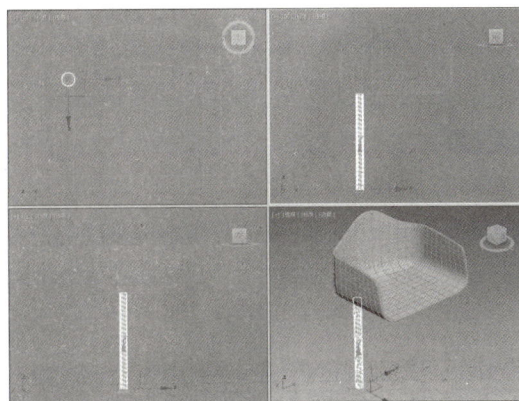

图 4-61　创建圆柱体

步骤 15 将圆柱体转换为可编辑多边形，进入"顶点"子层级，选择如图4-62所示的顶点。

步骤 16 在"软选择"卷展栏中选择"使用软选择"复选框，设置衰减为200，选择效果如图4-63所示。

步骤 17 单击"选择并均匀缩放"按钮，在顶视口中缩放顶点，如图4-64所示，将其作为座椅腿。

步骤 18 退出子层级，单击"选择并旋转"按钮，分别在前视口和左视口中旋转座椅腿模型，并将其调整到合适的位置，如图4-65所示。

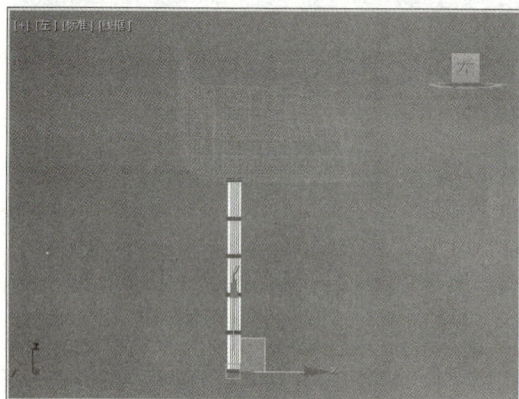

图 4-62　选择圆柱体的顶点

图 4-63　软选择圆柱体的顶点

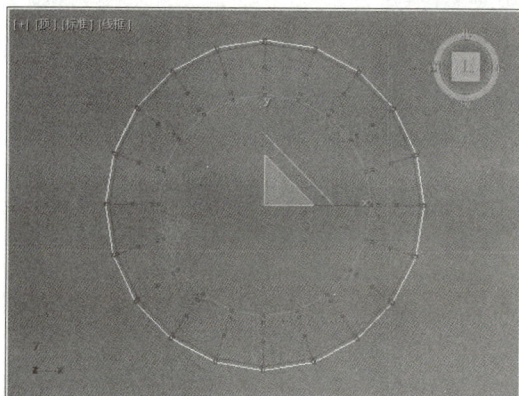

图 4-64　缩放顶点

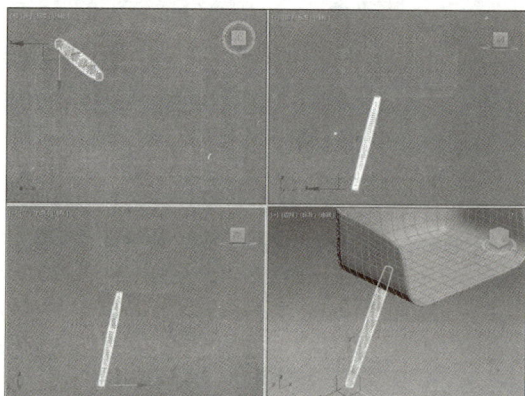

图 4-65　旋转座椅腿

步骤 19 在主工具栏中单击"镜像"按钮，打开镜像对话框，设置镜像轴为x轴、克隆方式为"实例"，如图4-66所示。

步骤 20 将镜像复制的座椅腿模型调整到合适位置，效果如图4-67所示。

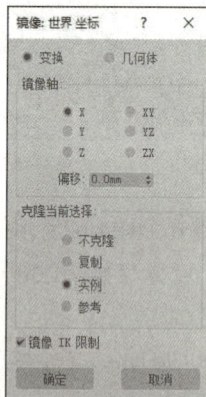

图 4-66　镜像对话框

图 4-67　调整座椅腿的位置

步骤21 继续镜像复制座椅腿模型，如图4-68所示。

步骤22 单击"圆柱体"按钮，创建半径为2 mm、高度为300 mm的圆柱体，将其旋转并调整位置，作为座椅腿的支架，如图4-69所示。

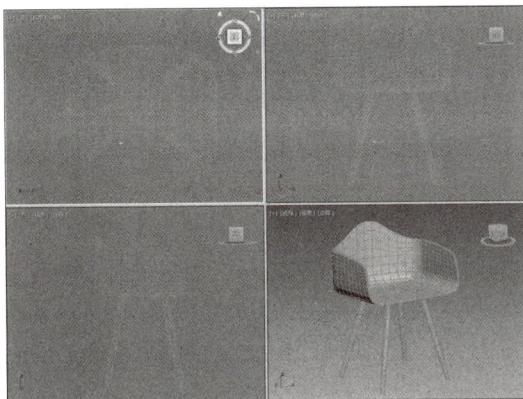

图 4-68 继续镜像复制座椅腿

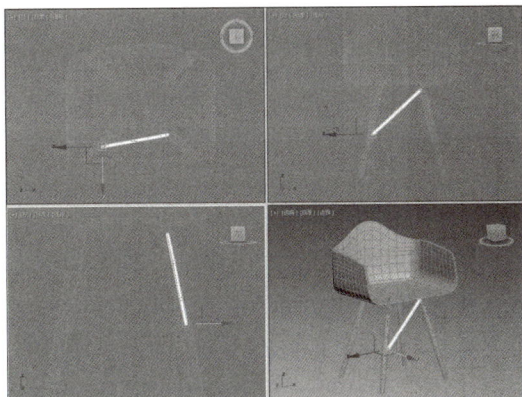

图 4-69 创建座椅腿支架模型

步骤23 单击"选择并旋转"按钮，按住Shift键对支架模型进行旋转复制，效果如图4-70所示。

步骤24 继续旋转复制支架模型，完成座椅模型的制作，如图4-71所示。

图 4-70 旋转支架模型

图 4-71 座椅模型效果

4.3 NURBS建模

　　NURBS建模比较适合创建复杂曲面模型，如汽车、角色模型等。NURBS表示非均匀有理B样条曲线，是设计和建模曲面的行业标准。

■ 4.3.1 认识NURBS对象

　　NURBS对象包括曲面和曲线两种，如图4-72和图4-73所示。NURBS建模也就是创建NURBS曲线和NURBS曲面的过程，它可以使以前实体建模难以达到的对圆滑曲面的构建变得简单方便。

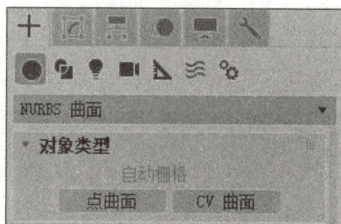

图 4-72　NURBS 曲面

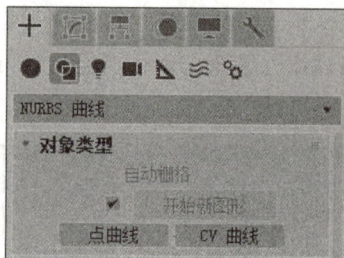

图 4-73　NURBS 曲线

1. NURBS曲面

NURBS曲面包括点曲面和CV曲面两种，具体介绍如下：

- **点曲面**：由点来控制模型的形状，每个点始终位于曲面上。
- **CV曲面**：由控制顶点来控制模型的形状，CV形成围绕曲面的控制晶格，而不是位于曲面上。

2. NURBS曲线

NURBS曲线包括点曲线和CV曲线两种，具体介绍如下：

- **点曲线**：由点来控制曲线的形状，每个点始终位于曲线上。
- **CV曲线**：由控制顶点来控制曲线的形状，这些控制顶点用于定义一个包含曲线的控制晶格，而不是位于曲线上。

■4.3.2　编辑NURBS对象

NURBS对象共有7个卷展栏，分别是"常规"卷展栏、"显示线参数"卷展栏、"曲面近似"卷展栏、"曲线近似"卷展栏、"创建点"卷展栏、"创建曲线"卷展栏、"创建曲面"卷展栏，如图4-74所示。

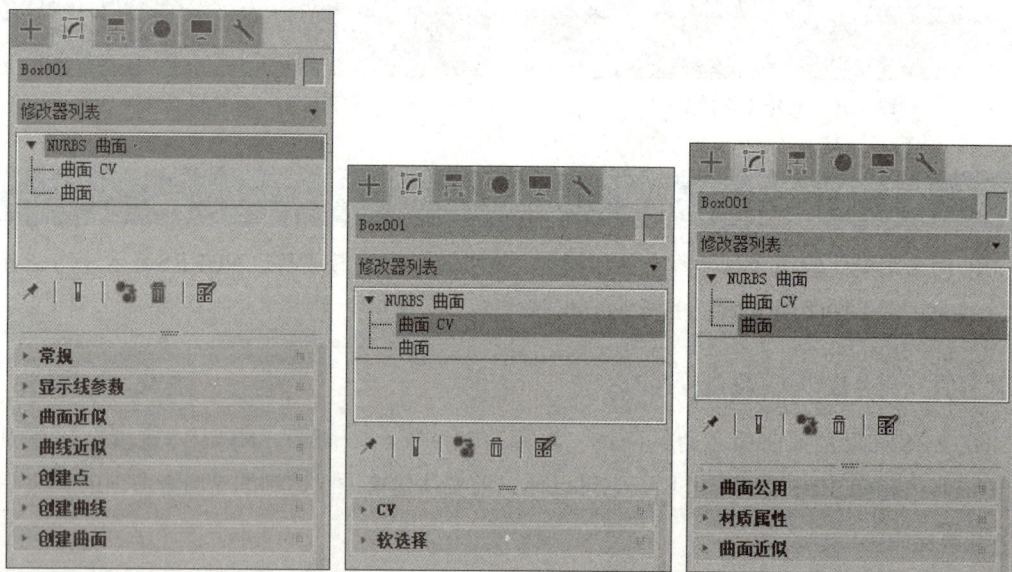

图 4-74　NURBS 对象的卷展栏

1. "常规"卷展栏

"常规"卷展栏中包括附加、导入和NURBS工具箱等,如图4-75所示。单击"NURBS创建工具箱"按钮▣,即可打开NURBS工具箱,如图4-76所示。

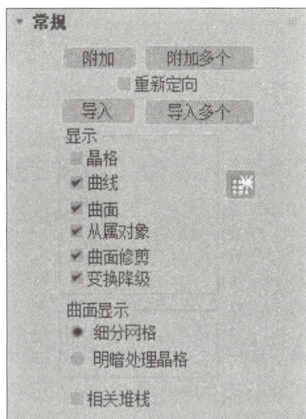

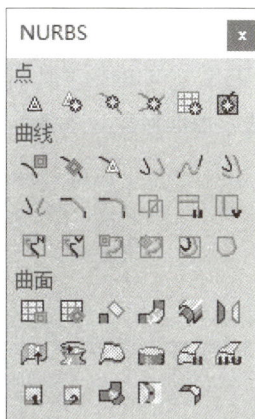

图 4-75 "常规"卷展栏   图 4-76 NURBS 工具箱

2. 曲面近似

为了渲染和显示视口,可以使用"曲面近似"卷展栏,控制NURBS模型中曲面子层级的近似值求解方式,如图4-77所示。其中,常用选项介绍如下:

- **基础曲面**:该设置会影响选择集中的整个曲面。
- **曲面边**:该设置会影响由修剪曲线定义的曲面边的细分。
- **置换曲面**:只有在选择"渲染器"单选按钮时才会启用。
- **细分预设**:用于选择低、中、高质量层级的预设曲面近似值。
- **细分方法**:如果选择"视口"单选按钮,该选项组中的参数会影响NURBS曲面在视口中的显示。如果选择"渲染器"单选按钮,这些参数还会影响渲染器显示曲面的方式。
- **规则**:根据U向步数和V向步数在整个曲面内生成固定细化。
- **参数化**:根据U向步数和V向步数生成自适应细化。
- **空间**:用于生成由三角形面组成的统一细化。
- **曲率**:用于根据曲面的曲率生成可变的细化。
- **空间和曲率**:通过其下的3个参数,使空间方法和曲率方法完美结合。

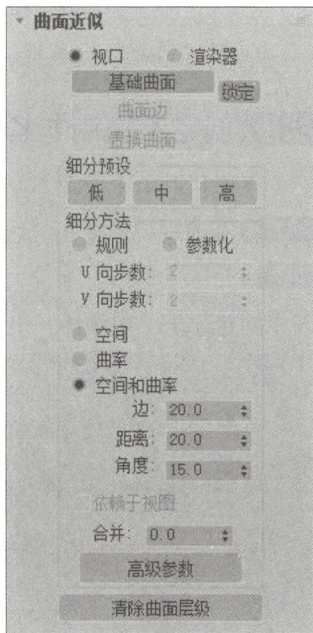

图 4-77 "曲面近似"卷展栏

3. 曲线近似

在模型级别上,曲线近似影响模型中的所有曲线子对象。"曲线近似"卷展栏如图4-78所示,各选项介绍如下:

- **步数**：用于近似每个曲线段的最大线段数。
- **优化**：选择该复选框，可以优化曲线。
- **自适应**：用于基于曲率自适应分割曲线。

4. 创建点/曲线/曲面

这3个卷展栏中的工具与NURBS工具箱中的工具相对应，主要用来创建点、曲线、曲面对象，如图4-79～图4-81所示。

图 4-78　"曲线近似"卷展栏

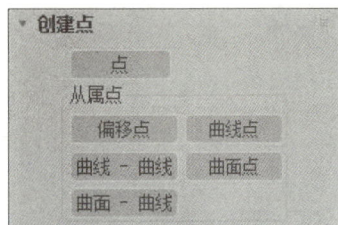

图 4-79　"创建点"卷展栏

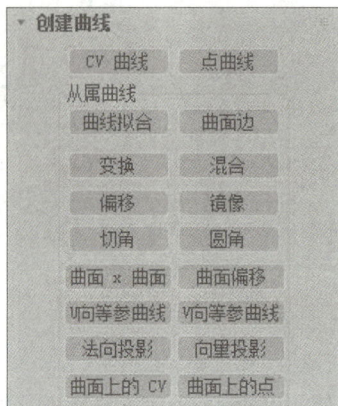

图 4-80　"创建曲线"卷展栏

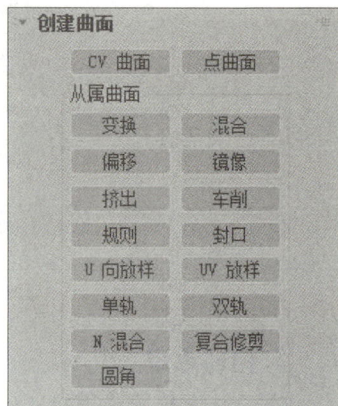

图 4-81　"创建曲面"卷展栏

实例 创建不规则长椅模型

下面利用NURBS建模的相关功能来创建不规则长椅模型。

步骤 01 在前视口中单击"线"按钮，绘制长椅轮廓的样条线，如图4-82所示。

步骤 02 进入"修改"命令面板，在"顶点"子层级中全选顶点，单击鼠标右键，在弹出的快捷菜单中选择"平滑"选项，调整样条线，如图4-83所示。

扫码观看视频

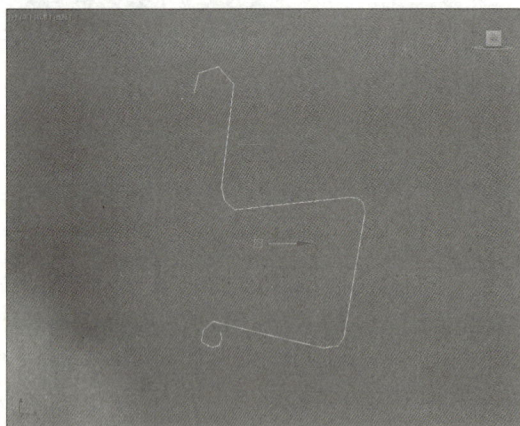

图 4-82　创建长椅轮廓的样条线

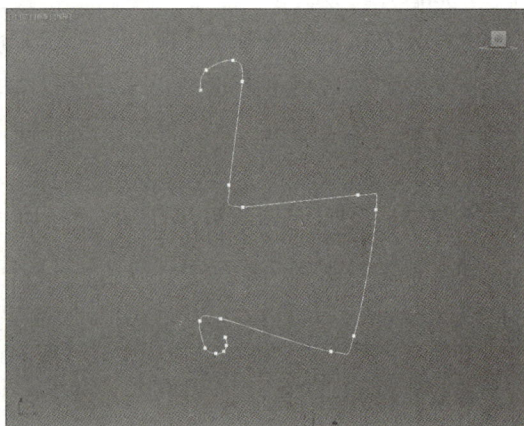

图 4-83　选择顶点并调整样条线

步骤 03 复制并调整样条线的位置，如图4-84所示。

步骤 04 全选样条线，将其转换为NURBS对象，在"常规"卷展栏中单击"NURBS创建工具箱"按钮，如图4-85所示。

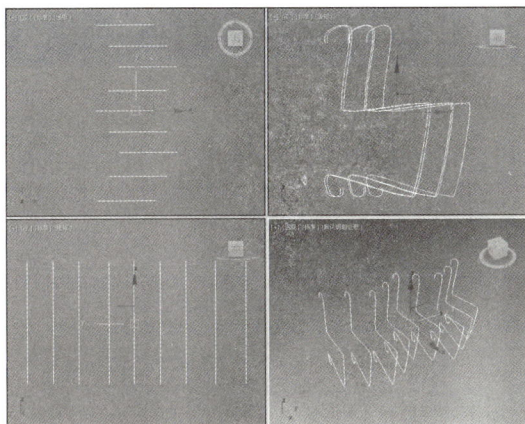

图 4-84　复制并调整样条线的位置

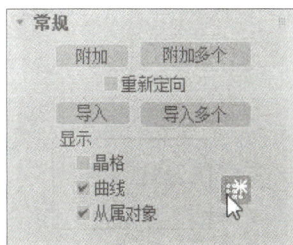

图 4-85　单击"NURBS 创建工具箱"按钮

步骤 05 在打开的NURBS工具箱中单击"创建U向放样曲面"按钮，如图4-86所示。

步骤 06 在视口中依次选择样条线，效果如图4-87所示。

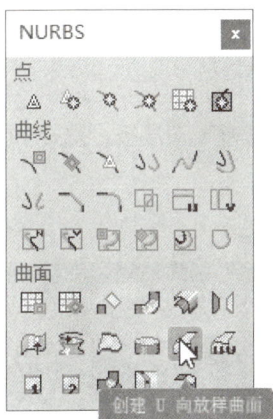

图 4-86　单击"创建 U 向放样曲面"按钮

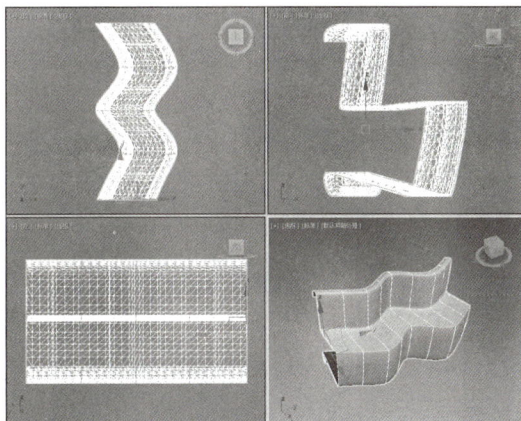

图 4-87　依次选择样条线

步骤 07 为模型添加"壳"修改器，在"参数"卷展栏中设置外部量为10 mm，如图4-88所示，不规则长椅模型效果如图4-89所示。

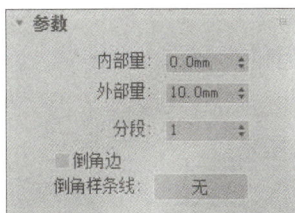

图 4-88　"壳"修改器卷展栏

图 4-89　不规则长椅模型效果

4.4 课堂演练：创建简易茶壶模型

本课堂演练将结合本章所学知识点来创建一个简易茶壶模型。在创建过程中涉及的主要知识点有可编辑多边形、修改器、样条线建模等。下面介绍具体操作方法。

步骤01 单击"圆柱体"按钮，创建一个半径为100 mm、高度为160 mm的圆柱体，并在"参数"卷展栏中调整其他设置，如图4-90和图4-91所示。

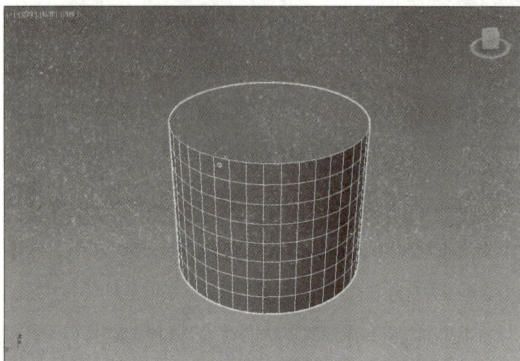

图 4-90　创建圆柱体

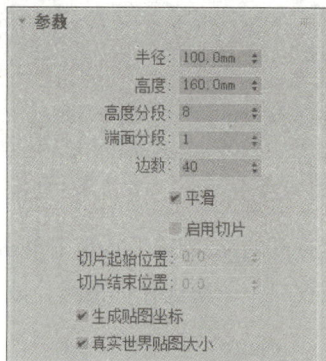

图 4-91　设置圆柱体参数

步骤02 将圆柱体转换为可编辑多边形，在修改堆栈进入"多边形"子层级，选择如图4-92所示的面。

步骤03 按Delete键删除面，如图4-93所示。

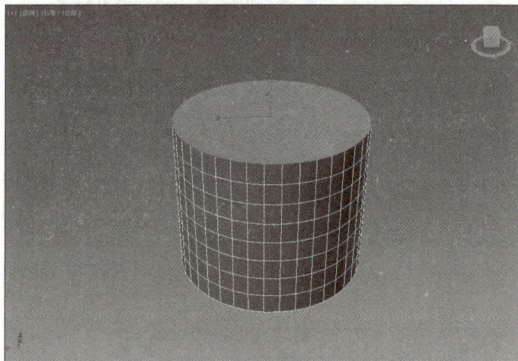

图 4-92　转换为可编辑多边形并选择面

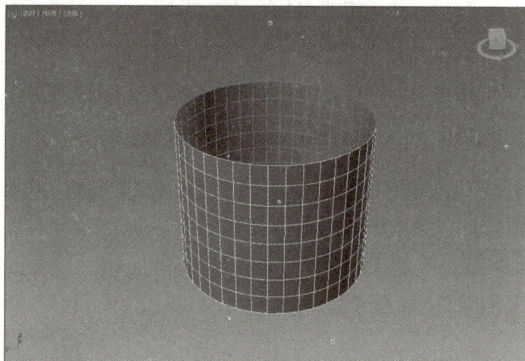

图 4-93　删除面

步骤04 进入"顶点"子层级，在前视口中选择最顶部的一圈顶点，如图4-94所示。

步骤05 展开"软选择"卷展栏，选择"使用软选择"复选框，设置衰减为150，如图4-95所示，此时在视口中可以看到软选择的衰减效果，如图4-96所示。

步骤06 单击"选择并均匀缩放"按钮，在顶视口中向内缩放顶点，如图4-97所示。

步骤07 修改衰减为100，继续在顶视口中缩放顶点，如图4-98所示。

步骤08 分别修改衰减为80和60，调整模型的形状，如图4-99所示。

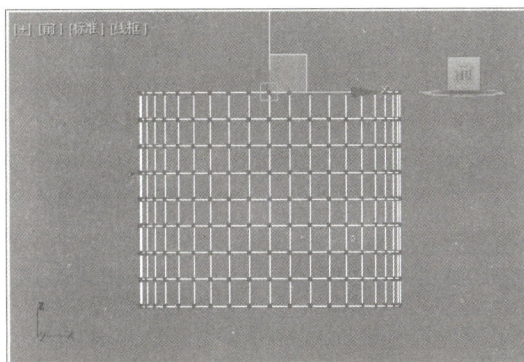

图 4-94　在前视口中选择顶点

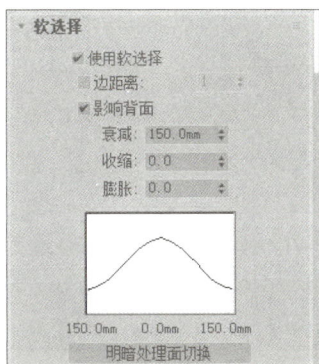

图 4-95　设置软选择

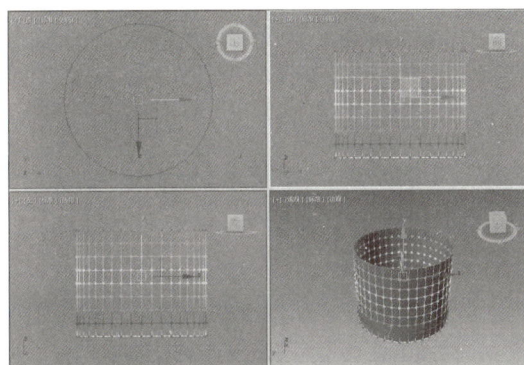

图 4-96　软选择的衰减效果

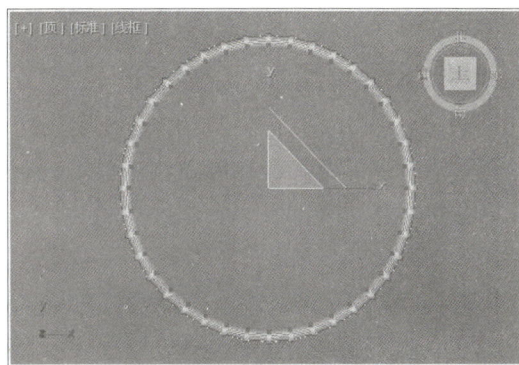

图 4-97　在顶视口中缩放顶点

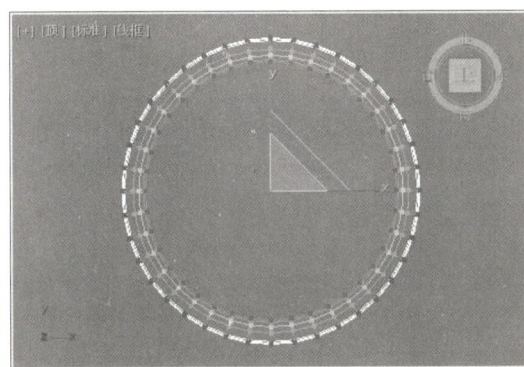

图 4-98　设置衰减参数并缩放顶点

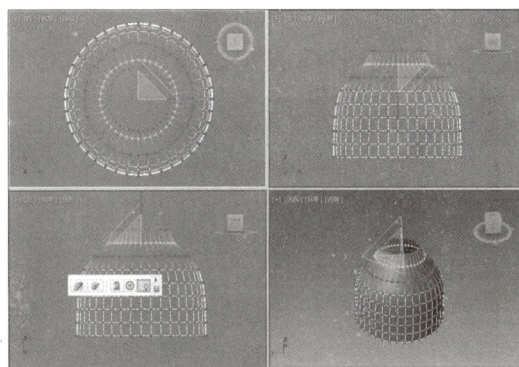

图 4-99　调整模型的形状

步骤 09 取消选择"使用软选择"复选框，在前视口中选择第2排顶点，并沿y轴调整位置，如图4-100所示。

步骤 10 进入"边"子层级，选择如图4-101所示的边。

步骤 11 在"编辑边"卷展栏中单击"连接"设置按钮，设置连接分段为2，如图4-102所示。

步骤 12 进入"顶点"子层级，分别单击"选择并移动"和"选择并均匀缩放"按钮，调整模型的形状，如图4-103所示。

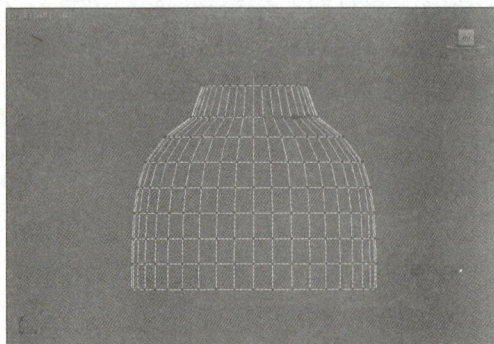

图 4-100　在前视口中调整顶点

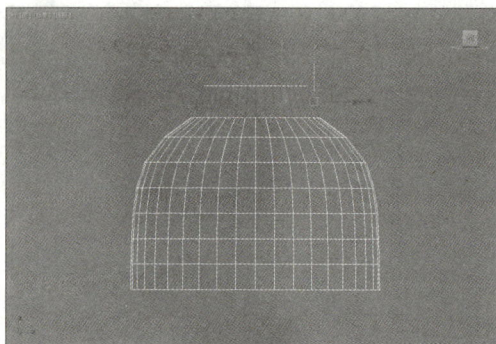

图 4-101　选择边

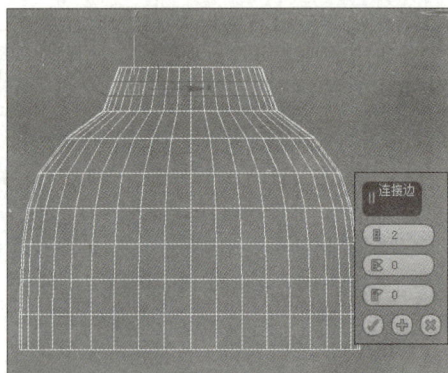

图 4-102　设置分段数效果

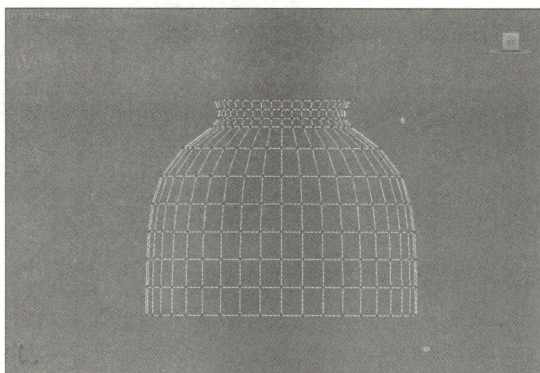

图 4-103　调整模型的形状

步骤 13 进入"边"子层级，选择底部的一圈边线，如图4-104所示。

步骤 14 单击"切角"设置按钮，设置切角数量为20、切角分段为10，如图4-105所示。

图 4-104　选择底部边线

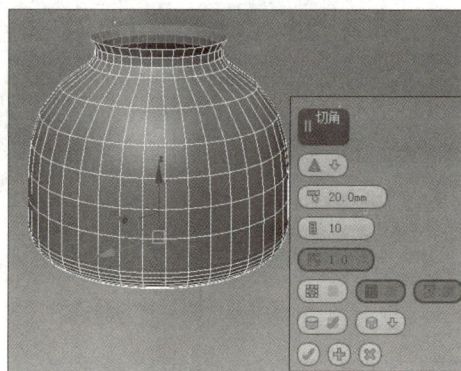

图 4-105　设置切角参数效果

步骤 15 退出堆栈，为多边形添加"壳"修改器，分别设置内部量和外部量，为模型制作出厚度，如图4-106和图4-107所示。

步骤 16 将对象转换为可编辑多边形，进入"边"子层级，选择模型两侧对称的边线，如图4-108所示。

步骤 17 单击"连接"设置按钮，设置连接边分段为1，如图4-109所示。

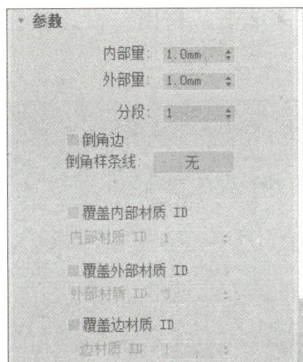

图 4-106 设置"壳"修改器参数

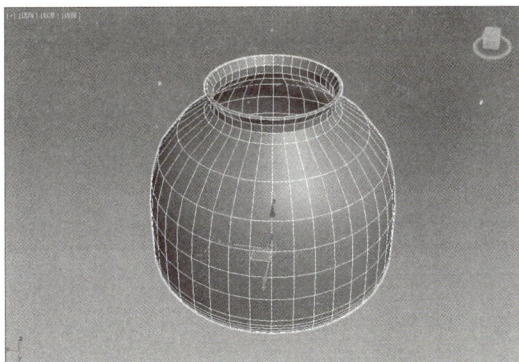

图 4-107 设置效果

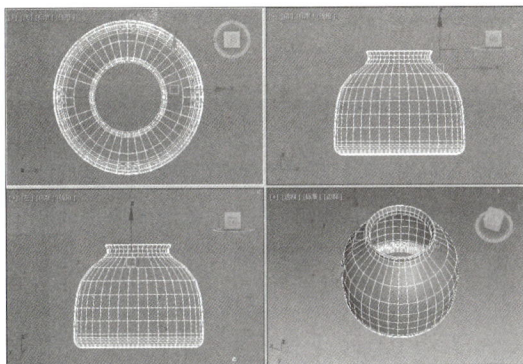

图 4-108 选择模型边线

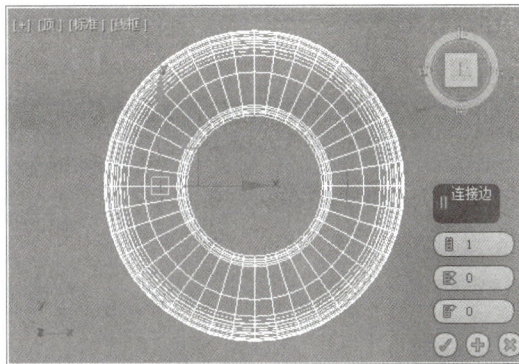

图 4-109 设置连接分段

步骤18 进入"多边形"子层级，选择两侧对称的多边形，如图4-110所示。

步骤19 单击"挤出"设置按钮，设置挤出高度为4，如图4-111所示。

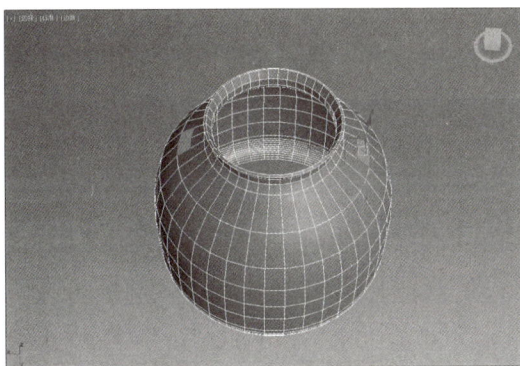

图 4-110 选择对称多边形

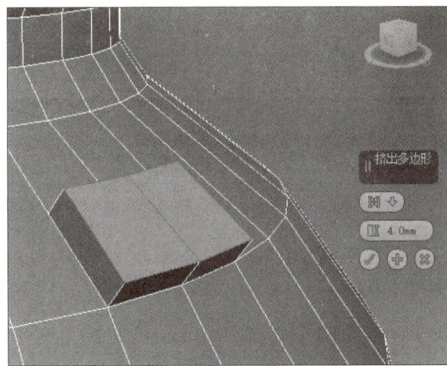

图 4-111 挤出效果

步骤20 进入"边"子层级，选择中心的边线，在"编辑边"卷展栏中单击"移除"按钮，移除边线，如图4-112所示。

步骤21 选择多边形，单击"选择并均匀缩放"按钮，对表面进行缩放，如图4-113所示。

步骤22 进入"顶点"子层级，调整顶点，如图4-114所示。

步骤 23 进入"多边形"子层级，重新选择多边形，单击"挤出"设置按钮，设置挤出高度为15，如图4-115所示。

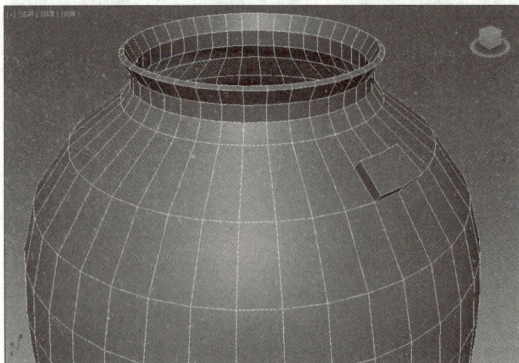

图 4-112　移除边线

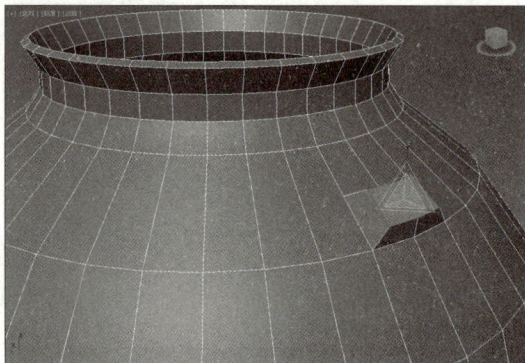

图 4-113　缩放面

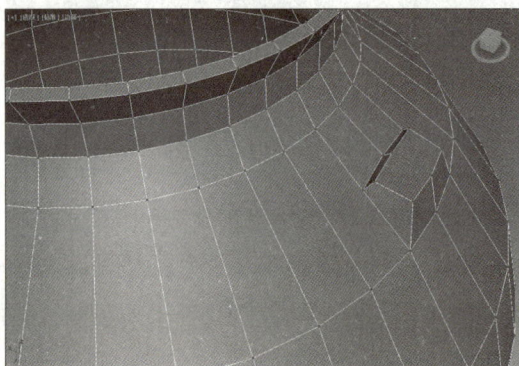

图 4-114　调整顶点

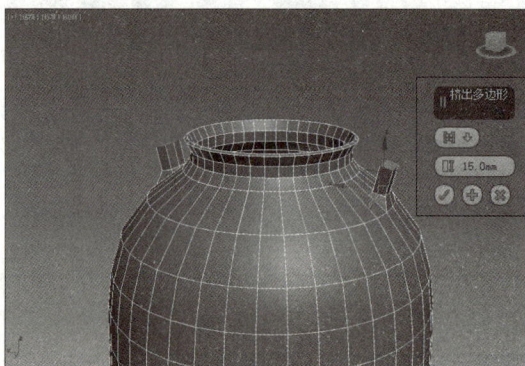

图 4-115　选择多边形并挤出

步骤 24 进入"顶点"子层级，调整形状，如图4-116所示。

步骤 25 进入"边"子层级，移除侧面的边线，如图4-117所示。

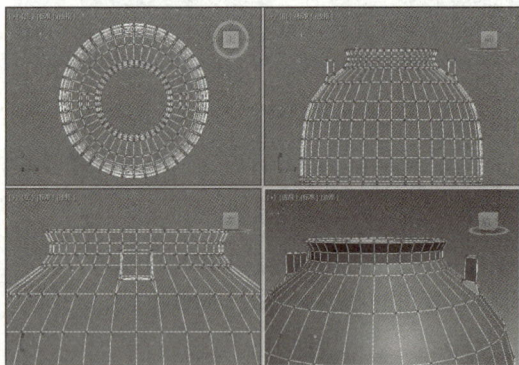

图 4-116　调整形状

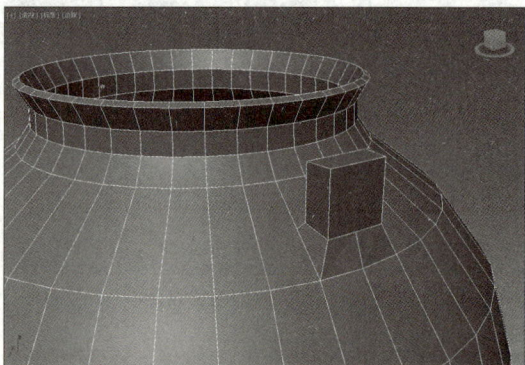

图 4-117　移除边线

步骤 26 进入"多边形"子层级，选择如图4-118所示的侧面。

步骤 27 单击"插入"设置按钮，设置插入量为4，创建新面，如图4-119所示。

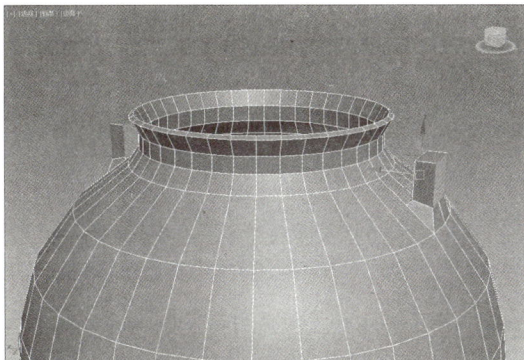

图 4-118 选择侧面

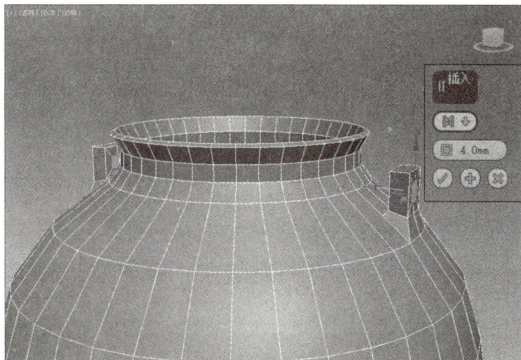

图 4-119 新建面

步骤28 单击"桥"按钮，为两侧挂耳制作镂空效果，如图4-120所示。

步骤29 进入"边"子层级，选择挂耳镂空效果内部的四条边线和外侧的两条边线，如图4-121所示。

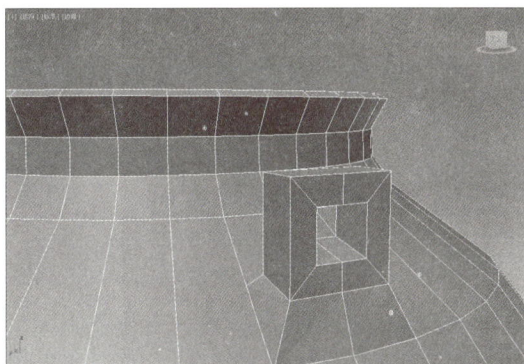

图 4-120 制作挂耳镂空效果

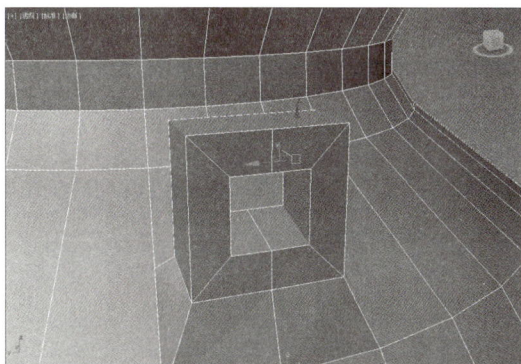

图 4-121 选择挂耳相关边线

步骤30 单击"切角"设置按钮，选择"四边形"切角方式，再设置边切角数量为2.5、分段为3、张力为0.7，如图4-122所示。

步骤31 在"编辑几何体"卷展栏中单击"切割"按钮，分别在茶壶内部和外部绘制八边形的分隔线，如图4-123所示。

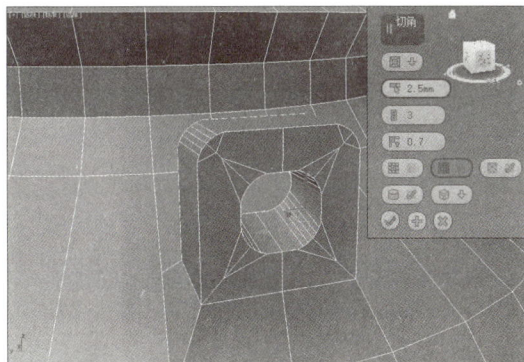

图 4-122 设置切角参数

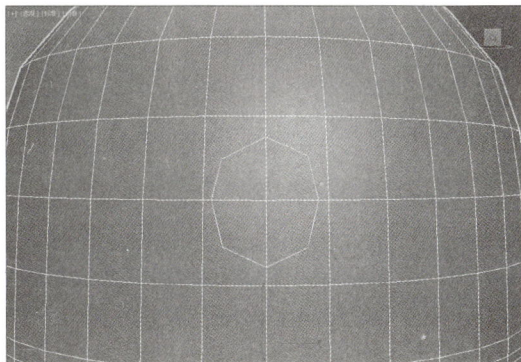

图 4-123 绘制八边形分隔线

步骤32 进入"多边形"子层级，选择内部和外部的八边形面，如图4-124所示。

步骤 33 单击"插入"设置按钮，设置插入量为2，如图4-125所示。

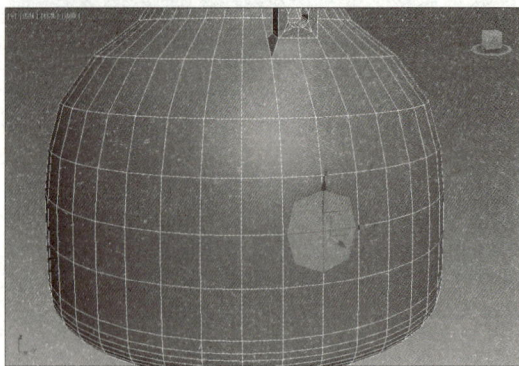

图 4-124　选择八边形面

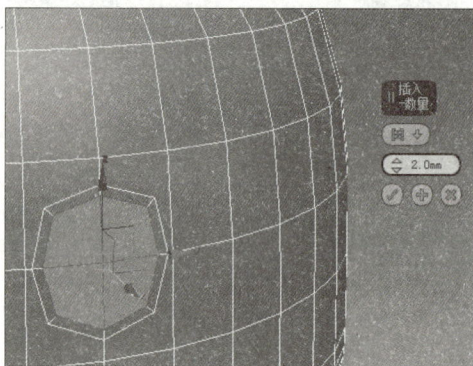

图 4-125　设置插入量

步骤 34 单击"桥"按钮，制作镂空效果，如图4-126所示。

步骤 35 选择八边形外圈的面，如图4-127所示。

图 4-126　制作镂空效果

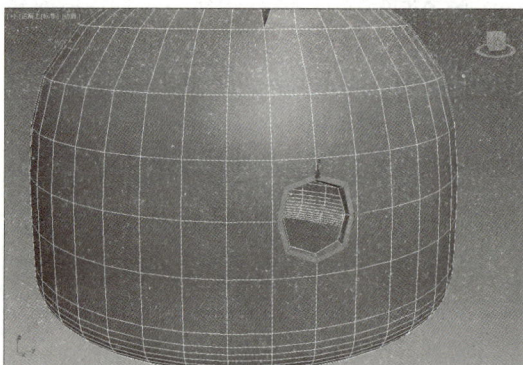

图 4-127　选择八边形外圈的面

步骤 36 单击"挤出"设置按钮，设置挤出高度为5，如图4-128所示。

步骤 37 单击"选择并均匀缩放"按钮，在右视口中放大对象，如图4-129所示。

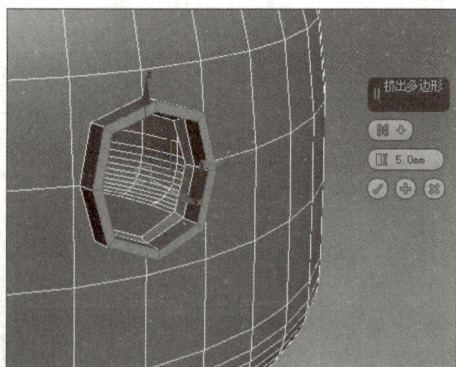

图 4-128　挤出面

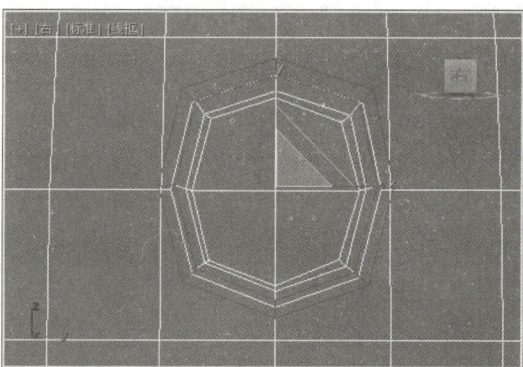

图 4-129　缩放面

步骤 38 继续进行挤出操作，分别单击"选择并移动""选择并旋转""选择并均匀缩放"按钮，调整多边形的大小、角度和位置，如图4-130所示。

步骤 39 按照相同的方法，逐步挤出，再进行变换操作，制作壶嘴模型，如图4-131所示。

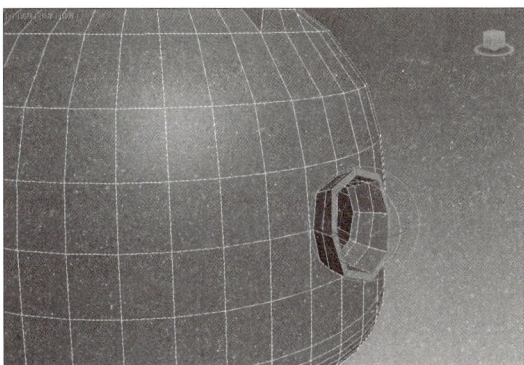

图 4-130　继续挤出面并调整多边形

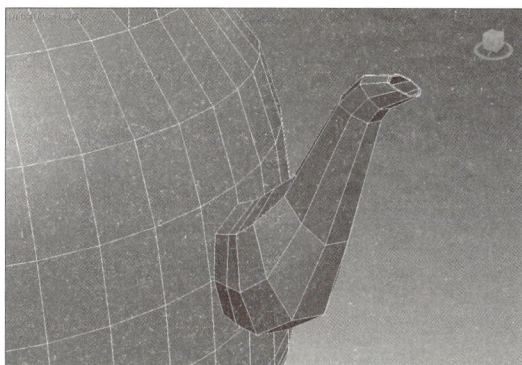

图 4-131　制作壶嘴模型

步骤 40 为壶身模型添加"网格平滑"修改器，在"细分量"卷展栏中设置迭代次数为2，使模型变得平滑，如图4-132和图4-133所示。

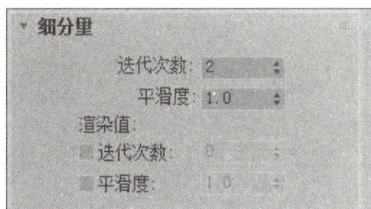

图 4-132　设置迭代次数

图 4-133　设置效果

步骤 41 单击"圆柱体"按钮，创建一个半径为51 mm、高度为6 mm的圆柱体，设置边数为40，如图4-134和图4-135所示。

图 4-134　创建圆柱体

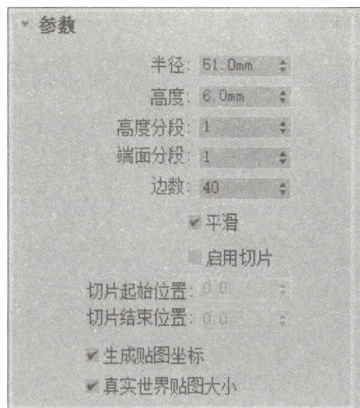

图 4-135　设置圆柱体参数

步骤42 隐藏壶身模型，将圆柱体转换为可编辑多边形，进入"多边形"子层级，选择底部的面，如图4-136所示。

步骤43 在"编辑多边形"卷展栏中单击"插入"设置按钮，设置插入量为5.5，如图4-137所示。

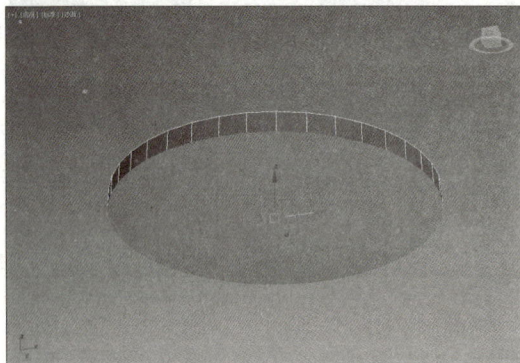

图 4-136　选择底部面

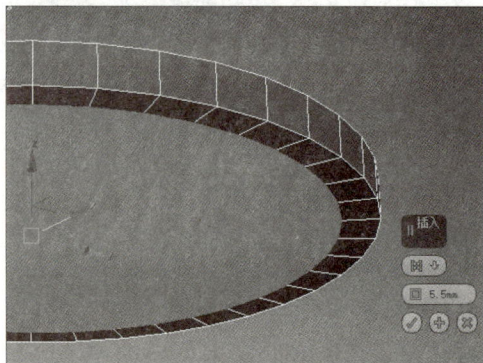

图 4-137　设置插入量

步骤44 单击"挤出"设置按钮，设置挤出高度为15，如图4-138所示。

步骤45 选择顶部的面，如图4-139所示。

图 4-138　挤出面

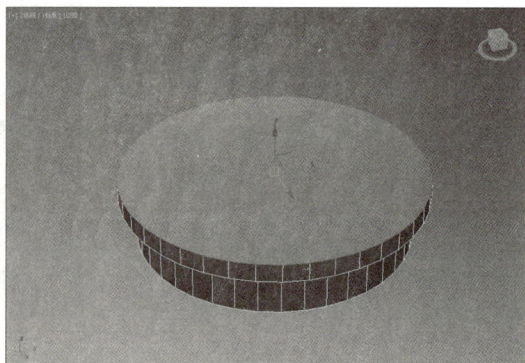

图 4-139　选择顶部面

步骤46 单击"插入"设置按钮，设置插入量为40，如图4-140所示。

步骤47 单击"挤出"设置按钮，设置挤出高度为5，如图4-141所示。

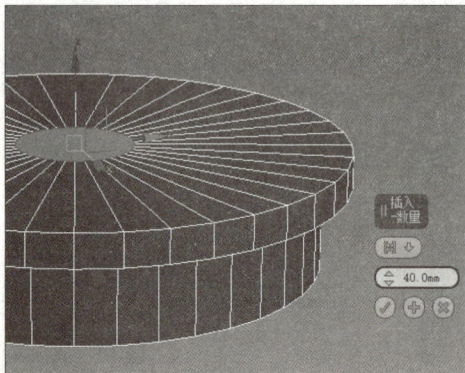

图 4-140　设置插入量

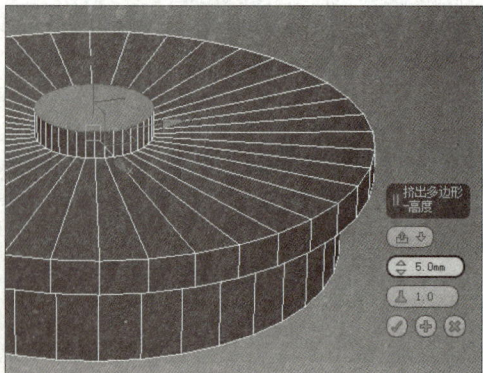

图 4-141　挤出面

步骤48 再次单击"挤出"设置按钮，挤出同样的高度，如图4-142所示。

步骤49 在透视视口中选择如图4-143所示的面。

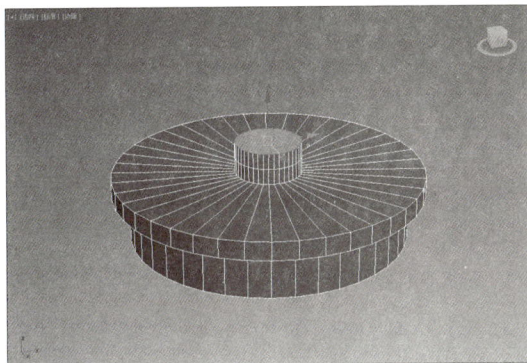

图4-142 继续挤出面

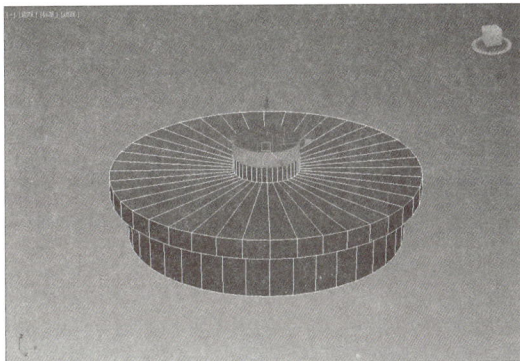

图4-143 在透视视口中选择面

步骤50 再次单击"挤出"设置按钮，使用"局部法线"挤出方式，将面向周围挤出，如图4-144所示。

步骤51 进入"边"子层级，选择如图4-145所示的整圈边线。

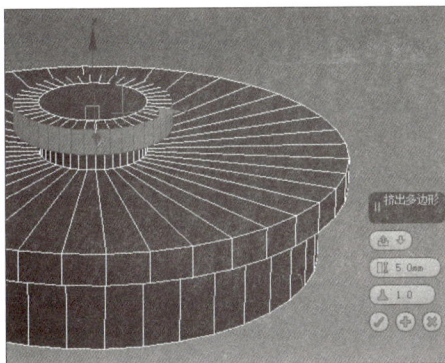

图4-144 挤出面

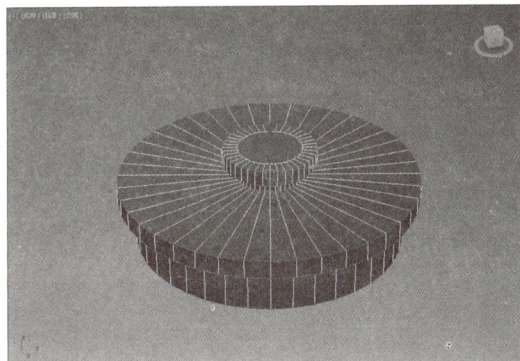

图4-145 选择边线

步骤52 单击"切角"设置按钮，设置边切角为1、连接边分段为5，制作壶盖模型，如图4-146所示。

步骤53 取消隐藏壶身模型。至此，简易茶壶模型制作完毕，效果如图4-147所示。

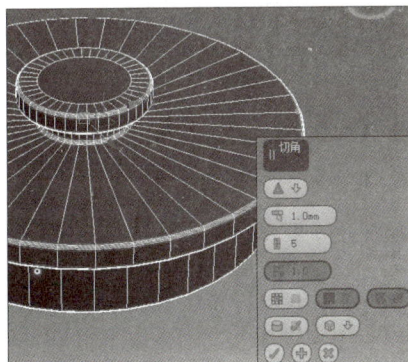

图4-146 制作壶盖模型

图4-147 简易茶壶模型效果

课后作业

一、选择题

1. 不属于3ds Max高级建模的是（　　　）。

    A. 网格建模　　　　　　　　　　　B. 多边形建模

    C. 样条线建模　　　　　　　　　　D. NURBS建模

2. "可编辑网格"堆栈的子层级有（　　　）。

    A. 顶点、边、面、多边形和元素　　B. 顶点、线段和样条线

    C. 顶点、边界和面片　　　　　　　D. 顶点、CV和面

3. 不属于可编辑多边形对象的子对象级别的是（　　　）。

    A. 顶点　　　　　　　　　　　　　B. 边界

    C. 多边形　　　　　　　　　　　　D. 面片

二、填空题

1. 多边形建模与网格建模的思路很接近，其不同点在于网格建模_____，而多边形建模_____。

2. NURBS曲线包括_____和_____，NURBS曲面包括_____和_____。

3. NURBS建模比较适合创建_____，如汽车、角色模型等。

三、操作题

利用可编辑多边形的相关命令创建如图4-148所示的储物柜模型。

图 4-148　储物柜模型

操作提示

步骤01 利用可编辑多边形的"挤出"等功能，制作柜体模型。

步骤02 通过调整可编辑多边形的顶点，制作拉手和支腿造型。

3DS MAX

第5章

材质与贴图

内容概要

　　材质与贴图是三维建模的重要环节之一，是展现模型真实场景的关键所在。材质决定了模型的表面属性；贴图则如同为模型披上了一层华丽的外衣，使模型在视觉效果上更加丰富多彩。本章将针对3ds Max材质与贴图的相关功能进行介绍，其中包括常用材质类型、贴图类型等。

数字资源

【本章素材】：“素材文件\第5章”目录下

【本章课堂演练最终文件】：“素材文件\第5章\课堂演练”目录下

5.1 认识材质

材质不仅决定了模型表面的颜色、光泽和纹理，还影响着模型在光影下的表现效果。通过精确调整材质参数（颜色、质感、反射光、表面粗糙程度等），可使模型的效果更加生动、逼真。

5.1.1 材质的构成

材质用于描述对象与光线的相互作用。在3ds Max中，材质可以分为基本材质和贴图与复合材质。材质最主要的属性是漫反射颜色、高光颜色、不透明度、反射和折射，而材质使用3种颜色构成对象的表面，即漫反射颜色、高光颜色和环境光颜色，如图5-1所示。

图 5-1 材质球

- **漫反射颜色**：又称为对象的固有色，是指在光照条件较好（如太阳光和人工光照直射等）的情况下对象反射的颜色。
- **高光颜色**：发光表面高亮显示的颜色。高光颜色看起来比较亮，而且高光区的形状和大小可以控制。不同质地的对象，其高光区范围的形状和大小会相应变化。
- **环境光颜色**：对象阴影处的颜色，是环境光比直射光强的时候对象反射的颜色。

使用这3种颜色和对高光区的控制，可以创建基本反射材质。这种材质相当简单，可以生成有效的渲染效果，通过控制自发光与不透明度，还可以模拟发光对象和透明或半透明对象。

这3种颜色在边界处相互融合。在漫反射颜色和环境光颜色之间，融合根据标准的着色模型进行计算；在高光颜色和环境光颜色之间，可使用材质编辑器控制融合数量。

5.1.2 材质编辑器

3ds Max中设置材质的过程都是在材质编辑器中进行的，可以通过单击主工具栏中的相关按钮或者选择"渲染"菜单中的命令打开材质编辑器，如图5-2所示。可以看到材质编辑器分为工具栏、菜单栏、材质示例窗和参数卷展栏4个组成部分。通过材质编辑器，可以将材质赋予3ds Max的场景对象。

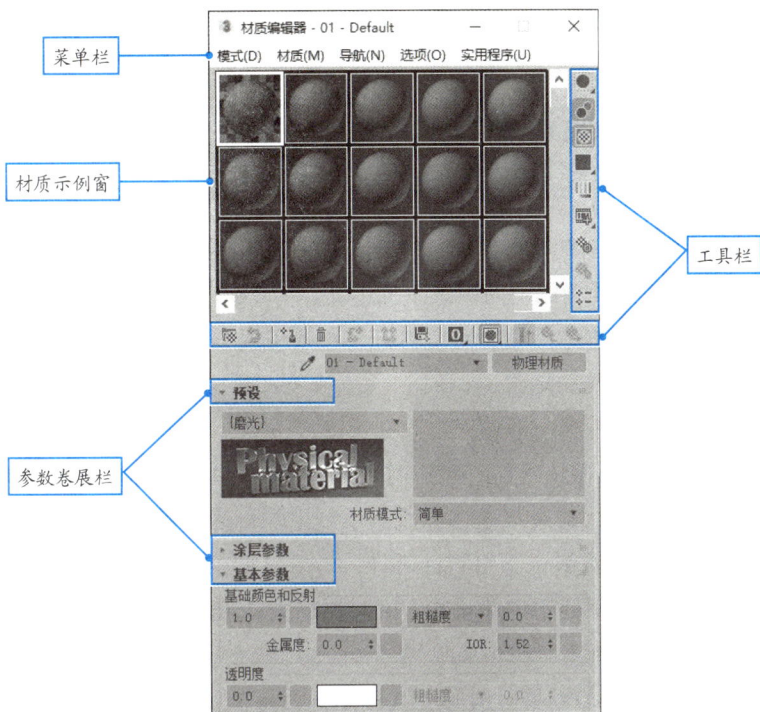

图 5-2　材质编辑器

❗ **提示**：按快捷键M可以快速打开材质编辑器。若之前使用过材质编辑器，再次打开材质编辑器后，系统默认打开上次的材质编辑器类型。材质编辑器包括精简模式和slate模式两种。精简模式为经典模式或材质球模式，能够通过材质球直观地展示材质效果；slate模式则是采用节点化的编辑方式，通过连接不同的节点来构建复杂的材质效果。

---

1. 工具栏

材质编辑器的工具栏位于材质示例窗的右侧和下侧。为了帮助记忆，通常将位于材质示例窗右侧的工具栏称为"垂直工具栏"，将位于材质示例窗下方的工具栏称为"水平工具栏"。

（1）垂直工具栏。

垂直工具栏主要用于对材质示例窗中的样本材质球进行控制，管理和更改贴图及材质，如显示背景或检查颜色等，如图5-3所示。下面对垂直工具栏中的选项进行介绍。

- **采样类型** ●：用于选择要显示在材质示例窗中的几何体类型。长按该按钮，在展开的工具条中，系统提供了 ● ■ ● 3种几何体显示类型，按住鼠标左键不放，直到移至所需类型图标上放开鼠标即可选择使用。

- **背光** ●：用于切换是否启用背光。

- **示例窗背景** ▦：用于将多颜色的方格背景添加到材质示例窗中。该功能常用于观察透明材质的反射和折射效果。

图 5-3　垂直工具栏

- **采样UV平铺**■：用于设置使采样对象上的贴图图案重复。长按该按钮，在展开的工具条中包括■ ▦ ▦ ▦ 4种贴图重复类型。

> ⓘ **提示**：使用此选项设置的平铺图案只影响材质示例窗，对场景中几何体上的平铺没有影响，效果由贴图自身坐标卷展栏中的参数进行控制。

- **视频颜色检查**▥：用于检查示例对象上的材质颜色是否超过安全NTSC和PAL阈值。
- **生成预览**▤：用于使用动画贴图向场景添加运动。
- **材质编辑器选项**✎：单击该按钮，可以打开"材质编辑器选项"对话框，用于控制在材质示例窗中如何显示材质和贴图。
- **按材质选择**✎：用于基于当前活动材质选择对象。
- **材质/贴图导航器**▤：单击该按钮，可以打开"材质/贴图导航器"面板，其中显示材质示例窗中的材质和贴图，通过单击在导航器中列出的材质或贴图，可以导航当前材质的层级；反之，当导航材质编辑器中的材质时，当前层级在导航器中高亮显示。选定的材质或贴图在材质示例窗中处于活动状态，同时在下方显示选定材质或贴图的卷展栏。

（2）水平工具栏。

水平工具栏主要用于材质与场景对象的交互操作，如将材质指定给选定对象、在视口中显示明暗处理材质等，如图5-4所示。下面对水平工具栏中的选项进行介绍。

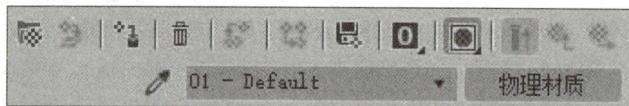

图5-4 水平工具栏

- **获取材质**▧：单击该按钮，可以打开"材质/贴图浏览器"对话框，在其中选择材质或贴图。
- **将材质放入场景**▨：用于在编辑材质之后更新场景中的材质。
- **将材质指定给选定对象**▧：用于将材质示例窗中的材质应用于场景中当前选定的对象。
- **重置贴图/材质为默认设置**▨：用于清除当前材质示例窗中的材质，使其恢复到默认状态。

> ⓘ **提示**：该按钮可以移除材质颜色并设置灰色阴影，将光泽度、不透明度等重置为默认值，移除指定给材质的贴图。如果处于贴图级别，该按钮重置贴图为默认值。

- **生成材质副本**▧：复制当前选定材质生成副本，生成副本的材质将不再同步。
- **使唯一**▧：可以使贴图实例成为唯一的副本，也可以使实例化的材质成为唯一的独立子材质，还可以为该子材质提供一个新的材质名。
- **放入库**▧：用于将选定的材质添加到当前库中。
- **材质ID通道**▣：长按该按钮，可以打开材质ID通道工具栏。
- **在视口中显示明暗处理材质**▧/**在视口中显示真实材质**▣：将材质指定给选定对象后单击该按钮，可以使贴图在视口中的对象表面显示。

- **显示最终效果** ▦：禁用时可以查看所处层级的材质，而不查看所有其他贴图和设置的最终结果。
- **转到父对象** ◈：用于在当前材质中向上移动一个层级。
- **转到下一个同级项** ◈：用于移动到当前材质中相同层级的下一个贴图或材质。
- **从对象拾取材质** ✎：用于在场景中的对象上选择材质。

2. 菜单栏

菜单栏位于材质编辑器窗口的顶部，包括"模式""材质""导航""选项""实用程序"5个菜单。它提供了另一种调用各种材质编辑器工具的方式。

- **"模式"菜单**：该菜单允许选择将某个材质编辑器界面置于活动状态，包括精简材质编辑器和Slate材质编辑器。
- **"材质"菜单**：该菜单提供了常用的材质编辑器工具。
- **"导航"菜单**：该菜单提供了导航材质的层次工具。
- **"选项"菜单**：该菜单提供了一些附加的工具和显示选项。
- **"实用程序"菜单**：该菜单提供了贴图渲染和按材质选择对象等。

3. 材质示例窗

使用材质示例窗可以保持和预览材质和贴图，每个窗口可以预览一种材质或贴图。将材质从示例窗拖动到视口中的对象上，可以将材质赋予场景对象。

材质示例窗中样本材质的状态主要有3种：实心三角形表示已应用于场景对象并且该对象被选中，空心三角形表示应用于场景对象但对象未被选中，无三角形则表示未被应用的材质，如图5-5所示。

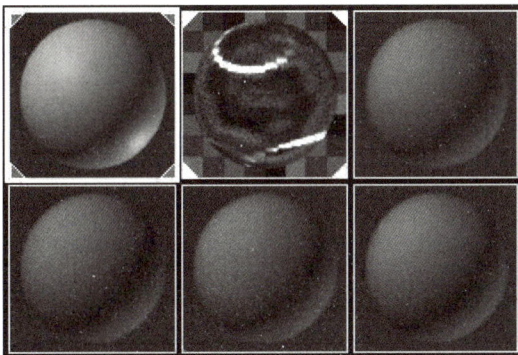

图 5-5 样本材质的状态

材质编辑器有24个示例窗，可以选择显示所有示例窗，也可以选择显示默认6个或15个示例窗。

下面介绍在材质编辑器中显示24个示例窗的操作方法。

步骤01 按M键打开材质编辑器，在其中执行"选项">"选项"命令，如图5-6所示。

步骤02 打开"材质编辑器选项"对话框，在"示例窗数目"选项组中选择"6×4"单选按钮，如图5-7所示。

步骤03 单击"确定"按钮关闭对话框，此时材质编辑器的示例窗更改为"6×4"模式，如图5-8所示。

步骤04 除以上操作外，还可以在任意材质球上单击鼠标右键，在弹出的快捷菜单中选择所需的示例窗选项，如图5-9所示。

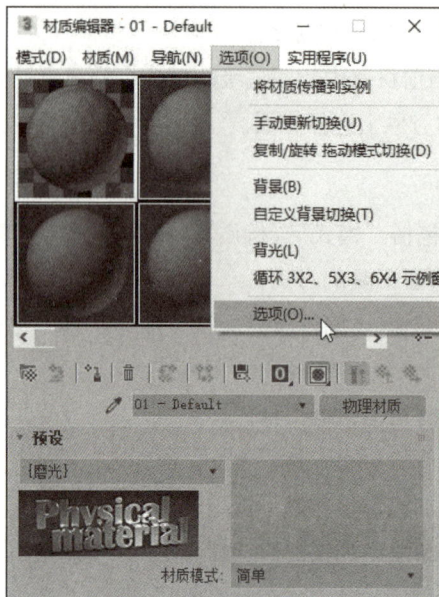

图 5-6 执行"选项"命令

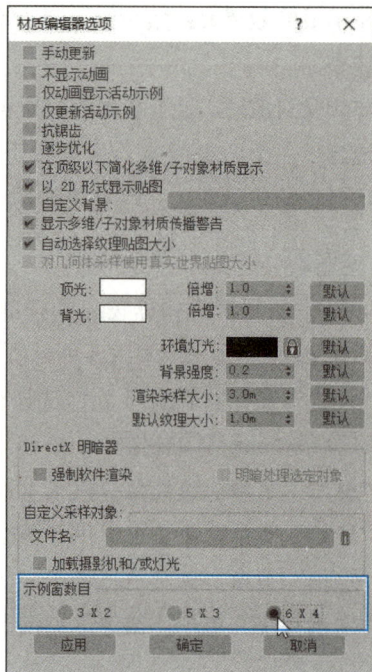

图 5-7 选择"6×4"单选按钮

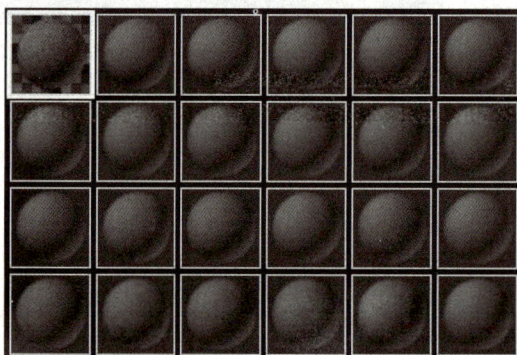

图 5-8 设置效果

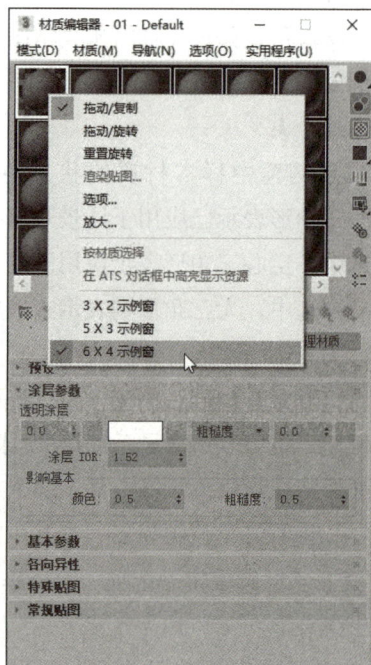

图 5-9 右击菜单选择示例窗选项

❗ 提示：虽然精简材质编辑器一次可以最多编辑24种材质，但场景中可包含无限数量的材质。如果要编辑一种材质，并已将其应用于场景中的对象，可以使用该材质示例窗从场景中获取其他材质（或创建新材质），然后对其进行编辑。

4. 参数卷展栏

示例窗的下方是在3ds Max中使用频繁的参数卷展栏，材质的明暗模式、着色和基本属性等都可以在这里进行设置，不同的材质类型具有不同的参数卷展栏。在各种贴图层级中也会出现相应的卷展栏，并可以调整卷展栏的顺序。

5.2 材质类型

3ds Max提供了多种材质类型，常用的有物理材质、多维/子对象材质、混合材质等。另外，如果安装了VRay渲染器插件，还可以使用VRay材质。每一种材质都具有相应的功能，本节将对一些常用材质类型进行简单介绍。

■5.2.1 物理材质

物理材质是软件默认的通用材质。在现实生活中，对象的外观取决于它的反射光线。在3ds Max中，物理材质主要用于模拟对象表面的反射属性。下面对该材质相关的卷展栏进行介绍。

1. 预设

"预设"卷展栏提供了系统内置的5种常用材质类型，分别为磨光材质、非金属材质、透明材质、金属材质和特殊材质。在卷展栏中选择所需预设材质，即可查看其效果，如图5-10～图5-12所示。

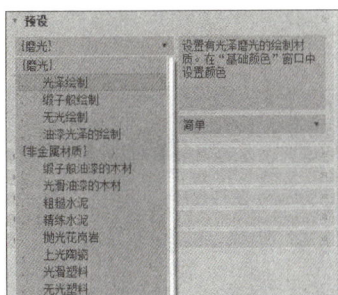

图 5-10　磨光、非金属材质　　　图 5-11　透明、金属材质　　　图 5-12　特殊材质

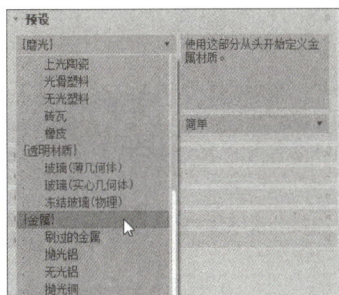

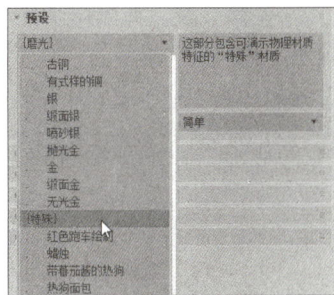

2. 涂层参数

"涂层参数"卷展栏主要用于设置材质表面的涂层效果，如涂层颜色、粗糙度等，如图5-13所示。

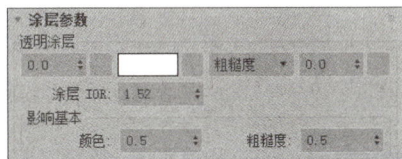

图 5-13　"涂层参数"卷展栏

3. 基本参数

"基本参数"卷展栏主要用于设置材质的基础颜色和反射、透明度、次表面散射等参数，并指定用于材质各种组件的贴图，如图5-14所示。

4. 各向异性

"各向异性"卷展栏主要用于设置模型在不同方向上具有不同属性的材质效果，使渲染出的模型更加逼真，常用于制作头发、玻璃或金属材质，如图5-15所示。

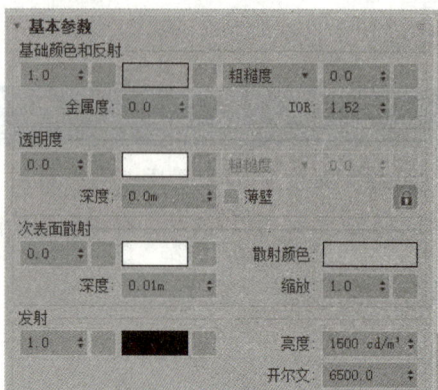

图 5-14 "基本参数"卷展栏

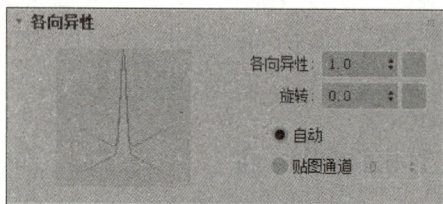

图 5-15 "各向异性"卷展栏

5. 特殊贴图

"特殊贴图"卷展栏主要用于丰富材质的细节和纹理，以增强材质的真实感，如图5-16所示。例如，凹凸贴图可以模拟对象表面凹凸不平的材质效果；置换贴图可以改变对象的几何形状等。

6. 常规贴图

"常规贴图"卷展栏主要用于访问材质的各个组件，部分组件可使用贴图替代原有材质的颜色，如图5-17所示。

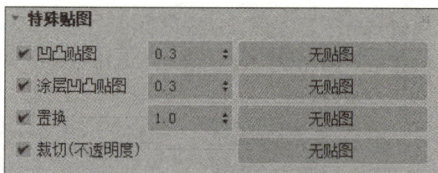

图 5-16 "特殊贴图"卷展栏

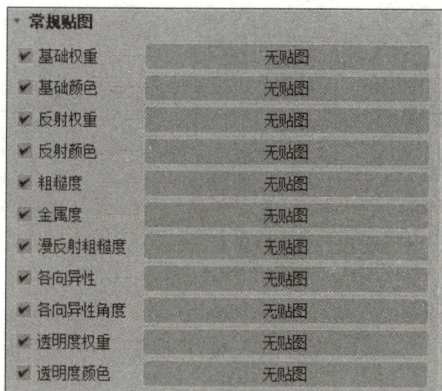

图 5-17 "常规贴图"卷展栏

实例 制作生锈材质

下面使用3ds Max自带的物理材质为螺丝模型添加生锈材质。

步骤 01 打开准备好的模型素材，渲染摄影机视口，效果如图5-18所示。

步骤 02 按M键打开材质编辑器，选择螺丝模型所在的材质球，重新将其设置为物理材质，在"常规贴图"卷展栏中单击"基础颜色"的"无贴图"按钮，如图5-19所示。

图 5-18　渲染模型素材

图 5-19　选择"基础颜色"通道

步骤 03 在打开的"材质/贴图浏览器"对话框中双击"位图"贴图选项，如图5-20所示。

步骤 04 在打开的"选择位图图像文件"对话框中选择所需的贴图图片，如图5-21所示。

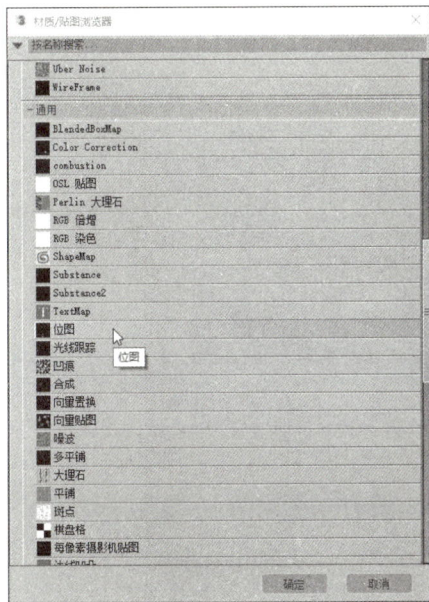

图 5-20　双击"位图"贴图选项

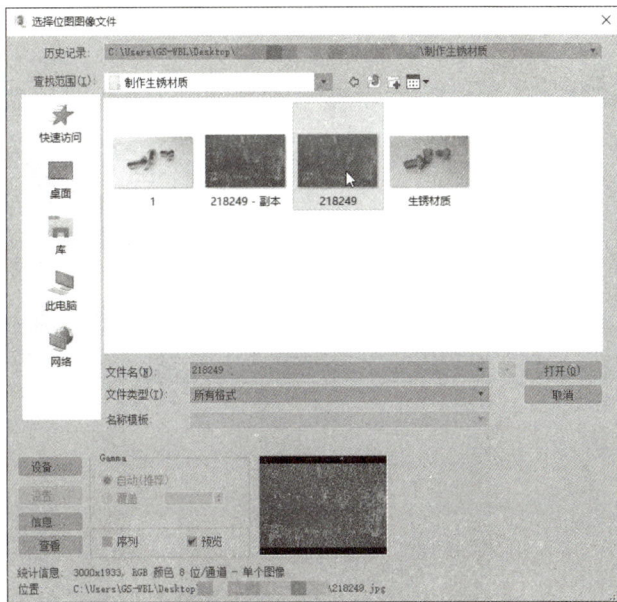

图 5-21　选择贴图图片

步骤 05 单击"打开"按钮，添加该贴图，如图5-22所示。

步骤 06 单击"转到父对象"按钮，返回上一层贴图参数面板。展开"特殊贴图"卷展栏，单击"凹凸贴图"的"无贴图"按钮，使用上述添加位图的方法添加凹凸贴图，如图5-23所示。

步骤 07 返回贴图参数面板，调整凹凸贴图参数，如图5-24所示。

步骤 08 在"预设"卷展栏中，将"材质模式"设置为"高级"。展开"基本参数"卷展栏，设置"反射"选项组中的参数，如图5-25所示。

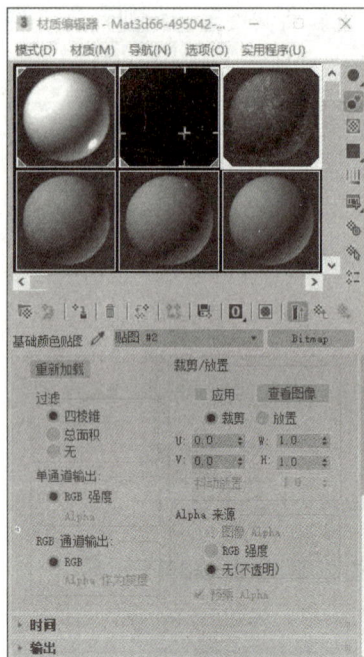

图 5-22　添加贴图

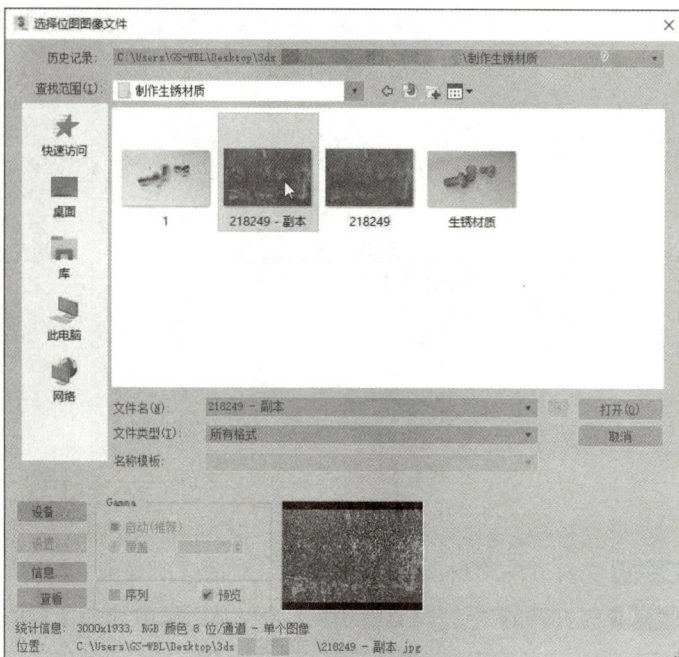

图 5-23　添加凹凸贴图

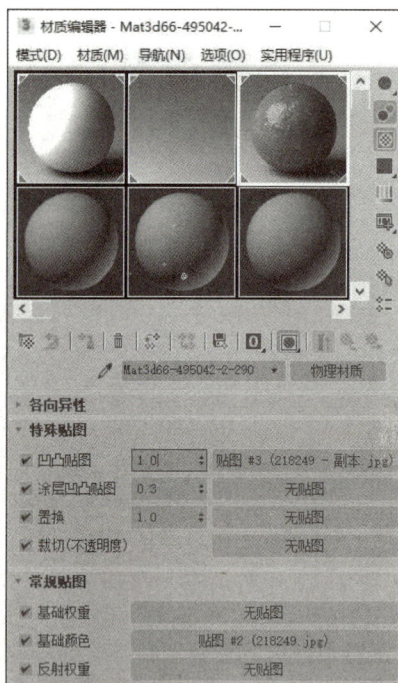

图 5-24　调整凹凸贴图参数

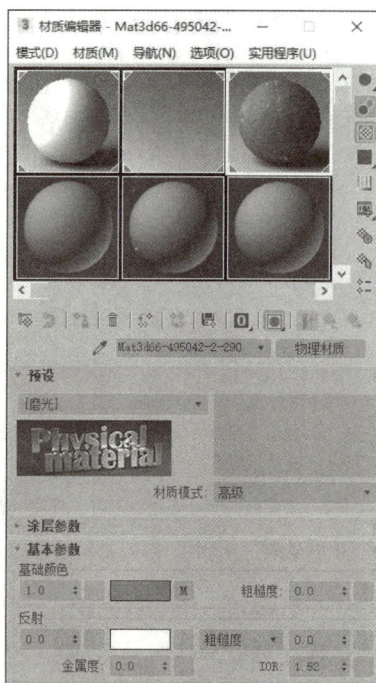

图 5-25　设置"反射"选项组中的参数

步骤09 单击"将材质指定给选定对象"按钮，将该材质赋予模型。单击"渲染"按钮进行渲染，渲染效果如图5-26所示。

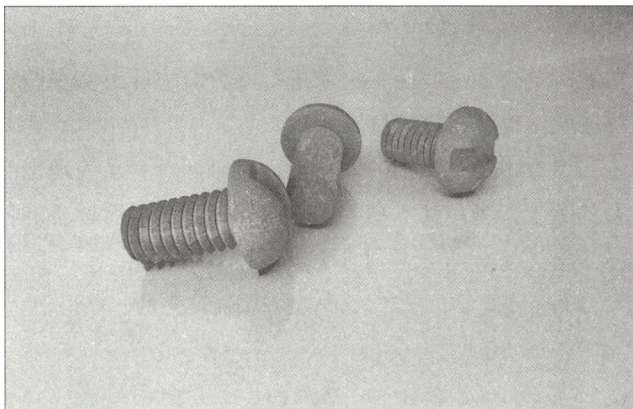

图 5-26　渲染效果

■5.2.2　多维/子对象材质

多维/子对象材质是将多个材质组合到一个材质中。为对象设置不同的ID后，根据对应的ID号，可将材质赋予指定的对象区域。该材质常被用于包含多种贴图的复杂对象。在使用多维/子对象材质后，参数卷展栏如图5-27所示。

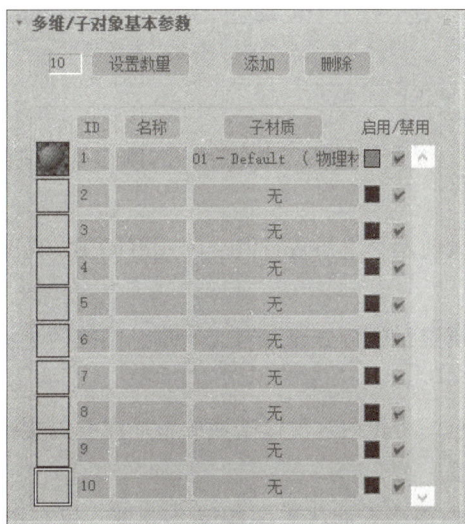

图 5-27　多维/子对象材质贴图通道

> **● 提示**：如果该对象是可编辑网格，可以拖动材质到面的不同选中区域，并随时构建多维/子对象材质。

下面将对各选项进行介绍。

- **设置数量**：用于设置构成材质的子材质的数量。单击该按钮，可以打开"设置材质数量"对话框，在其中设置材质的数量。
- **添加**：单击该按钮，在子材质的下方默认添加一个标准材质。
- **删除**：单击该按钮，将从下向上删除子材质。

■5.2.3 混合材质

混合材质用于在曲面的单个面上将两种材质进行混合。它能够实现两种材质之间的无缝混合，常用于制作如花纹玻璃、烫金布料等材质。

可以设置"混合量"参数，通过不同的融合度，控制两种材质表现出的强度。另外，还可以指定一张图作为融合的蒙版，利用其本身的明暗度确定两种材质融合的程度，并设置混合发生的位置和效果。"混合基本参数"卷展栏如图5-28所示。

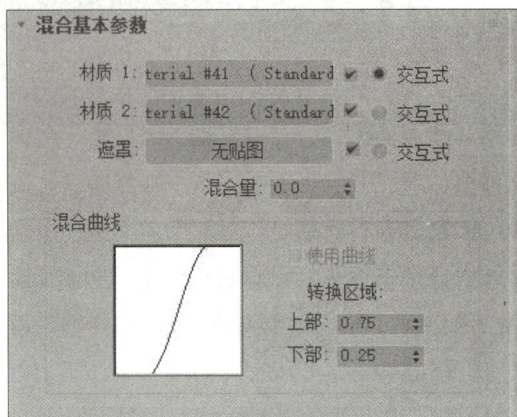

图 5-28 "混合基本参数"卷展栏

下面对各选项进行介绍。

- **材质1/2**：设置两个用以混合的材质，通过单击右侧的单选按钮选择相应的材质，通过复选框启用或禁用材质。
- **遮罩**：该通道用于导入使两个材质进行混合的遮罩贴图，两个材质之间的混合度取决于遮罩贴图的强度。
- **混合量**：确定两种材质混合的百分比。对无遮罩贴图的两个材质进行混合时，用于调节混合程度。
- **混合曲线**：控制遮罩贴图中黑白过渡区造成的材质混合的尖锐或柔和程度，专用于使用了遮罩贴图的混合材质。
- **使用曲线**：确定是否使用混合曲线来影响混合效果。只有指定并激活遮罩，该参数才可用。
- **转换区域**：分别调节上部和下部数值来控制混合曲线。两个值相近时，会产生清晰、尖锐的混合边缘；两个值相差很大时，会产生柔和、模糊的混合边缘。

■5.2.4 Ink'n Paint材质

Ink'n Paint材质提供的是一种带有墨水边界的均匀填色处理，用于制作卡通材质效果，其参数卷展栏如图5-29所示。

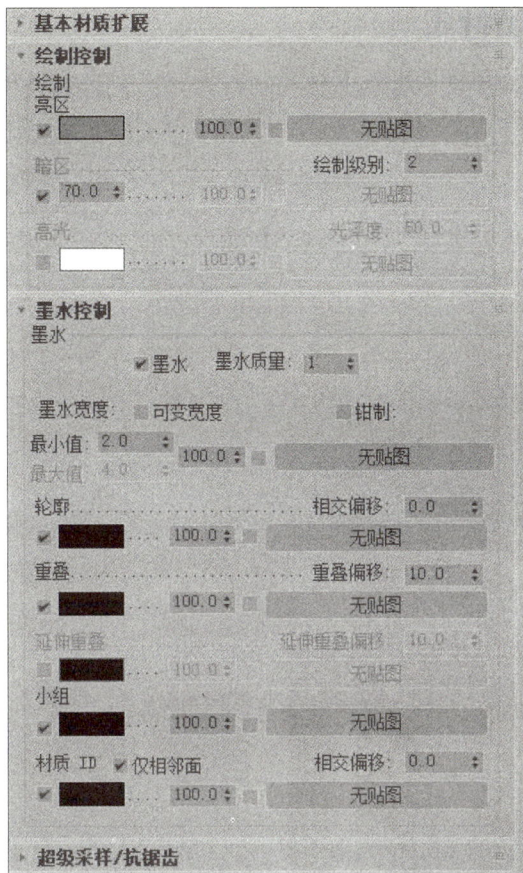

图 5-29　Ink'n Paint 材质参数卷展栏

下面对较为常用的选项进行介绍。

- **亮区、暗区、高光**：用来调节材质的亮区、暗区和高光区域的颜色，可以在右侧的贴图通道中加载贴图。
- **绘制级别**：用来调整颜色的色阶。
- **墨水**：控制是否启用描边效果。
- **墨水质量**：控制笔刷的形状及其使用的示例数量。
- **墨水宽度**：设置描边的宽度。
- **最小值/最大值**：设置墨水宽度的最小/最大像素值。
- **可变宽度**：选择该复选框后，可以使描边的宽度在最大值和最小值之间变化。
- **钳制**：选择该复选框后，可以使描边宽度的变化范围限制在最大值与最小值之间。
- **轮廓**：选择该复选框后，可以使对象的外侧产生轮廓线。
- **重叠**：当对象与自身的一部分相交迭时使用的墨水。
- **延伸重叠**：与重叠类似，但多用于较远的表面。
- **小组**：用于勾画对象表面光滑组部分的边缘。
- **材质ID**：用于勾画不同材质ID之间的边界。

■5.2.5 VRayMtl材质

VRayMtl材质是V-Ray渲染器的标准材质，大部分材质效果都可以用这种材质类型来制作。VRayMtl材质的参数设置主要集中在"基本参数"卷展栏，如图5-30所示。

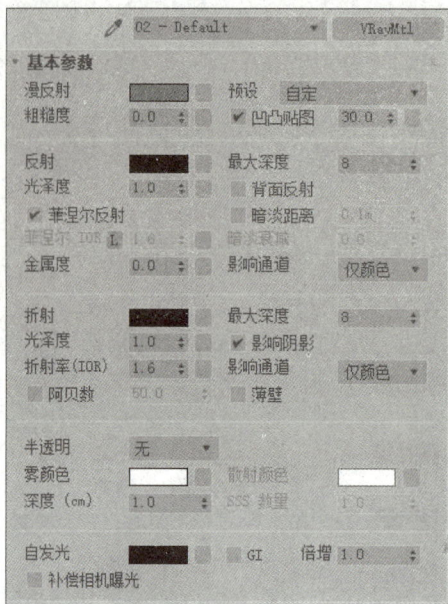

图 5-30 VRayMtl 材质参数卷展栏

> **！提示**：调整VRayMtl的反射光泽度参数，能够控制材质的反射模糊程度。该参数默认为1时表示没有模糊。细分参数用来控制反射模糊的质量，只有当反射光泽度参数不为1时，该参数才起作用。

下面对较为常用的选项进行介绍。

- **漫反射**：用于控制材质的固有色。
- **粗糙度**：数值越大，粗糙效果越明显，可用于模拟绒布的效果。
- **反射**：用于反射颜色控制反射的强度。颜色越深，反射越弱；颜色越浅，反射越强。
- **最大深度**：是指反射的次数。数值越大，效果越真实，但渲染时间也越长。
- **菲涅尔反射**：选择该复选框后，反射强度减小。
- **背面反射**：用于使玻璃对象更加真实，但会牺牲额外的计算。
- **菲涅尔IOR**：用于在菲涅尔反射中调整菲涅尔现象的强弱衰减率。
- **暗淡距离**：用于控制暗淡距离的数值。
- **暗淡衰减**：用于控制暗淡衰减的数值。
- **（反射）影响通道**：用于控制是否影响通道。
- **折射**：用于折射颜色控制折射的强度。颜色越深，折射越弱；颜色越浅，折射越强。
- **光泽度**：用于控制折射的模糊效果。数值越小，模糊程度越明显。
- **折射率（IOR）**：用于调节折射的强弱衰减率。
- **最大深度**：用于控制反射的最大深度数值。

- **阿贝数**：也称色散系数，用来衡量透明介质的光线色散程度，是表示透明介质色散能力的指数。一般来说，介质的折射率越大，色散越严重，阿贝数越小；反之，介质的折射率越小，色散越轻微，阿贝数越大。
- **（折射）影响通道**：用于控制是否影响通道效果。
- **影响阴影**：用于控制透明对象产生的阴影。
- **雾颜色**：用于控制折射对象的颜色。
- **深度（cm）**：用于控制光线在对象内部被追踪的深度，也可理解为光线的最大穿透能力。
- **自发光**：用于控制发光的颜色。
- **GI**：用于控制是否开启全局照明。
- **倍增**：用于控制自发光的强度。

实例 制作磨砂不锈钢材质

下面利用VRayMtl材质制作磨砂不锈钢材质效果。

步骤01 打开准备好的素材模型，如图5-31所示。

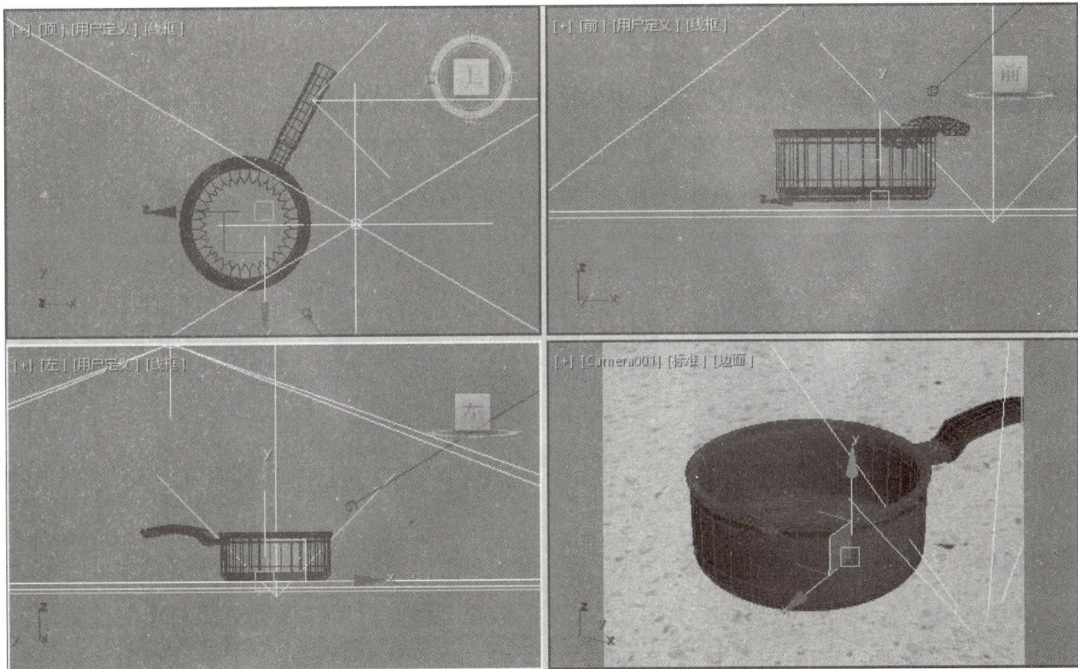

扫码观看视频

图 5-31　打开素材模型

步骤02 按M键打开材质编辑器，选择一个未使用的材质球，将默认的物理材质设置为VRayMtl材质类型。在"基本参数"卷展栏中设置漫反射颜色、反射颜色和其他反射参数，如图5-32～图5-34所示。

步骤03 打开"双向反射分布函数"卷展栏，设置反射类型为"沃德"，其他参数保持默认设置，如图5-35所示，此时材质预览效果如图5-36所示。

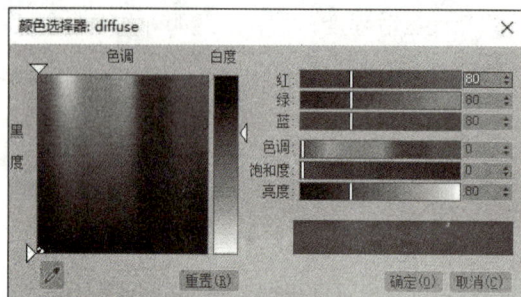

图 5-32　设置漫反射颜色

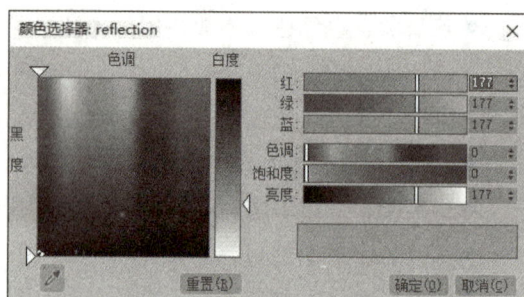

图 5-33　设置反射颜色

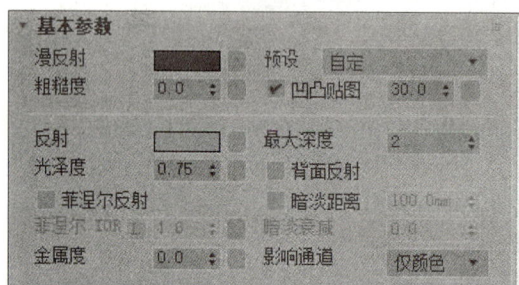

图 5-34　设置反射参数

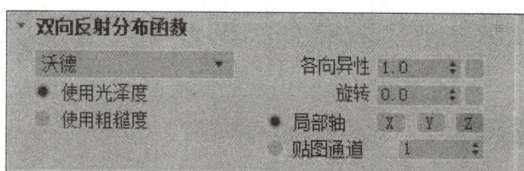

图 5-35　设置"沃德"反射类型

步骤 04 将材质赋予锅体模型，然后渲染摄影机视口，效果如图5-37所示。

图 5-36　材质效果

图 5-37　渲染材质效果

■5.2.6　VRay灯光材质

利用VRay灯光材质可以模拟对象发光发亮的效果，并且这种自发光效果可以对场景中的其他对象产生影响。VRay灯光材质常用来制作顶棚灯带、霓虹灯、火焰等，其参数卷展栏如图5-38所示。下面将对较为常用的选项进行介绍。

- **颜色**：用于控制自发光的颜色，右侧的输入框用于设置自发光的强度。
- **不透明度**：用于为通道加载贴图。
- **背面发光**：用于使对象双面发光。
- **补偿相机曝光**：用于控制相机曝光补偿的数值。
- **倍增颜色的不透明度**：选择该复选框后，通过不透明度倍增颜色。

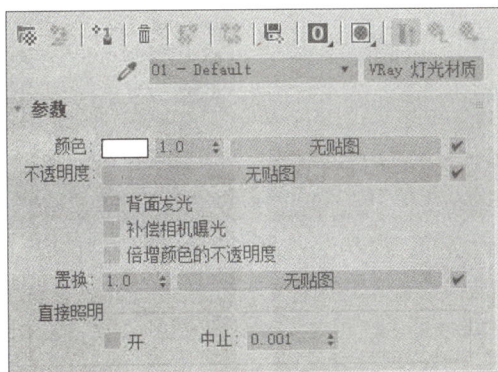

图 5-38　VRay 灯光材质设置面板

⚠ **提示**：通常会使用VRay灯光材质制作室内的灯带效果，这样可以避免场景中出现过多的VRay灯光，从而提高渲染速度。

实例 制作霓虹灯材质

下面利用VRay灯光材质创建霓虹灯材质效果。

步骤01 打开准备好的素材模型，如图5-39所示。

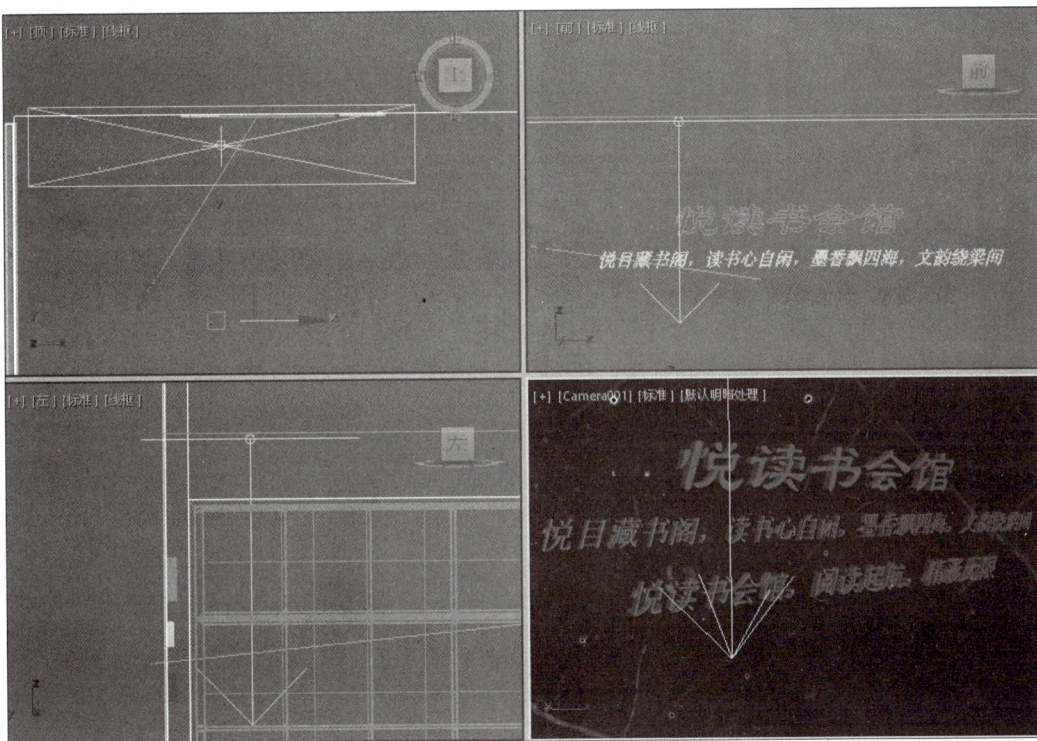

图 5-39　打开素材模型

步骤02 按M键打开材质编辑器，选择一个未使用的材质球，设置材质类型为VRay灯光材质，在"参数"卷展栏中设置材质的颜色和强度，如图5-40和图5-41所示，材质效果如图5-42所示。

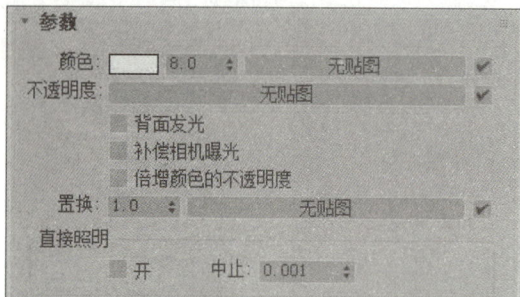
图 5-40 设置 VRay 灯光材质参数

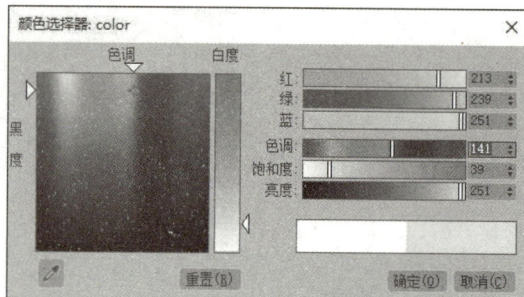
图 5-41 设置材质颜色参数

步骤 03 将制作好的材质赋予第1排文字模型，渲染摄影机视口，效果如图5-43所示。

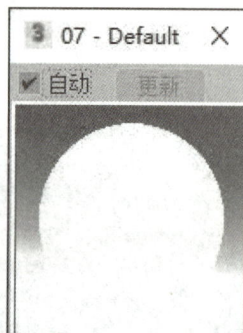
图 5-42 材质效果

图 5-43 赋予模型材质效果

步骤 04 继续选择一个未使用的材质球，设置材质类型为VRay灯光材质，在"参数"卷展栏中设置材质的颜色与强度，如图5-44和图5-45所示，材质效果如图5-46所示。

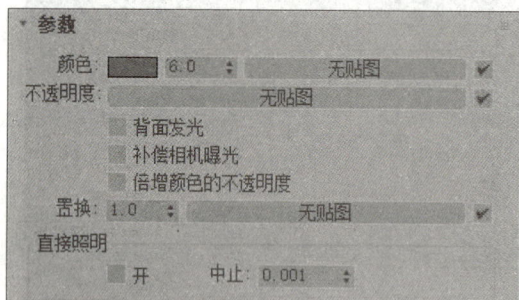
图 5-44 设置 VRay 灯光材质参数

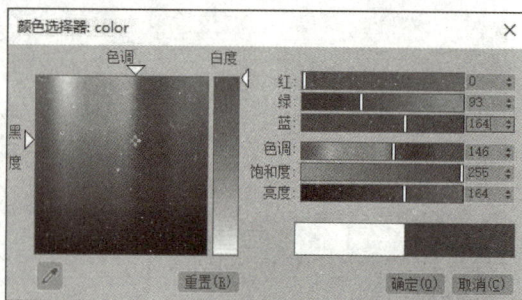
图 5-45 材质颜色参数设置

步骤 05 将制作好的材质赋予第2排文字模型，渲染摄影机视口，效果如图5-47所示。

图 5-46 材质效果

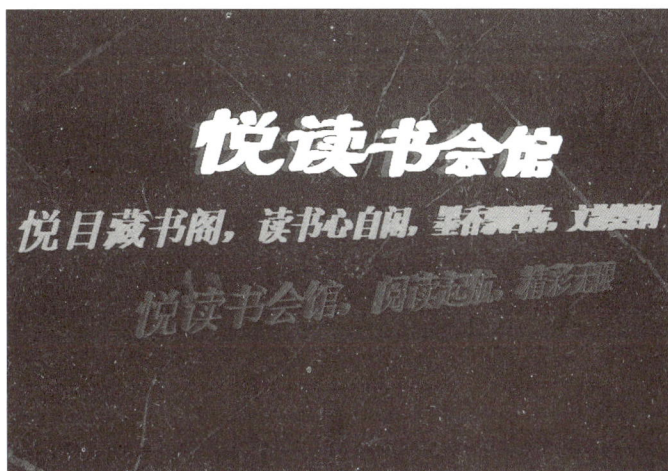

图 5-47 赋予模型材质效果

步骤 06 继续选择一个未使用的材质球，设置材质类型为VRay灯光材质，在"参数"卷展栏中设置材质的颜色与强度，如图5-48和图5-49所示，材质效果如图5-50所示。

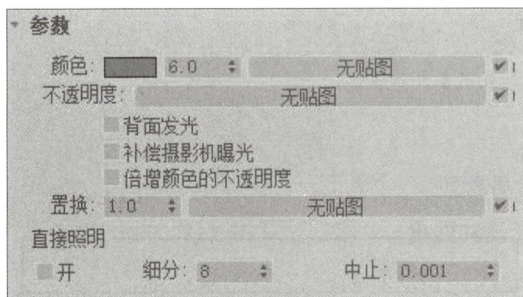

图 5-48 设置 VRay 灯光材质参数

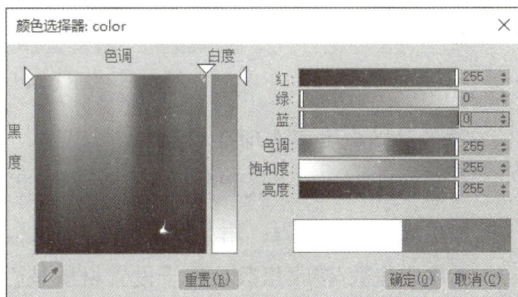

图 5-49 设置材质颜色参数

步骤 07 将制作好的材质赋予第3排文字模型，渲染摄影机视口，最终效果如图5-51所示。

图 5-50 材质效果

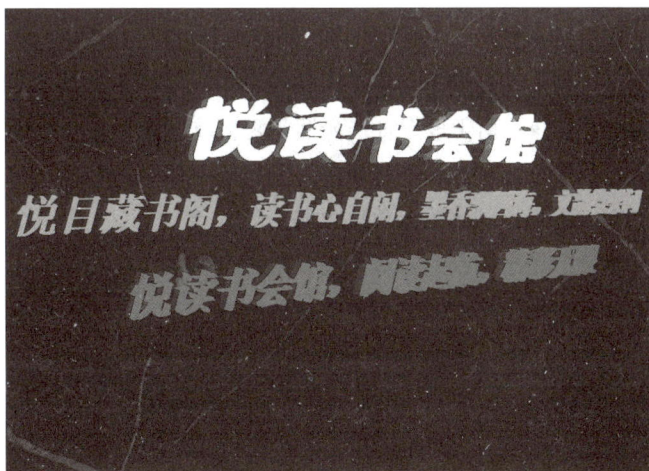

图 5-51 赋予模型材质效果

■5.2.7 VRayMtl材质包裹器

　　VRayMtl材质包裹器主要用于控制材质的全局照明、焦散和不可见，根据需要对场景中的个别对象进行明暗调节。另外，通过修改材质可以将标准材质转换为VRay渲染器支持的材质类型。图5-52所示为VRayMtl材质包裹器的参数卷展栏。

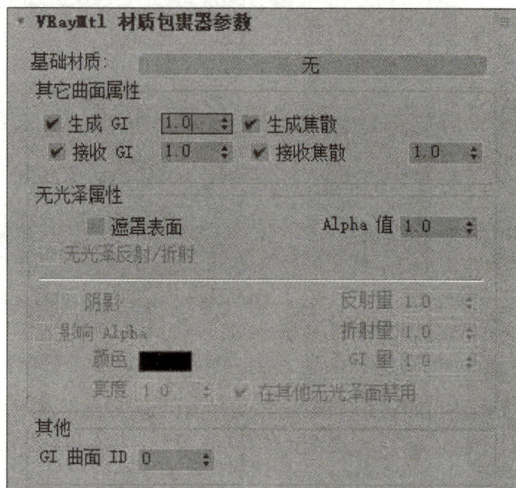

图 5-52　VRayMtl 材质包裹器参数卷展栏

该卷展栏中主要选项介绍如下：

- **基础材质**：用于设置转换器中使用的基础材质参数。
- **生成GI/接收GI**：用于设置产生/接收全局光及其强度。
- **生成焦散/接收焦散**：用于设置材质是否产生/接收焦散效果。
- **遮罩表面**：用于设置对象表面为具有阴影遮罩属性的材质，使对象在渲染时不可见，但仍出现在反射/折射中，并仍然能够产生间接照明。
- **Alpha值**：用于设置对象在Alpha通道中显示的强度。当数值为1.0时，表示对象在Alpha通道中正常显示；当数值为0时，表示对象在Alpha通道中完全不显示。
- **阴影**：用于控制遮罩对象是否接收直接光照产生的阴影效果。
- **影响Alpha**：用于设置直接光照是否影响遮罩对象接收的阴影颜色。
- **颜色**：用于控制被包裹材质的对象接收的阴影颜色。
- **亮度**：用于控制遮罩对象接收阴影的强度。
- **反射量**：用于控制遮罩对象的反射程度。
- **折射量**：用于控制遮罩对象的折射程度。
- **GI量**：用于控制遮罩对象接收间接照明的程度。
- **GI曲面ID**：用于设置全局照明曲面ID的参数。

5.3 认识贴图

贴图是指为对象表面贴上一张图片。通过贴图，可以将对象表面渲染成任何所需的材质，如石头、金属、木材、皮革、布料等。这些贴图可以通过内置材质库来选择，也可自定义材质贴图。

■ 5.3.1 贴图原理

贴图的原理非常简单，即在材质表面包裹一层真实的纹理。将材质赋予对象后，对象的表面会显示纹理并被渲染，可以通过贴图的明度变化模拟对象的凹凸效果、反射效果和折射效果，还可以使用贴图创建环境或者创建灯光投射。

■ 5.3.2 坐标和贴图修改器

真实世界贴图是一种默认情况下在3ds Max中禁用的替代贴图，可用于创建材质并在材质编辑器中指定纹理贴图的实际宽度和高度。

要使用真实世界贴图，首先，必须将正确的UV纹理贴图坐标指定给几何体，并且UV空间的大小要与几何体的大小相对应；其次，将用于启用"使用真实世界比例"功能的复选框添加到用于生成纹理坐标的多个对话框和卷展栏中。任何用于启用"生成贴图坐标"功能的对话框或卷展栏也可用于启用"使用真实世界比例"功能，如图5-53所示。

"UVW贴图"修改器用于指定对象表面的贴图坐标，以确定如何使材质投射到对象的表面。对象在使用了"UVW贴图"修改器后，会自动覆盖以前指定的坐标。当想要控制贴图坐标、当前对象没有指定自己的坐标或者是需要应用贴图到次对象级别时，都可以使用"UVW贴图"修改器，图5-54～图5-56所示为使用"UVW贴图"修改器后的几种效果。

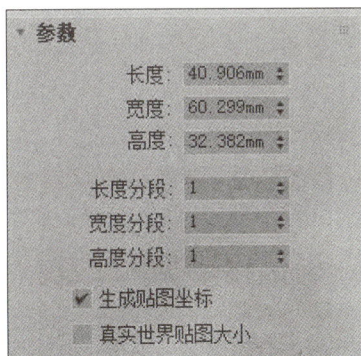

图 5-53 "坐标"参数卷展栏

图 5-54 平面贴图

图 5-55　收缩包裹贴图

图 5-56　长方体贴图

在修改器列表中添加了"UVW贴图"修改器后，即可显示其参数卷展栏，如图5-57所示。下面介绍较为常用的参数。

- **平面**：从对象上的一个平面投影贴图，某种程度上类似于投影幻灯片。

- **柱形**：从圆柱体投影贴图，使用它包裹对象。位图结合处的缝是可见的，除非使用无缝贴图。

- **球形**：通过从球体投影贴图来包裹对象。

- **收缩包裹**：使用球形贴图，但是它会截去贴图的各个角，然后在一个单独极点将它们全部结合在一起，仅创建一个奇点。

- **长方体**：从长方体的6个侧面投影贴图。每个侧面投影为一个平面贴图，并且表面上的效果取决于曲面法线。

- **面**：为对象的每个面应用贴图副本，使用完整矩形贴图来贴图共享隐藏边的成对面。

- **XYZ到UVW**：将3D程序坐标贴图到UVW坐标，这会将程序纹理贴到表面。如果表面被拉伸，3D程序贴图也被拉伸。

- **长度、宽度、高度**：用于指定UVW贴图Gizmo的尺寸。

- **U向平铺、V向平铺、W向平铺**：用于指定UVW贴图的尺寸，以便平铺图像。

- **真实世界贴图大小**：选择该复选框后，对应用于对象的纹理贴图材质使用真实世界贴图。

- **操纵**：用于使坐标出现在可以改变视口中参数的对象上。当

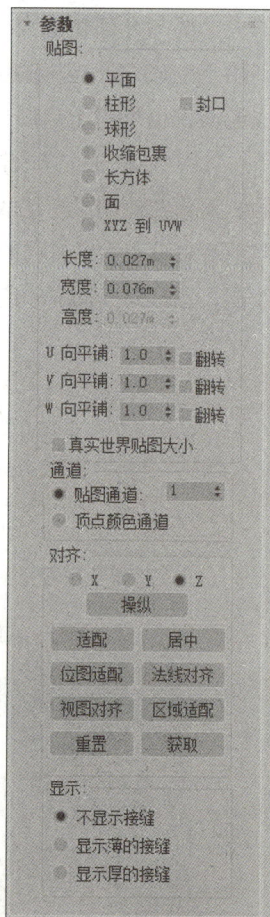

图 5-57　参数卷展栏

选择"真实世界贴图大小"复选框时，仅可对"平面"与"长方体"类型贴图使用操纵。

- **适配**：将Gizmo适配到对象的范围并使其居中，以使其锁定到对象的范围。
- **居中**：移动Gizmo，使其中心与对象的中心一致。
- **位图适配**：显示标准的位图文件浏览器，可用于拾取图像。
- **法线对齐**：单击并在要应用修改器的对象曲面上拖动。
- **视图对齐**：将贴图Gizmo重定向为面向活动视口。图标大小不变。
- **区域适配**：激活一个模式，然后可在视口中拖动以定义贴图Gizmo的区域。
- **重置**：删除控制Gizmo的当前控制器，并插入使用拟合功能初始化的新控制器。
- **获取**：在拾取对象以从中获得 UVW 时，从其他对象有效复制 UVW 坐标，会打开一个对话框提示用户选择是以绝对方式还是相对方式完成获得。

5.4 贴图类型

贴图类型是指应用于模型表面的各种图像和纹理的类型。这些贴图能够赋予模型以真实感，并增强模型的细节和层次。3ds Max中包括了30多种贴图，在不同的贴图通道中使用不同的贴图类型，产生的效果也不相同。

5.4.1 位图

位图贴图是将位图图像文件作为贴图使用，可以支持各种类型的图像和动画格式，包括AVI、BMP、CIN、JPG、TIF、TGA等。位图贴图的使用范围广泛，通常用在漫反射贴图通道、凹凸贴图通道、反射贴图通道、折射贴图通道中。图5-58所示为位图贴图卷展栏。

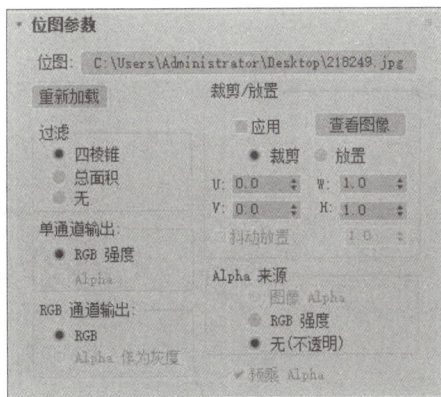

图 5-58　位图贴图卷展栏

下面对各选项组进行介绍。

- **过滤**：该选项组用于选择抗锯齿位图中平均使用的像素方法。
- **裁剪/放置**：该选项组用于裁剪位图或减小其尺寸以自定义放置。
- **单通道输出**：该选项组用于根据输入的位图确定输出单色通道的源。
- **Alpha来源**：该选项组用于根据输入的位图确定输出Alpha通道的来源。

■5.4.2 平铺

平铺贴图专门用于制作砖块效果，常用在漫反射通道中，有时也可以用在凹凸贴图通道中。

在"标准控制"卷展栏中的"预设类型"列表框中列出了一些已定义的建筑砖图案，用户也可以自定义图案，设置砖块的颜色、尺寸和砖缝的颜色、尺寸等。平铺贴图的参数卷展栏如图5-59所示。

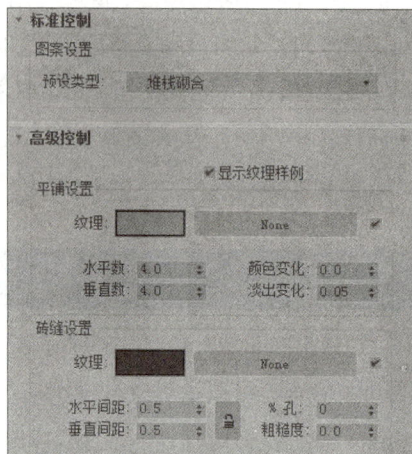

图 5-59　平铺贴图参数卷展栏

利用平铺贴图制作效果时，平铺与砖缝设置中的"纹理"既可以是颜色，也可以是贴图。

实例 制作地砖效果

下面利用平铺贴图制作地砖效果。

步骤01 打开场景文件，如图5-60所示。

扫码观看视频

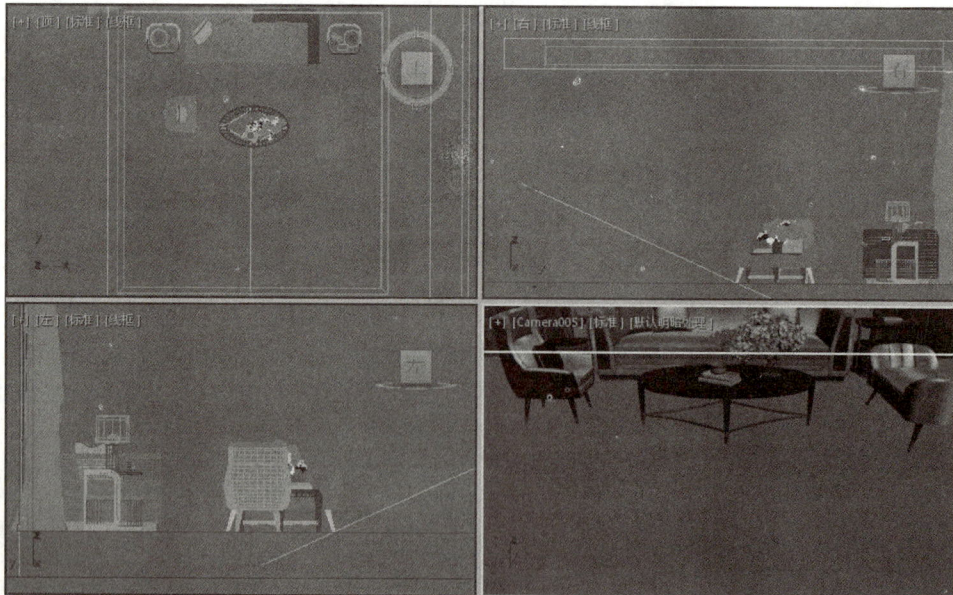

图 5-60　打开场景文件

步骤 02 按M键打开材质编辑器，选择一个未使用的材质球，设置材质类型为VRayMtl，在"基本参数"卷展栏中单击"漫反射"右侧的"贴图通道"按钮，在打开的"材质/贴图浏览器"对话框中双击"平铺"选项，如图5-61所示。

步骤 03 进入贴图参数面板，打开"高级控制"卷展栏，在"平铺设置"选项组的"纹理"选项右侧单击"None"按钮，添加纹理贴图，并设置平铺参数和砖缝参数，如图5-62所示，平铺贴图效果如图5-63所示，砖缝的"纹理"颜色设置如图5-64所示。

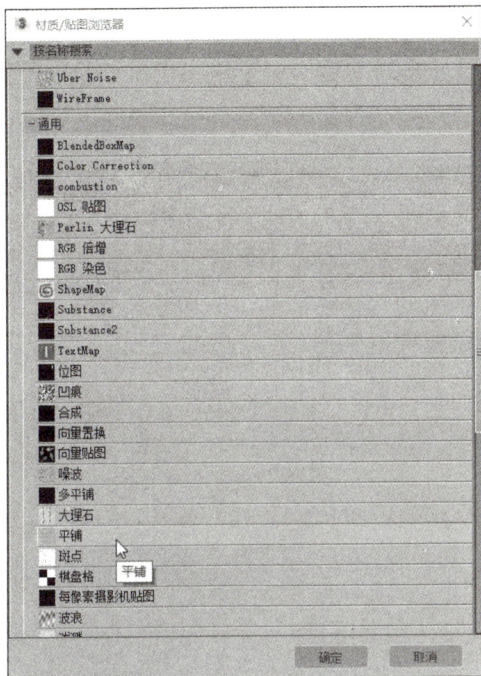

图 5-61 双击"平铺"选项

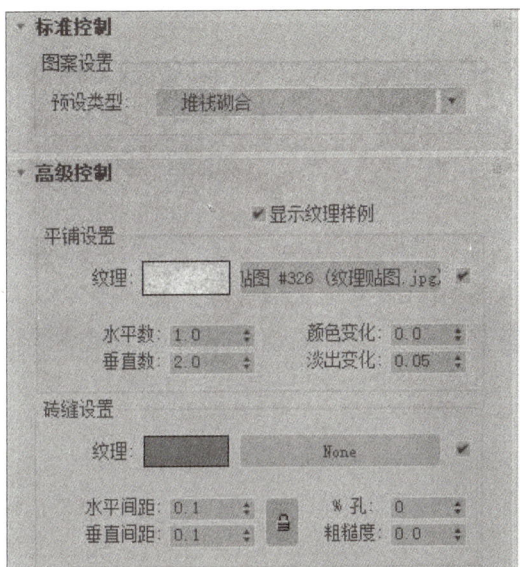

图 5-62 设置平铺贴图参数

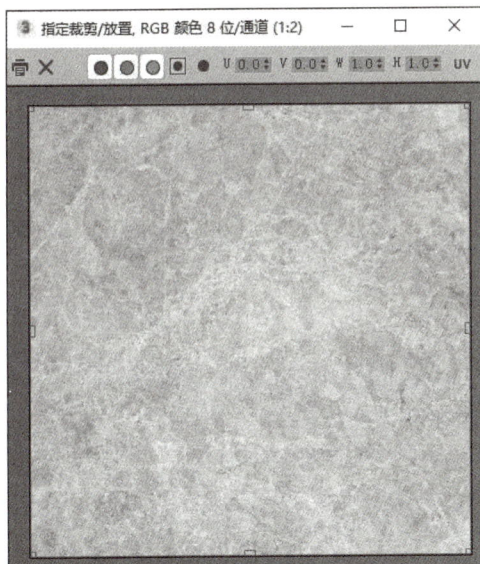

图 5-63 平铺贴图效果

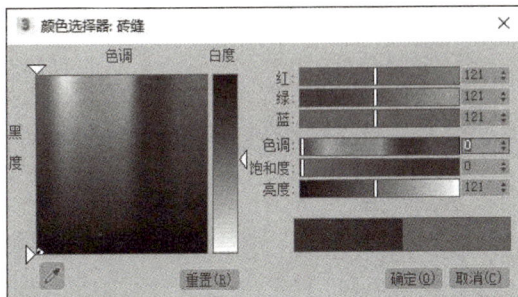

图 5-64 砖缝的"纹理"颜色设置

步骤04 返回上一层贴图参数面板，在"贴图"卷展栏中选择"漫反射"贴图通道，将其拖至"凹凸"贴图通道，在打开的"复制（实例）贴图"对话框中保持默认设置，单击"确定"按钮，复制贴图，如图5-65所示。

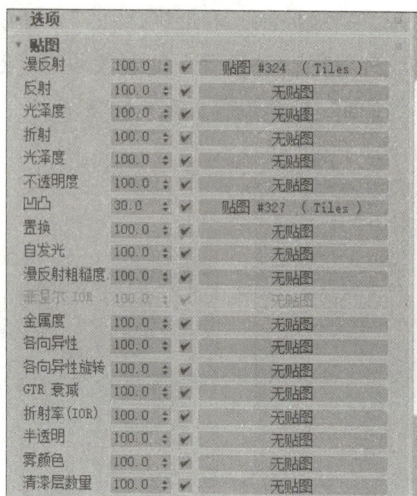

图 5-65　添加凹凸贴图并复制贴图

步骤05 双击"凹凸"贴图通道，进入贴图参数面板，右击平铺贴图，在弹出的菜单中选择"消除"命令，将其清除，如图5-66和图5-67所示。

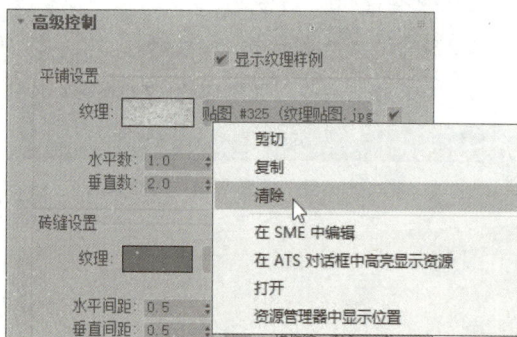

图 5-66　选择清除平铺贴图

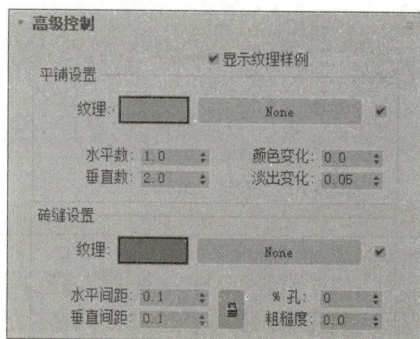

图 5-67　清除结果

步骤06 返回上一层贴图参数面板，在"基本参数"卷展栏中设置反射颜色及其他参数，如图5-68和图5-69所示。

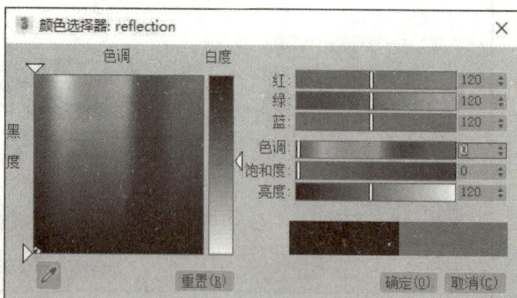

图 5-68　设置反射颜色

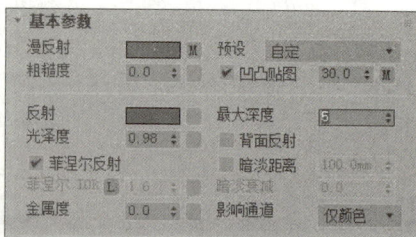

图 5-69　设置材质参数

步骤 07 在"双向反射分布函数"卷展栏中设置分布函数为"反射"，如图5-70所示，地砖材质效果如图5-71所示。

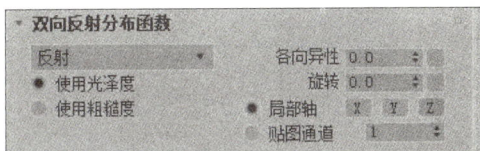

图 5-70　设置分布函数

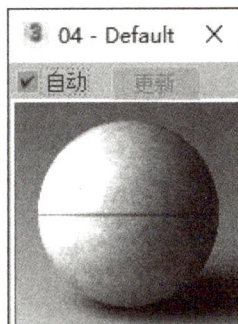

图 5-71　材质效果

步骤 08 将材质赋予地面模型，渲染摄影机视口，效果如图5-72所示。

图 5-72　地砖效果

■ 5.4.3　渐变

渐变贴图可以将两种或3种颜色的线性或径向渐变效果应用到材质，其参数卷展栏如图5-73所示。

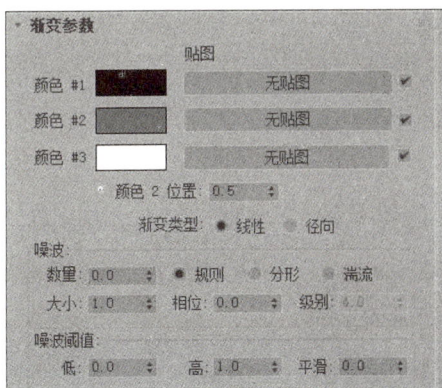

图 5-73　渐变贴图参数卷展栏

■5.4.4 棋盘格

棋盘格贴图可以产生类似棋盘的、由两种颜色组成的方格图案，并允许贴图替换颜色。图5-74所示为棋盘格贴图参数卷展栏。

图 5-74 棋盘格贴图参数卷展栏

下面对各选项进行介绍。

- **柔化**：模糊方格之间的边缘，很小的柔化值就能生成很明显的模糊效果。
- **交换**：单击该按钮，可切换方格的颜色。
- **颜色#1/#2**：用于设置方格的颜色，允许使用贴图代替颜色。

■5.4.5 衰减

衰减贴图可以模拟对象表面由深到浅或由浅到深的过渡效果。在创建不透明的衰减效果时，衰减贴图提供了更大的灵活性，其参数卷展栏如图5-75所示。

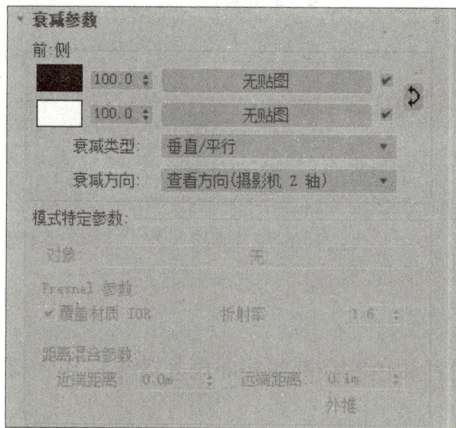

图 5-75 衰减贴图参数卷展栏

下面对常用选项进行介绍。

- **前:侧**：用于设置衰减贴图的前和侧通道参数，该选项组名称会因选择的衰减类型不同而改变。
- **衰减类型**：用于设置衰减的方式，包括垂直/平行、朝向/背离、Fresnel、阴影/灯光、距离混合。
- **衰减方向**：用于设置衰减的方向。

> ❶ **提示**：Fresnel类型基于折射率来调整贴图的衰减效果。它在面向视口的曲面上产生暗淡的反射，在有角的面上产生较为明亮的反射，创建像玻璃表面一样的高光。

■5.4.6 噪波

噪波贴图一般在凹凸通道中使用，可以通过设置"噪波参数"卷展栏来制作凹凸不平的表面。噪波贴图基于两种颜色或材质的交互创建曲面的随机扰动，是三维形式的湍流图案，其参数卷展栏如图5-76所示。

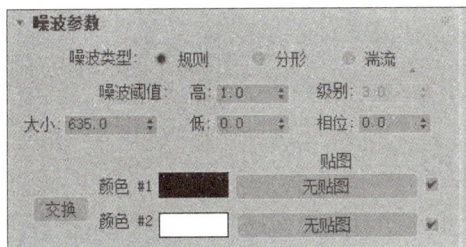

图 5-76　噪波贴图参数卷展栏

下面对各选项进行介绍。

- **噪波类型**：共有3种类型，分别是规则、分形和湍流。
- **大小**：以3ds Max单位设置噪波函数的比例。
- **噪波阈值**：用于控制噪波的效果。
- **交换**：用于切换两个颜色或贴图的位置。
- **颜色#1/#2**：从两个噪波颜色中选择，通过所选颜色来生成中间颜色值。

■5.4.7 VRay天空

VRay天空贴图可以模拟天空浅蓝色的渐变效果，并且可以控制天空的亮度，其参数卷展栏如图5-77所示。

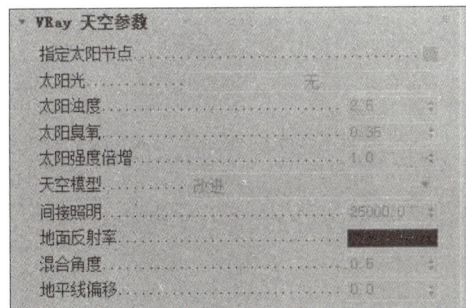

图 5-77　VRay 天空参数卷展栏

下面对各选项进行介绍。

- **指定太阳节点**：取消选择该复选框时，VRay天空的参数将从场景中VRay太阳的参数中自动匹配；选择该复选框时，可以从场景中选择不同的光源，VRay天空将用自身参数来改变天光效果。
- **太阳光**：单击右侧的按钮，可以选择太阳光源。
- **太阳浊度**：用于控制太阳的浑浊度。

- **太阳臭氧**：用于控制太阳臭氧层的厚度。
- **太阳强度倍增**：用于控制太阳的亮点。
- **天空模型**：用于选择天空的模型类型。
- **间接照明**：用于间接控制水平照明的强度。
- **地面反射率**：用于控制地面反射的颜色。
- **混合角度**：用于控制天空与地平线之间的过渡效果。
- **地平线偏移**：用于控制地平线位移的值。

■5.4.8　VRay边纹理

VRay边纹理贴图可以模拟制作对象表面的网格颜色效果，其参数卷展栏如图5-78所示。

- **颜色**：用于设置边线的颜色。
- **隐藏边**：当选择该复选框时，可以渲染出对象背面的边线。
- **世界宽度、像素宽度**：用于决定边线的宽度，主要分为世界和像素两个单位。

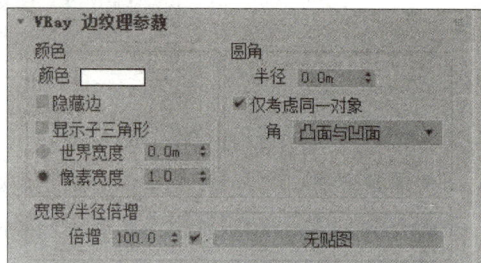

图 5-78　VRay 边纹理贴图参数卷展栏

5.5　课堂演练：为沙发模型添加布艺材质

本课堂演练将结合本章所学知识点为沙发模型添加布艺材质效果。在操作过程中涉及的贴图类型有位图贴图、衰减贴图等。下面介绍具体的操作方法。

步骤01 打开素材文件，如图5-79所示。

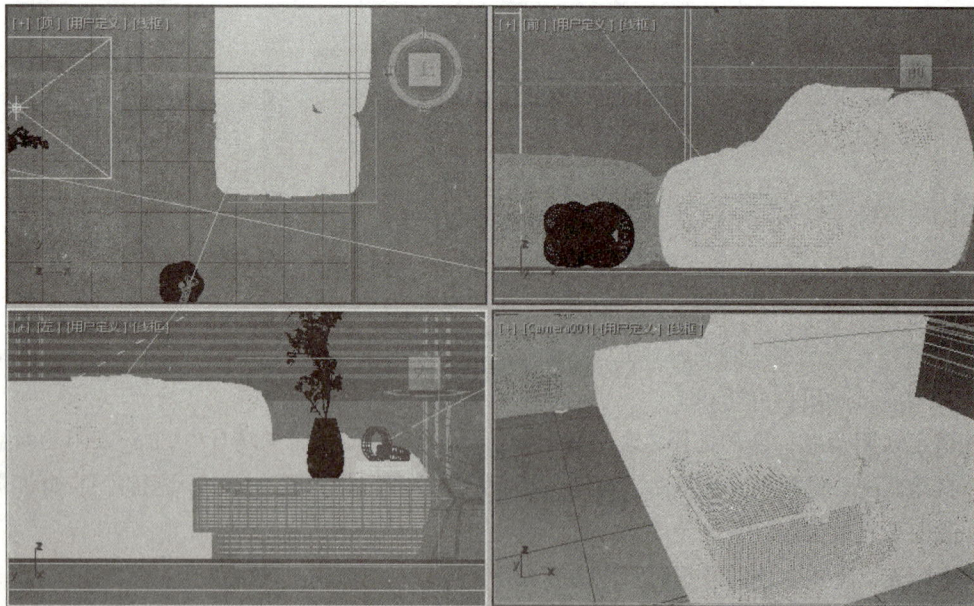

扫码观看视频

图 5-79　打开素材文件

步骤02 制作地毯材质。按M键打开材质编辑器，选择一个未使用的材质球，设置材质类型为VRayMtl，在"贴图"卷展栏中为漫反射通道添加衰减贴图，再为凹凸通道添加位图贴图，如图5-80所示，位图贴图效果如图5-81所示。

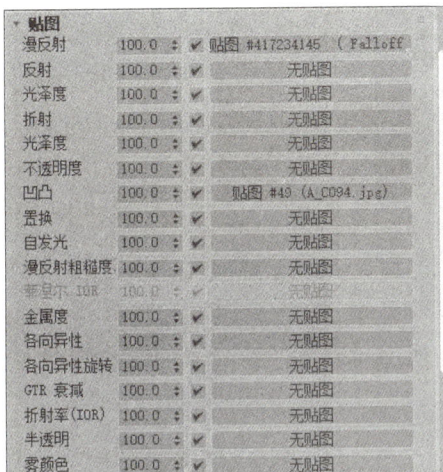

图 5-80 添加贴图

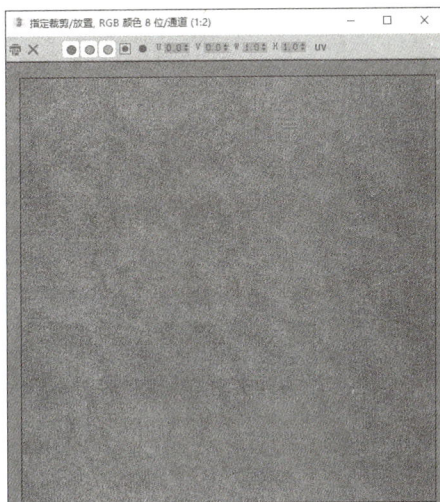

图 5-81 位图贴图效果

步骤03 进入衰减贴图参数面板，为两个颜色通道分别添加位图贴图和颜色校正贴图，如图5-82所示，位图贴图效果如图5-83所示。

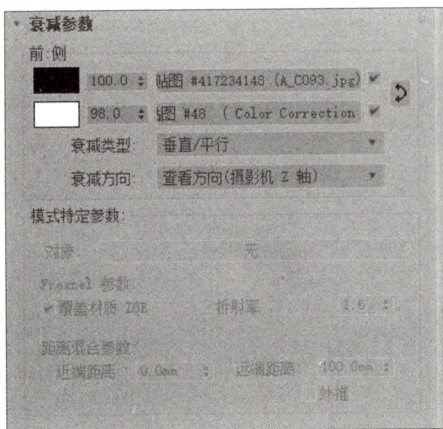

图 5-82 为颜色通道添加贴图

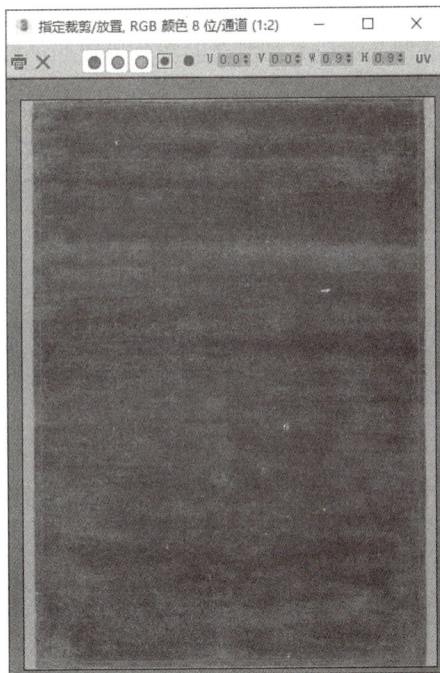

图 5-83 位图贴图效果

步骤 04 进入颜色校正贴图参数面板，添加位图贴图，该位图贴图与衰减贴图颜色通道中的位图贴图相同，如图5-84所示，地毯材质效果如图5-85所示。

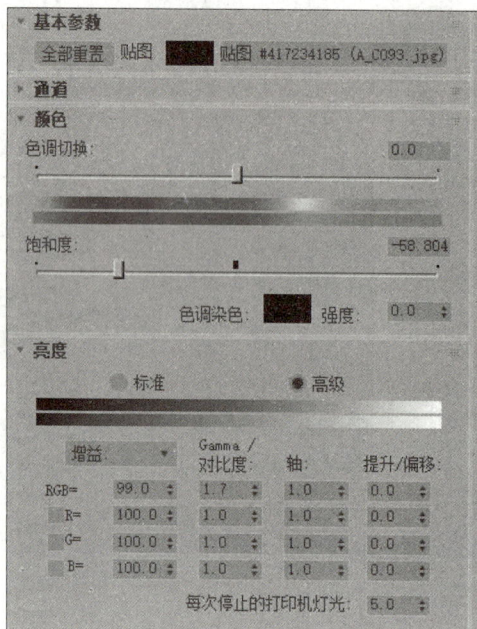

图 5-84 添加位图贴图

图 5-85 地毯材质效果

步骤 05 制作沙发布材质。选择一个未使用的材质球，设置材质类型为VRayMtl，在"贴图"卷展栏中为凹凸通道添加混合贴图并设置凹凸数量，然后为漫反射通道添加合成贴图，如图5-86所示。

步骤 06 进入混合贴图参数面板，为颜色#1通道添加细胞贴图，为颜色#2通道添加位图贴图，然后设置混合量，如图5-87所示，颜色#2通道贴图效果如图5-88所示。

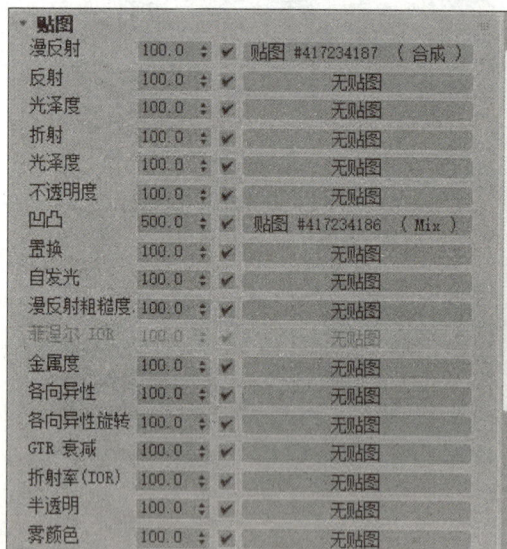

图 5-86 添加贴图

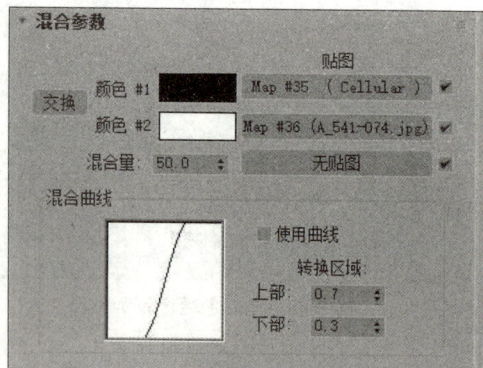

图 5-87 设置贴图通道和混合量

步骤07 进入细胞贴图参数面板，在"坐标"卷展栏中设置x、y、z轴的瓷砖参数，在"细胞参数"卷展栏中设置细胞颜色、分界颜色和细胞大小，如图5-89所示。

图 5-88 颜色 #2 贴图效果

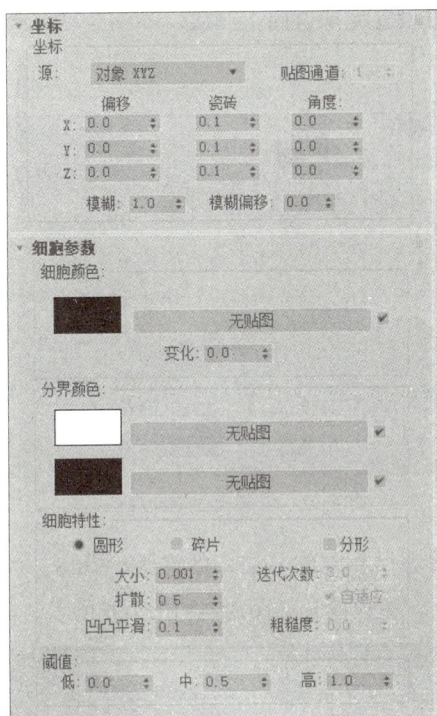

图 5-89 设置细胞贴图参数

步骤08 返回上一层，进入合成贴图参数面板，在此需要创建3个合成层，为层1的纹理通道添加位图贴图，如图5-90所示，位图贴图效果如图5-91所示。

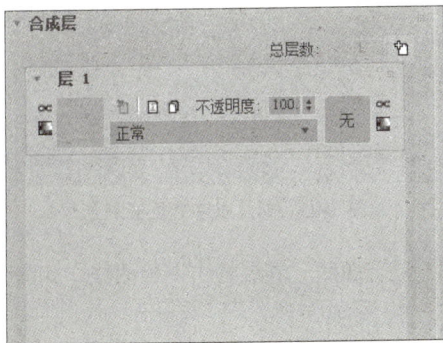

图 5-90 为层1添加位图贴图

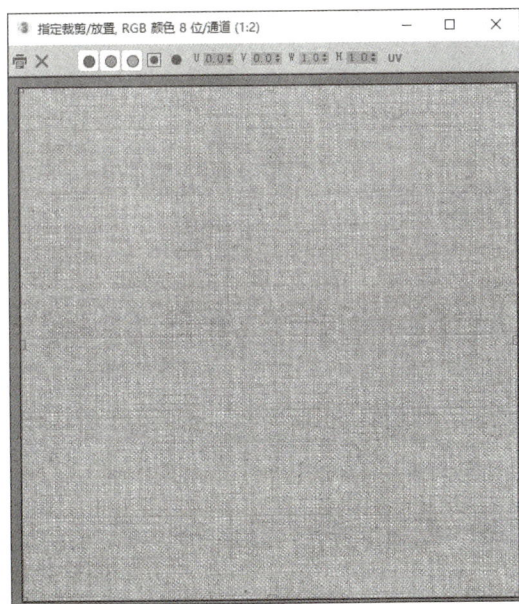

图 5-91 位图贴图效果

步骤 09 在层1中单击"对该纹理进行颜色校正"按钮■，进入颜色校正参数面板，在"颜色"卷展栏中调整饱和度，如图5-92所示。

步骤 10 设置完毕返回上一层，如图5-93所示。

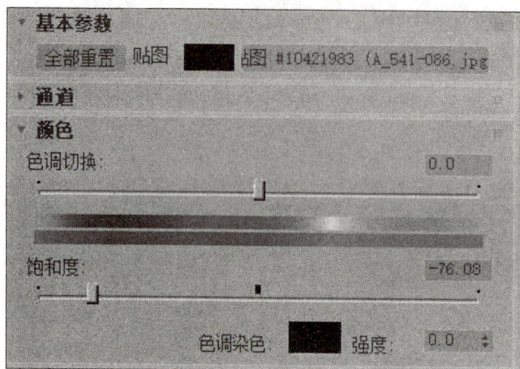

图 5-92　调整颜色饱和度

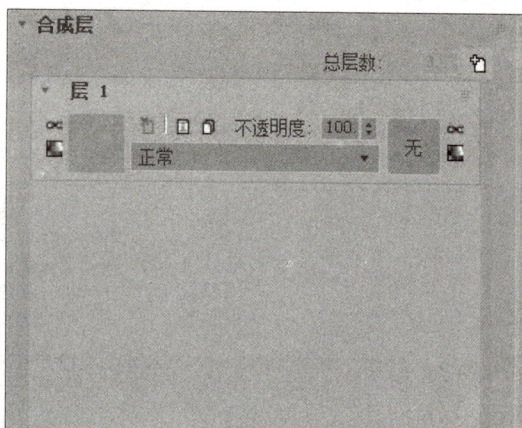

图 5-93　查看调整效果

步骤 11 按照相同的方法，创建层2和层3，为两个层添加与层1相同的位图贴图，再分别进行颜色校正，参数设置如图5-94和图5-95所示。

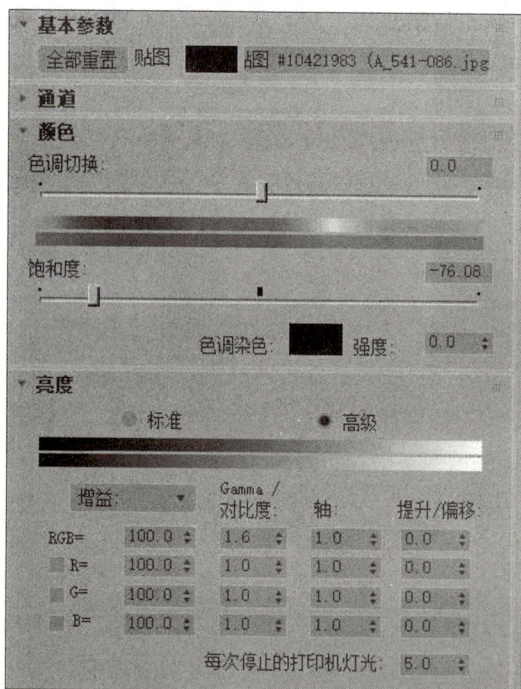

图 5-94　创建层2并设置颜色校正

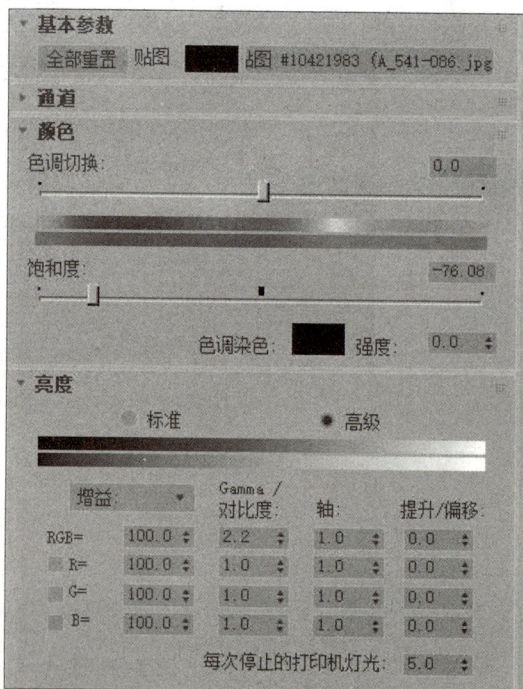

图 5-95　创建层3并设置颜色校正

步骤 12 为层2和层3的遮罩通道分别添加衰减贴图，在"混合曲线"卷展栏中调整曲线，如图5-96和图5-97所示。

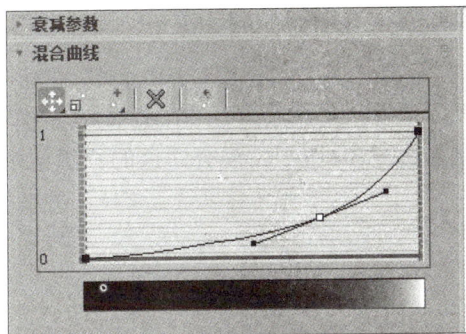

图 5-96　为层 2 调整混合曲线　　　　　图 5-97　为层 3 调整混合曲线

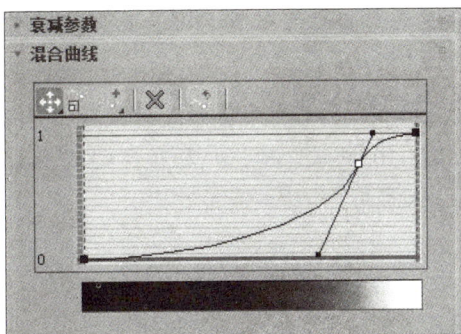

步骤 13 返回合成贴图参数面板，如图5-98所示，沙发布材质效果如图5-99所示。

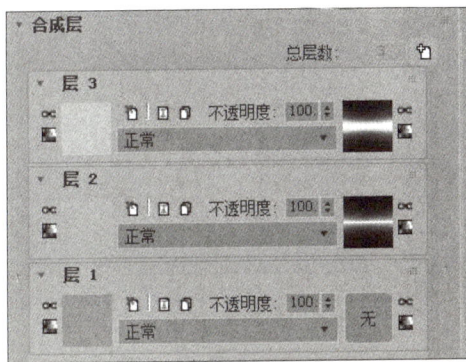

图 5-98　返回合成贴图参数卷展栏　　　　图 5-99　沙发布材质效果

步骤 14 制作围巾材质。选择一个未使用的材质球，设置材质类型为VRayMtl，在"贴图"卷展栏中为漫反射通道添加衰减贴图，为凹凸通道添加位图贴图，并设置凹凸数量，如图5-100所示，位图贴图效果如图5-101所示。

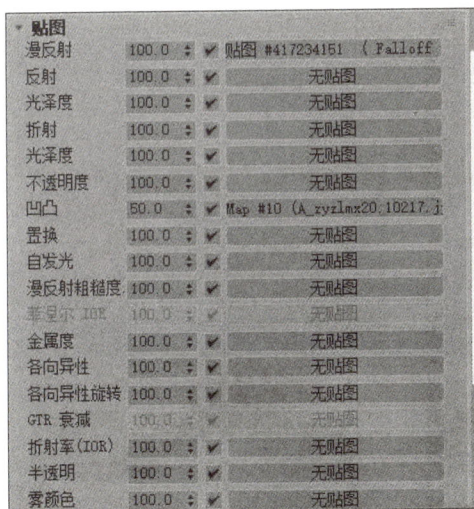

图 5-100　添加贴图　　　　　　　图 5-101　位图贴图效果

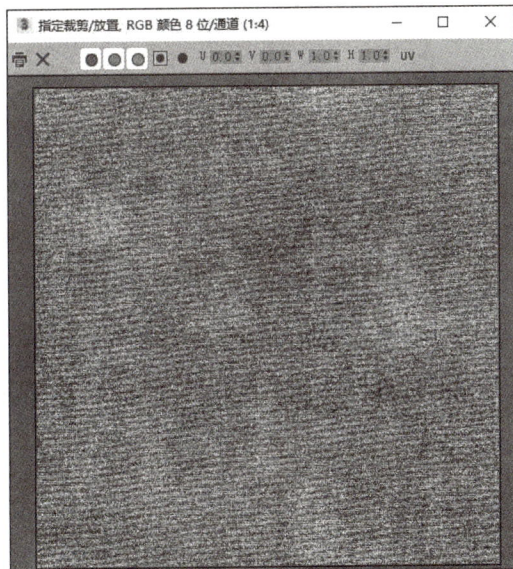

步骤 **15** 进入衰减贴图参数面板，为衰减通道分别添加混合贴图和颜色校正贴图，如图5-102所示。

步骤 **16** 进入混合贴图参数面板，设置颜色#1和颜色#2为相同的颜色，并为混合通道添加位图贴图，如图5-103所示，颜色#1和颜色#2的参数设置如图5-104所示，混合通道的位图贴图效果如图5-105所示。

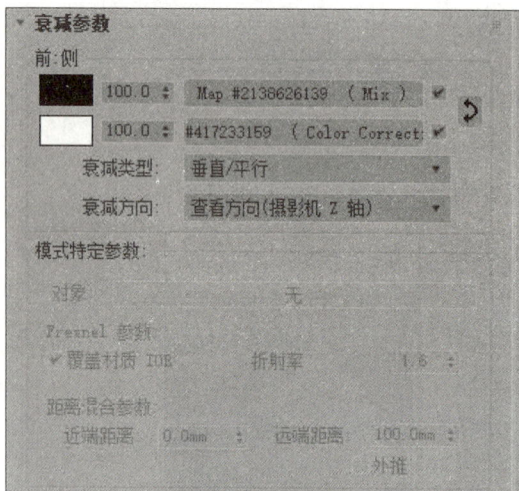

图 5-102　添加贴图

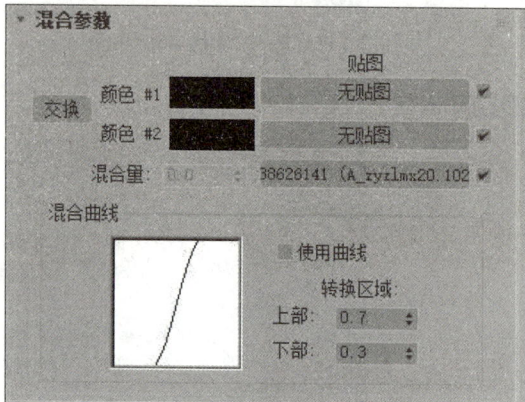

图 5-103　设置混合贴图参数

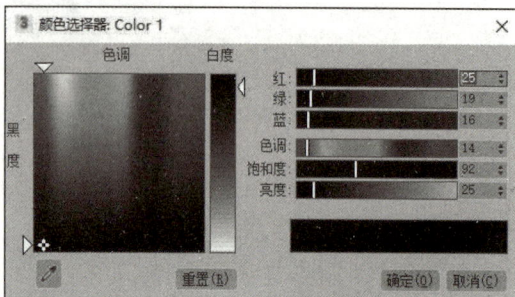

图 5-104　设置贴图颜色

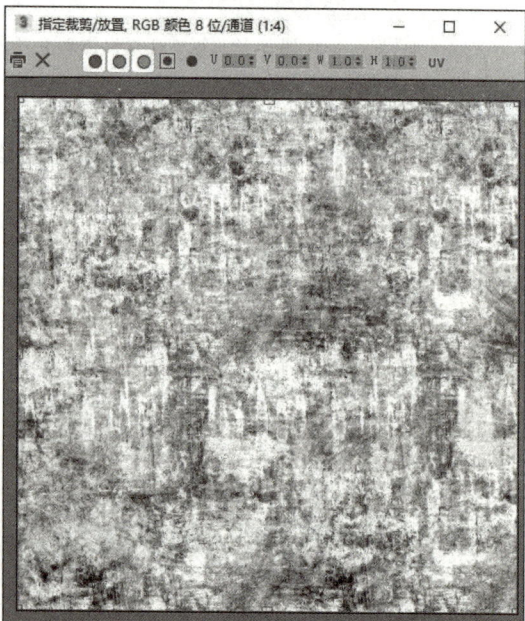

图 5-105　位图贴图效果

步骤 **17** 返回上一层，复制衰减通道的混合贴图，再进入颜色校正贴图参数面板，将混合贴图粘贴到贴图通道，在"颜色"卷展栏中调整饱和度，在"亮度"卷展栏中调整"高级"参数，如图5-106所示。

步骤18 再次返回上一层，进入到衰减贴图参数面板，在"混合曲线"卷展栏中调整曲线，如图5-107所示，围巾材质效果如图5-108所示。

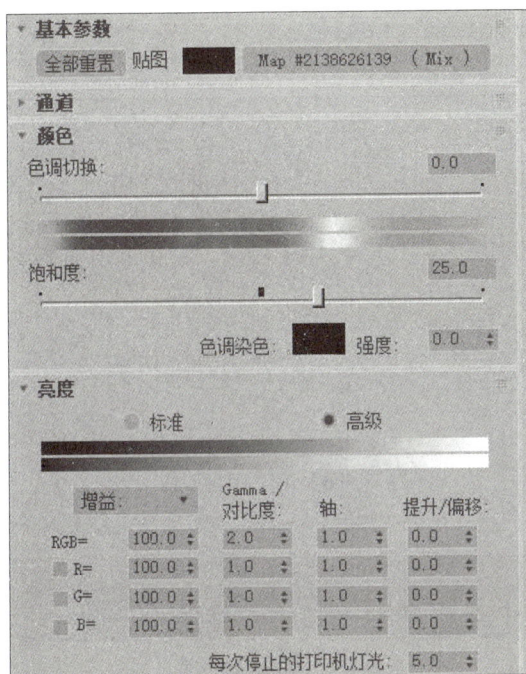

图 5-106 设置颜色校正贴图参数

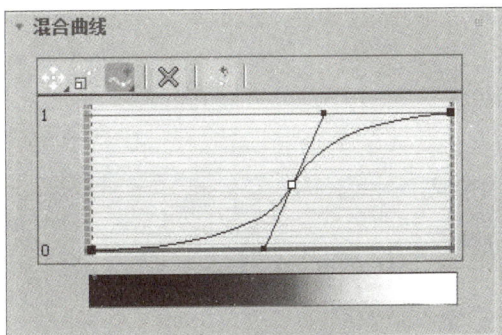

图 5-107 调整混合曲线

图 5-108 围巾材质效果

步骤19 制作抱枕材质。选择一个未使用的材质球，设置材质类型为VRayMtl，在"贴图"卷展栏中为漫反射通道添加衰减贴图，为凹凸通道添加位图贴图，如图5-109所示，凹凸通道的位图贴图效果如图5-110所示。

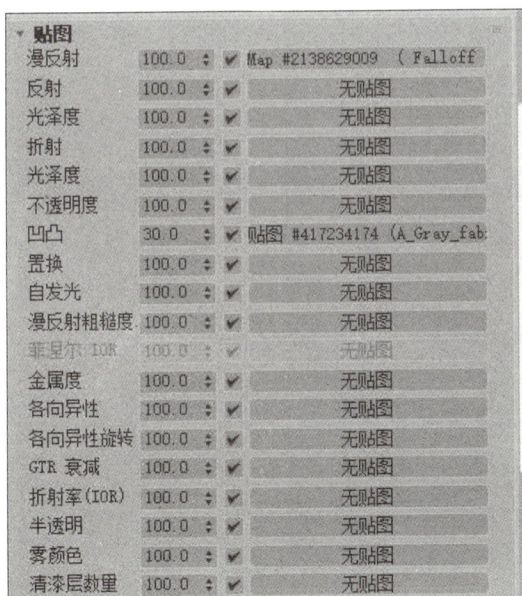

图 5-109 添加贴图

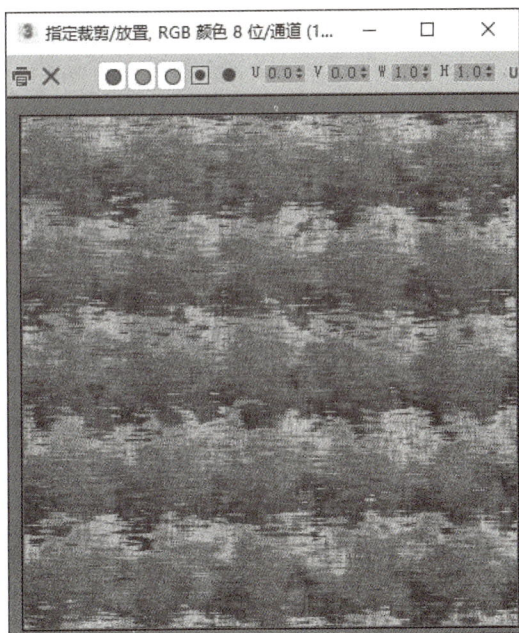

图 5-110 位图贴图效果

步骤20 进入衰减贴图参数面板，为衰减通道添加位图贴图和颜色校正贴图，如图5-111所示，衰减通道的位图贴图效果如图5-112所示。

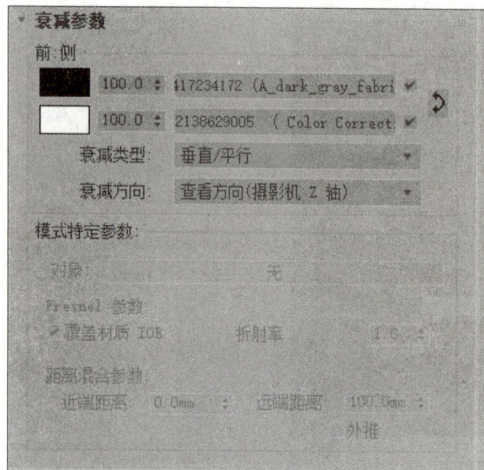

图 5-111　设置衰减贴图参数

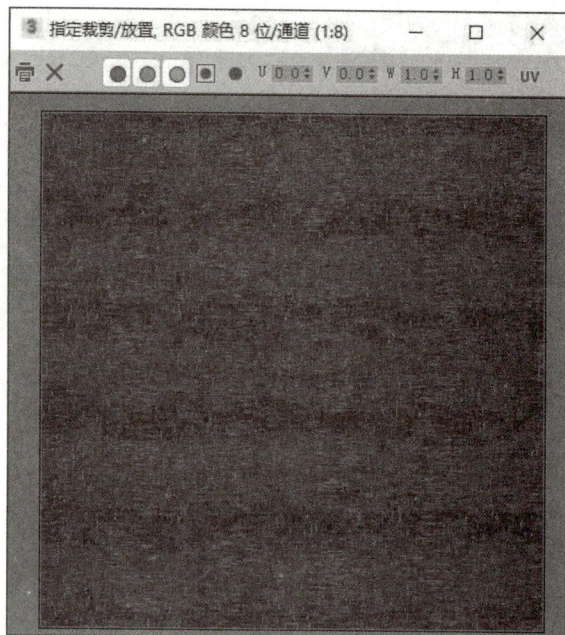

图 5-112　位图贴图效果

步骤21 复制该贴图，进入颜色校正贴图参数面板，将贴图粘贴到贴图通道，在"颜色"卷展栏中调整饱和度，在"亮度"卷展栏中调整"高级"参数，如图5-113所示。

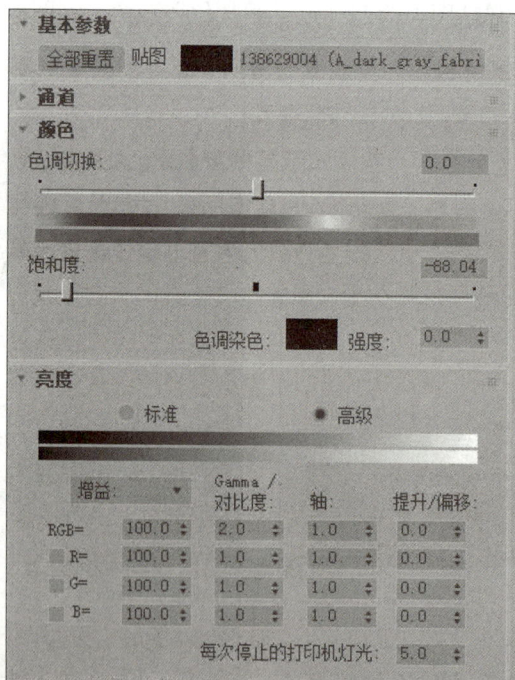

图 5-113　设置颜色校正贴图参数

步骤 22 返回上一层，进入衰减贴图参数面板，在"混合曲线"卷展栏中调整曲线，如图5-114所示，抱枕材质效果如图5-115所示。

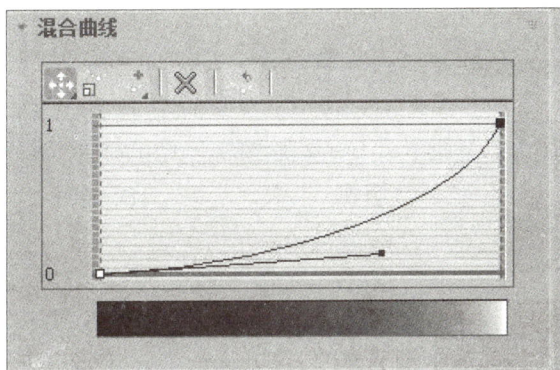

图 5-114 调整混合曲线

图 5-115 抱枕材质效果

步骤 23 将制作完成的材质分别赋予模型，再渲染摄影机视口，效果如图5-116所示。

图 5-116 模型渲染效果

课后作业

一、选择题

1. 3ds Max的材质编辑器中最多可以显示的样本球个数为（　　）。

    A. 9　　　　　　　　B. 13　　　　　　　　C. 8　　　　　　　　D. 24

2. 贴图和材质是两个完全不同的概念，下面不属于材质类型的是（　　）。

    A. 磨光　　　　　　B. 噪波　　　　　　　C. 金属　　　　　　D. 透明

3. 对材质编辑器的表述不正确的是（　　）。

    A. 按G键可直接打材质编辑器。

    B. 在材质编辑器中默认情况下只能使用24个材质球。

    C. 在材质编辑器中可以对对象进行贴图操作。

    D. 在材质编辑器中可以改变对象的形状和亮度。

二、填空题

1. _____是VRay渲染器的标准材质。

2. 将多个不同材质叠加在一起，常用于制作生锈的金属、岩石等材质的是_____。

3. _____可以将多个子材质按照相对应的ID号分配给一个对象，使对象的各个表面显示出不同的材质效果。

三、操作题

为茶杯及瓷碟模型添加瓷器材质，效果如图5-117所示。

图 5-117　添加瓷器材质

操作提示

步骤01 选择一个材质球，设置VRayMtl材质类型。

步骤02 为反射通道添加衰减贴图，设置反射参数。

第6章

摄影机

内容概要

在三维建模中，摄影机的创建和设置是不可缺少的一个环节。摄影机不仅决定了场景的观察角度，直接影响着动画的视觉效果，还可以丰富视觉层次。本章将对3ds Max中摄影机功能的应用进行详细介绍，其中包括摄影机基础知识、常见摄影机功能的操作等。

数字资源

【本章素材】："素材文件\第6章"目录下
【本章课堂演练最终文件】："素材文件\第6章\课堂演练"目录下

6.1 摄影机基础

摄影机是通过光学成像原理形成影像并记录影像的设备。在3ds Max中，摄影机能够决定模型的观察视角与范围。对于初学者来说，在学习摄影机相关操作之前，了解一些摄影机的基础知识还是很有必要的。

■6.1.1 摄影机基本知识

真实世界中的摄影机是使用镜头将环境反射的灯光聚焦到具有灯光敏感性曲面的焦点平面。摄影机的相关参数主要包括焦距和视野。

1. 焦距

焦距是指镜头和灯光敏感性曲面的焦点平面之间的距离。焦距影响成像对象在图片中的清晰度。焦距越小，图片中包含的场景越多；焦距越大，图片中包含的场景越少，但会显示远距离成像对象的更多细节。

2. 视野

视野控制摄影机可见场景的数量，以水平线度数进行测量。视野与镜头的焦距直接相关，例如，35 mm的镜头显示水平线约为54°，焦距越大则视野越窄，焦距越小则视野越宽。

■6.1.2 构图原理

无论是在摄影还是在设计创作中，构图都尤为重要，构图是否合理将直接影响整个作品的视觉冲击力和情感表达。

1. 聚焦构图

聚焦构图是指多个对象聚焦在一点的构图方式，可以产生刺激、震撼的画面效果。

2. 对称构图

对称构图是较为常见的构图方式，是指画面的上下对称或左右对称，可以产生较为平衡的画面效果。

3. 曲线构图

曲线构图是指画面中的主体物以曲线的位置划分，可以使画面产生唯美的效果。

4. 水平线构图/对角线构图

水平线构图给人一种静态、平静的感觉，而倾斜的对角线构图给人一种戏剧的感觉。

5. 黄金分割构图

黄金比又称"黄金律"，是指对象各部分之间具有一定的数学比例关系，即将整体一分为二，较大部分占据整体的61.8%。

6. 三角形构图

三角形构图是指画面中的主体物形成一个稳定的三角形，给人一种安定、均衡的感觉。

6.2 标准摄影机

在3ds Max中常用的摄影机有两种，一种是标准摄影机，另一种是VRay摄影机。标准摄影机包括物理摄影机、目标摄影机和自由摄影机。本节介绍标准摄影机的使用方法及各种效果的设置参数。

■ 6.2.1 物理摄影机

利用物理摄影机可以模拟真实摄影机，如设置快门速度、光圈、景深和曝光等。借助增强的控件和额外的视口内反馈，物理摄影机可以使创建逼真的图像和动画变得更加容易。它将场景的帧设置和曝光控制与其他效果集成在一起，是用于真实照片级渲染的最佳摄影机类型。

1. 基本参数

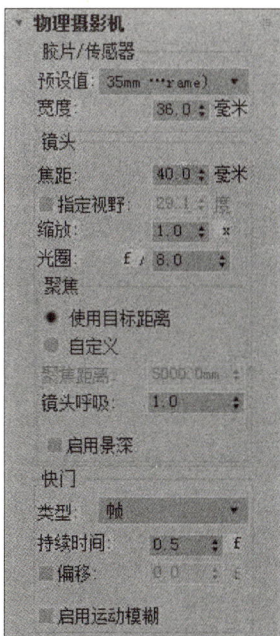

物理摄影机的"基本"参数卷展栏如图6-1所示，其中各选项介绍如下：

- **目标**：选择该复选框后，摄影机包括目标对象，并与目标摄影机的行为相似。默认为启用。
- **目标距离**：用于设置目标与焦平面之间的距离，会影响聚焦、景深等。
- **显示圆锥体**：用于在显示摄影机圆锥体时选择"选定时""始终""从不"选项。
- **显示地平线**：选择该复选框后，地平线在摄影机视口中显示为水平线（假设摄影机帧包括地平线）。默认为禁用。

2. 物理摄影机参数

"物理摄影机"参数卷展栏如图6-2所示。

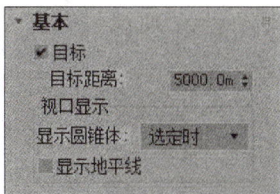

图 6-1 "基本"参数卷展栏　　图 6-2 "物理摄影机"参数卷展栏

其中各选项介绍如下：

- **预设值**：用于选择胶片或电荷耦合传感器模式，包括35 mm胶片和多种行业标准传感器设置。每个设置都有其默认宽度值，"自定义"选项用于选择任意宽度。
- **宽度**：用于手动调整帧的宽度。
- **焦距**：用于设置镜头的焦距，默认值为40 mm。
- **指定视野**：选择该复选框后，可以设置新的视野值。默认的视野值取决于所选的胶片/传感器预设值。
- **缩放**：用于在不更改摄影机位置的情况下缩放镜头。
- **光圈**：用于将光圈设置为光圈数或"F制光圈"，该值将影响曝光和景深。光圈数值越低，光圈越大，景深越窄。
- **镜头呼吸**：通过将镜头向焦距方向移动或远离焦距方向来调整视野。数值为0.0时，表示禁用此效果。
- **启用景深**：选择该复选框后，摄影机在不等于焦距的距离上生成模糊效果。景深效果的强度基于光圈设置，默认为禁用。
- **类型**：用于选择测量快门速度使用的单位。其中，帧（默认设置），通常用于计算机图形；秒或小数秒，通常用于静态摄影；度，通常用于电影摄影。
- **持续时间**：根据所选的单位类型设置快门速度。该值可能影响曝光、景深和运动模糊。
- **偏移**：选择该复选框后，可指定相对于每帧开始时间的快门打开时间。更改该值会影响运动模糊，默认为禁用。
- **启用运动模糊**：选择该复选框后，摄影机可以生成运动模糊效果。默认为禁用。

3. 曝光参数

"曝光"参数卷展栏如图6-3所示。各选项介绍如下：

- **曝光控制已安装**：单击可使物理摄影机曝光控制处于活动状态。
- **手动**：通过ISO值设置曝光增益。利用该数值、快门速度和光圈设置，可以计算曝光。数值越高，曝光时间越长。
- **目标**：设置与3个摄影曝光值的组合相对应的单个曝光值。每次增加或降低EV值，相对地，也会分别减少或增加有效的曝光。因此，数值越高，生成的图像越暗；数值越低，生成的图像越亮。默认设置为6.0。
- **光源**：按照标准光源设置色彩平衡。
- **温度**：以色温的形式设置色彩平衡，以开尔文表示。
- **自定义**：用于设置任意色彩平衡。单击色块，打开颜色选择器，在其中可以设置所需的颜色。
- **启用渐晕**：选择该复选框后，渲染模拟出现在胶片平面边缘的变暗效果。
- **数量**：增加该数值，可以增强渐晕效果。

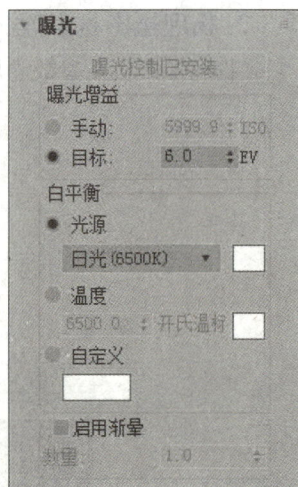

图6-3 "曝光"参数卷展栏

4. 散景（景深）参数

"散景（景深）"参数卷展栏如图6-4所示。各选项的含义如下：

- **圆形**：散景效果基于圆形光圈。
- **叶片式**：散景效果使用带有边的光圈。叶片，用于设置每个模糊圈的边数；旋转，用于设置每个模糊圈旋转的角度。
- **自定义纹理**：使用贴图以用图案替换每种模糊圈。将纹理映射到与镜头纵横比相匹配的矩形，会忽略纹理的初始纵横比。
- **中心偏移（光环效果）**：使光圈透明度向中心（负值）或边（正值）偏移。正值会增加焦外区域的模糊量，负值会减少焦外区域的模糊量。
- **光学渐晕（CAT眼睛）**：通过模拟猫眼效果，使帧呈现渐晕效果。
- **各向异性（失真镜头）**：通过垂直（负值）或水平（正值）拉伸光圈以模拟失真镜头。

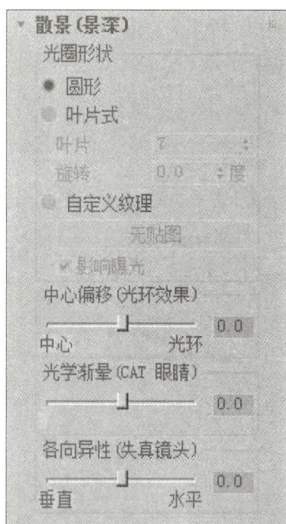

图 6-4 "散景（景深）"参数卷展栏

> ⚠ **提示**：物理摄影机是3ds Max自带的摄影机，具有很多与单反相机非常相似的参数，如焦距、光圈、白平衡、快门速度和曝光等。因此，要想熟练地应用物理摄影机，可以适当学习一些单反相机的相关知识。

实例 制作光圈效果

下面利用物理摄影机来制作光圈效果。具体操作步骤介绍如下：

步骤01 打开素材文件，如图6-5所示。

扫码观看视频

图 6-5 打开素材文件

步骤 02 执行"创建">"摄影机">"标准"命令，在"对象类型"卷展栏中单击"物理"选项，如图6-6所示。

步骤 03 在顶视口中创建物理摄影机，如图6-7所示。

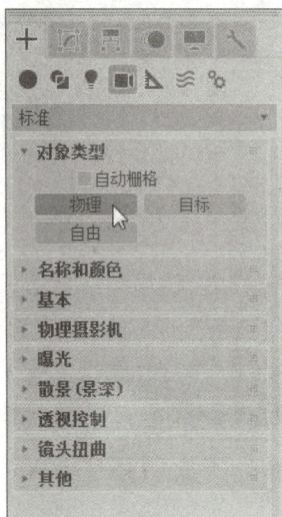

图 6-6 单击"物理"按钮　　　　　　图 6-7 创建物理摄影机

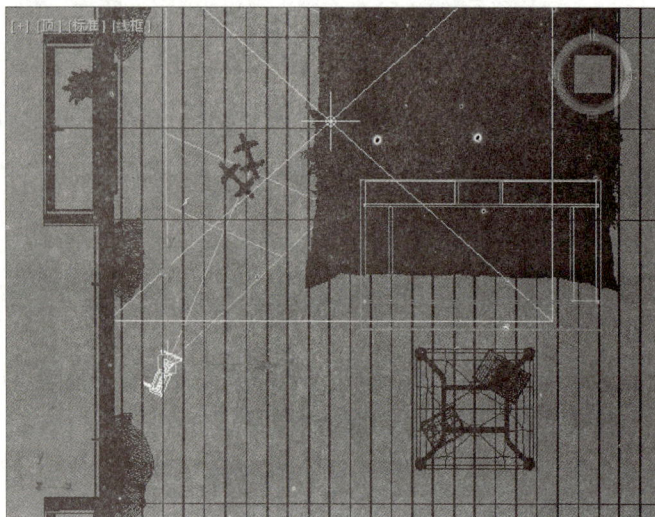

步骤 04 调整摄影机的角度，如图6-8所示。

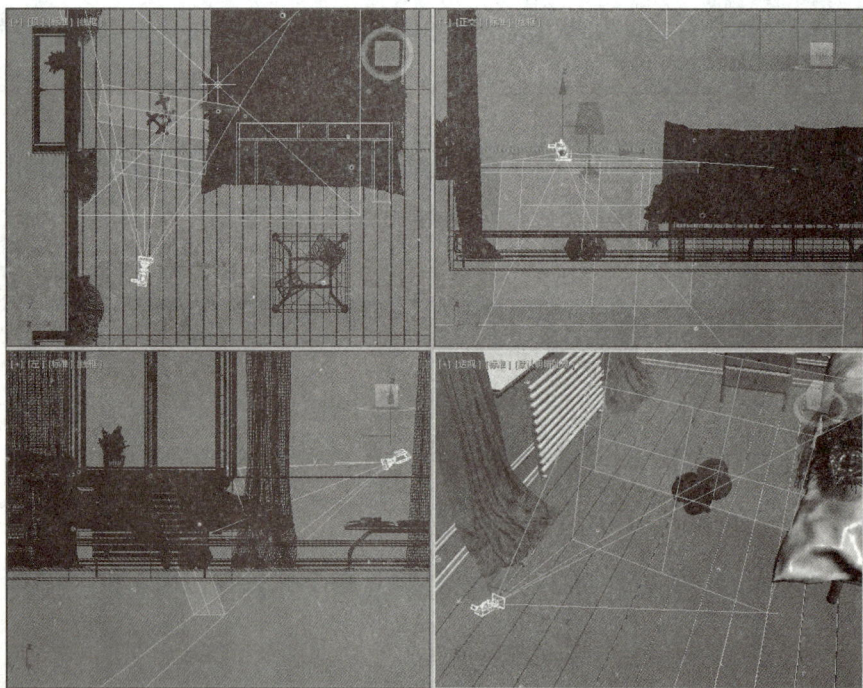

图 6-8 调整摄影机的角度

步骤 05 切换到透视视口，再按键盘上的C键切换到摄影机视口，如图6-9所示。

步骤 06 渲染摄影机视口，渲染效果如图6-10所示。

图 6-9　切换摄影机视口

图 6-10　渲染摄影机视口

步骤 07 在"物理摄影机"卷展栏中设置焦距为47，如图6-11所示，此时摄影机视口如图6-12所示，焦距越大，镜头越近。

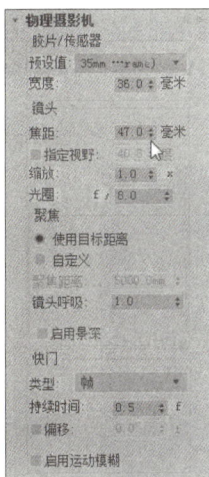

图 6-11　设置焦距

图 6-12　调整效果

步骤 08 在"物理摄影机"卷展栏中选择"启用景深"复选框，在"散景（景深）"卷展栏中设置"中心偏移（光环效果）"为100、"光学渐晕（CAT眼睛）"为3，如图6-13所示。

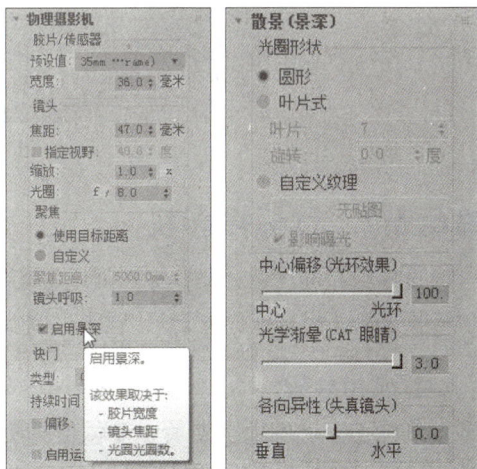

图 6-13　设置物理摄影机参数

步骤09 渲染摄影机视口，效果如图6-14所示，可以看到中心较清楚，边缘较模糊。

步骤10 在"散景（景深）"卷展栏中设置"中心偏移（光环效果）"为0、"光学渐晕（CAT眼睛）"为3，如图6-15所示。

图 6-14　渲染视口1

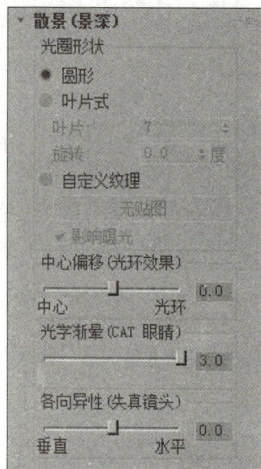

图 6-15　调整物理摄影机参数

步骤11 渲染摄影机视口，效果如图6-16所示。

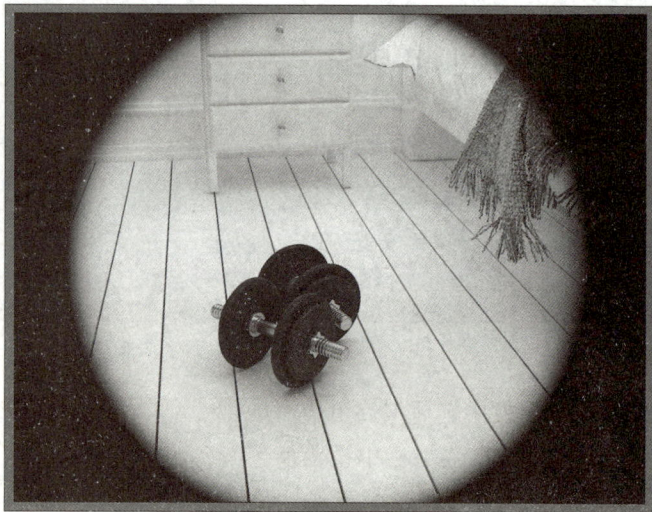

图 6-16　渲染视口2

■6.2.2　目标摄影机

目标摄影机用于观察目标点附近的场景内容，常用于目标固定、视角有待改变的情况。它包括摄影机、目标两部分，可以很容易地单独进行调整，并分别设置动画。

1. 常用参数

目标摄影机的常用参数主要包括镜头的选择、视野的设置、环境范围和剪切平面的控制等。图6-17所示为目标摄影机"参数"卷展栏。

"参数"卷展栏中各选项介绍如下：

- **镜头**：以毫米为单位设置摄影机的焦距。
- **视野**：决定摄影机查看区域的宽度，可以通过水平、垂直或沿对角线3种方式测量应用。
- **正交投影**：选择该复选框后，摄影机视口为用户视口；取消选择该复选框后，摄影机视口为标准的透视视口。
- **备用镜头**：用于选择各种常用预置镜头。
- **类型**：切换摄影机的类型，包括目标摄影机和自由摄影机。
- **显示圆锥体**：用于显示摄影机视野定义的锥形光线。
- **显示地平线**：在摄影机视口中的地平线层级显示为一条深灰色的线条。
- **显示**：选择该复选框后，显示在摄影机锥形光线内的矩形。
- **近距/远距范围**：设置大气效果的近距范围和远距范围。
- **手动剪切**：选择该复选框后，可以定义剪切的平面。
- **近距/远距剪切**：设置近距和远距平面。对于摄影机，比近距剪切平面近或比远距剪切平面远的对象是不可见的。
- **多过程效果**：用于设置摄影机的景深和运动模糊效果。
- **目标距离**：当使用目标摄影机时，设置摄影机与其目标对象之间的距离。

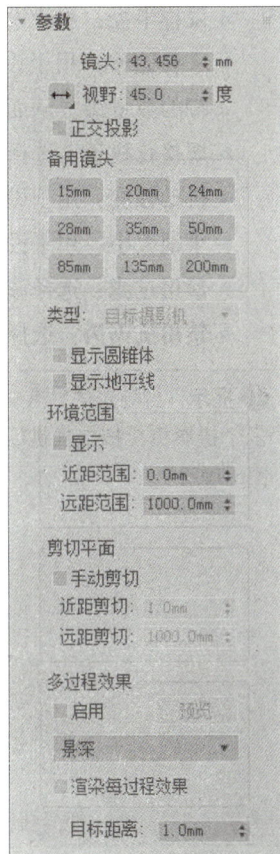

图 6-17 "参数"卷展栏

2. 景深参数

景深是多重过滤效果，通过模糊到摄影机焦点某距离处的帧的区域，使图像焦点之外的区域产生模糊效果。

景深的启用和控制主要在摄影机"参数"卷展栏的"多过程效果"选项组和"景深参数"卷展栏（如图6-18所示）中。

"景深参数"卷展栏各选项介绍如下：

- **使用目标距离**：选择该复选框后，系统会将摄影机的目标距离用作每个过程偏移摄影机的点。
- **焦点深度**：在取消选择"使用目标距离"复选框后，该数值可以用来设置摄影机的偏移深度。
- **显示过程**：选择该复选框后，在渲染帧窗口中显示多个渲染通道；取消选择该复选框后，在渲染帧窗口中只显示最终结果。
- **使用初始位置**：选择该复选框后，第1个渲染过程将位于摄影机的初始位置。
- **过程总数**：用于设置生成景深效果的过程数。增大该值，可以提高效果的精确性，但会增加渲染时间。

图 6-18 "景深参数"卷展栏

- **采样半径：** 用于设置生成的模糊半径。数值越大，模糊越明显。
- **采样偏移：** 用于设置模糊靠近或远离"采样半径"的权重。增大该值，可以增加景深模糊的数量级，从而得到更加均匀的景深效果。
- **规格化权重：** 选择该复选框后，可以产生平滑的效果，避免出现诸如条纹等人工效果。
- **抖动强度：** 用于设置应用于渲染通道的抖动程度。
- **平铺大小：** 用于设置抖动时图案的大小。
- **禁用过滤：** 选择该复选框后，系统将禁用过滤的整个过程。
- **禁用抗锯齿：** 选择该复选框后，可以禁用抗锯齿功能。

> ❗ **提示：** 当场景中只有一个摄影机时，按快捷键C键，视口会自动转换为摄影机视口；如果场景中有多个摄影机，按快捷键C键，系统会弹出"选择摄影机"对话框，从中可以选择需要的摄影机，如图6-19所示。

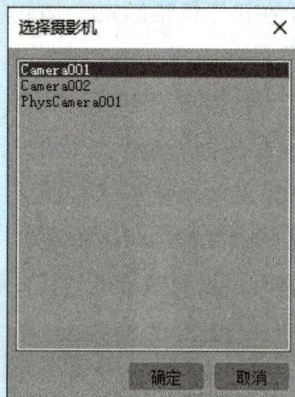

图 6-19 "选择摄影机"对话框

■6.2.3 自由摄影机

自由摄影机是在摄影机指向的方向查看区域，与目标摄影机非常相似。不同的是，自由摄影机比目标摄影机少了一个目标点，自由摄影机由单个图标表示，可以更轻松地设置摄影机动画。

6.3 VRay摄影机

VRay摄影机是在安装了VRay渲染器后才能使用的一种摄影机。标准摄影机适用于不需要复杂光影和真实感的场景，其画面感较为基础；而VRay摄影机能够模拟真实世界中的光影变化，使渲染效果更接近照片效果。

■6.3.1 VRay物理摄影机

与3ds Max自带的摄影机相比，VRay物理摄影机能够模拟真实成像，调节透视关系更轻松，单靠摄影机就能控制曝光，还有其他许多非常不错的特殊功能和效果。普通摄影机不带任何属性，如白平衡、曝光值等，而VRay物理摄影机则具有这些功能。简单地讲，如果发现灯光不够亮，直接修改VRay摄影机的部分参数就能提高画面质量，而不用重新修改灯光的亮度。VRay物理摄影机的参数卷展栏如图6-20所示。

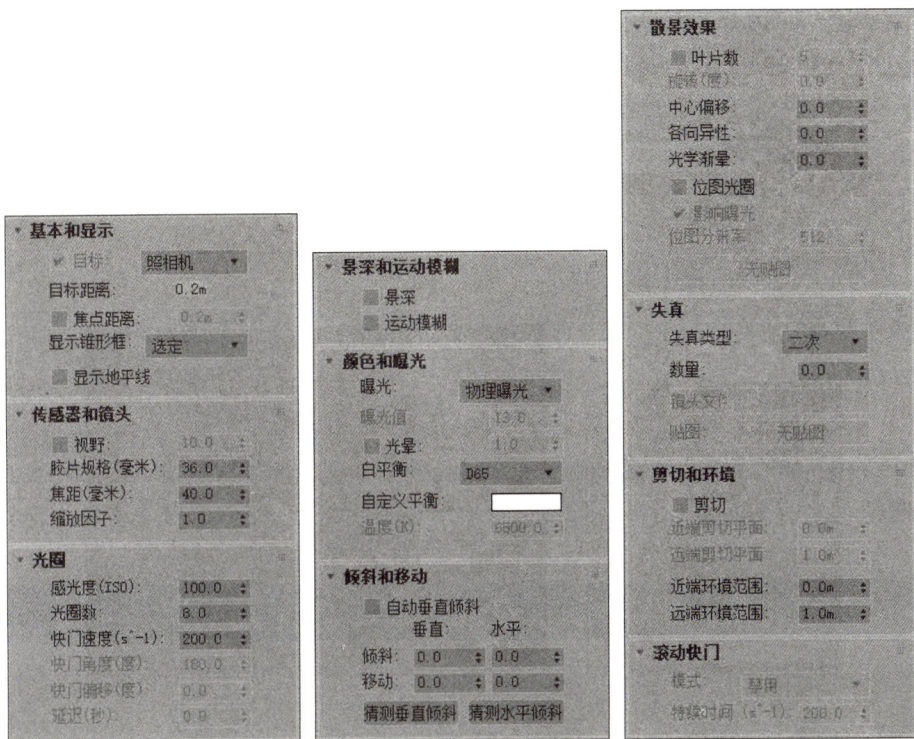

图 6-20　VRay 物理摄影机的参数卷展栏

各卷展栏中较为常用的选项介绍如下：

- **目标**：选择该复选框后，摄影机的目标点将放在焦平面上。
- **相机类型**：VRay物理摄影机内置3种类型的摄影机，可以在此进行选择。
- **焦点距离**：控制焦距的大小。
- **胶片规格（毫米）**：控制摄影机看到的范围。数值越大，看到的范围也就越大。
- **焦距（毫米）**：控制摄影机的焦距。
- **缩放因子**：控制摄影机视口的缩放。
- **感光度（ISO）**：控制渲染画面的亮暗。数值越大，表示感光系数越大，画面也就越亮。
- **光圈数**：用于设置摄影机光圈的大小。数值越小，渲染画面的亮度越高。
- **快门速度（s^-1）**：控制进光时间。数值越小，进光时间越长，渲染画面越亮。
- **快门角度（度）**：只有在选择"电影摄影机"类型时才激活，用于控制画面的明暗。
- **快门偏移（度）**：只有在选择"电影摄影机"类型时才激活，用于控制快门角度的偏移。
- **延迟（秒）**：只有在选择"视频摄影机"类型时才激活，用于控制画面的明暗。
- **景深**：选择该复选框后，会开启景深效果。
- **运动模糊**：选择该复选框后，会开启运动模糊。

- **曝光**：可选择曝光方式。其中，选择"曝光值EV"方式可设置"曝光值"。
- **光晕**：模拟真实摄影机的渐晕效果。
- **白平衡**：控制渲染画面的色偏。
- **叶片数**：控制散景产生的小圆圈的边数。默认值为5，表示散景的小圆圈为正五边形。
- **旋转（度）**：控制散景小圆圈的旋转角度。
- **中心偏移**：控制散景偏移源对象的距离。
- **各向异性**：控制散景的各向异性。数值越大，散景的小圆圈拉得越长，即变成椭圆。
- **剪切**：选择该复选框后，可以设置摄影机的剪切范围。

■6.3.2 VRay穹顶摄影机

VRay穹顶摄影机通常用于渲染半球圆顶效果，其参数卷展栏如图6-21所示。

- **翻转X轴**：使渲染的图像在x轴上进行翻转。
- **翻转Y轴**：使渲染的图像在y轴上进行翻转。
- **视野**：设置视角的大小。

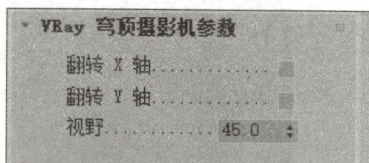

图 6-21 VRay 穹顶摄影机的参数卷展栏

6.4   课堂演练：调整书房场景的渲染视角

本课堂演练将结合本章所学知识点为书房场景添加摄影机，以便用最佳视角展现场景模型。在操作过程中涉及的操作有目标摄影机、镜头参数的设置等。

步骤01 打开素材文件，如图6-22所示。

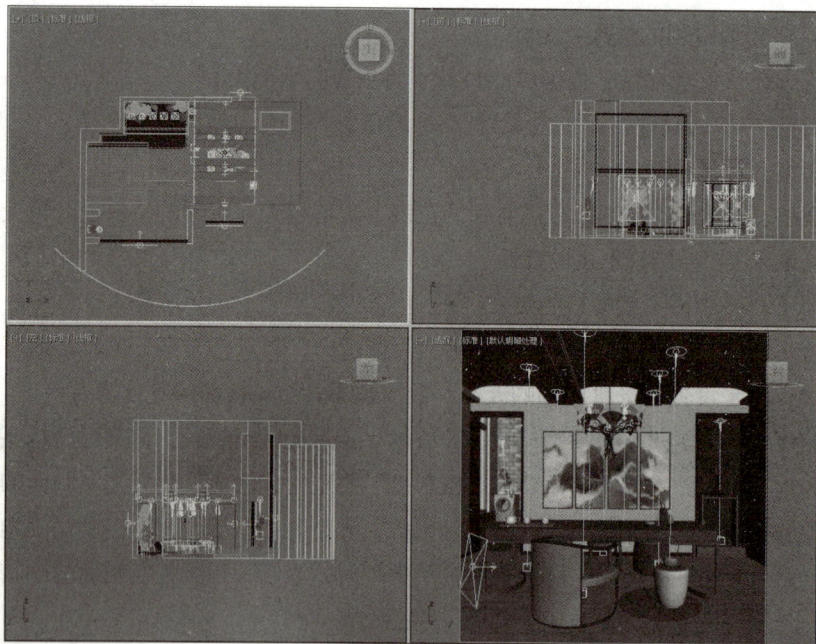

图 6-22 打开素材文件

步骤 02 打开"摄影机"命令面板，选择"标准"摄影机并单击"目标"摄影机按钮，如图6-23所示。

步骤 03 在顶视口中创建一个目标摄影机，调整摄影机的位置，如图6-24所示。

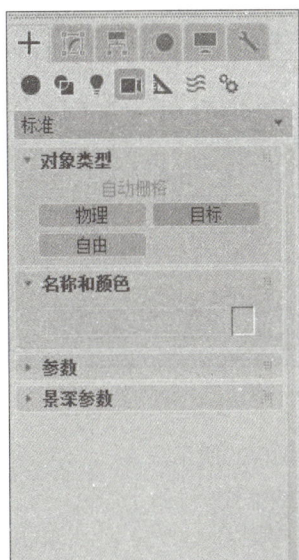

图 6-23 单击"目标"按钮

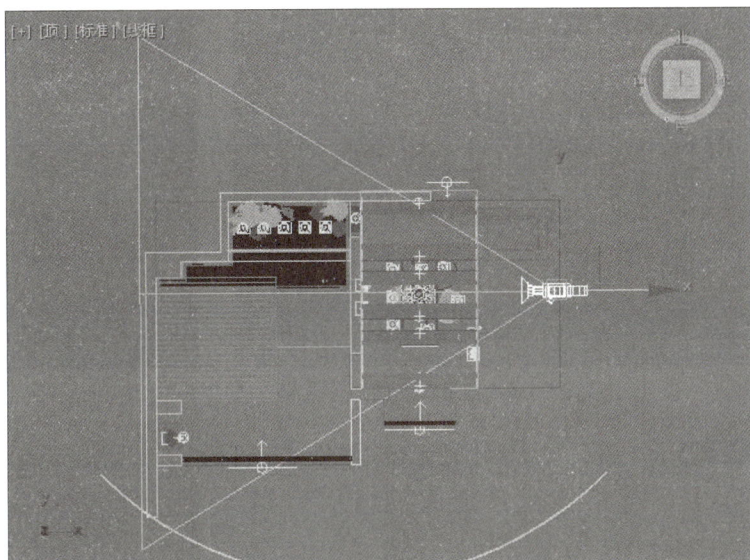

图 6-24 创建目标摄影机并调整摄影机的位置

步骤 04 设置摄影机"镜头"数值为35，如图6-25所示。

步骤 05 切换多个视口，调整摄影机的位置及角度，如图6-26所示。

图 6-25 设置摄影机"镜头"

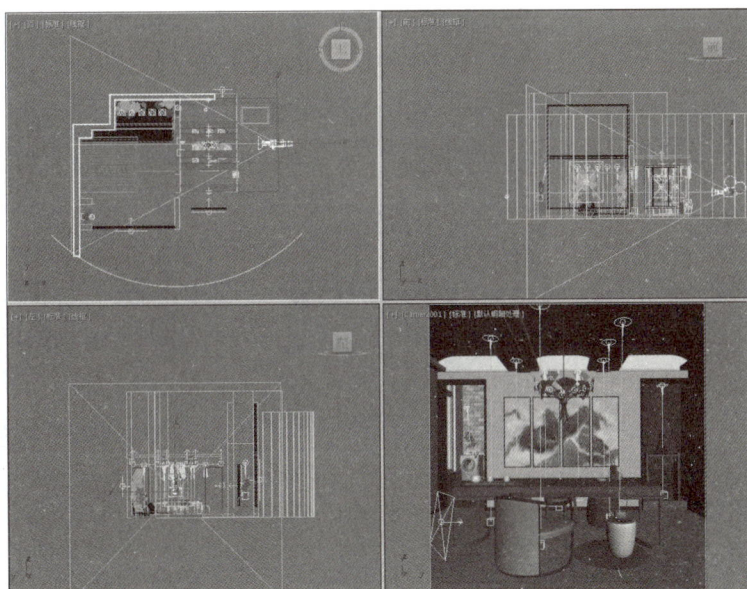

图 6-26 调整摄影机的位置及角度

步骤 06 选择透视视口，按C键切换到摄影机视口，如图6-27所示。

步骤07 在"参数"卷展栏中尝试调整"镜头"数值，观察摄影机视口的变化。将"镜头"设置为50，可以清楚地看到，随着"镜头"数值变大，视口内的物品变少，如图6-28所示。

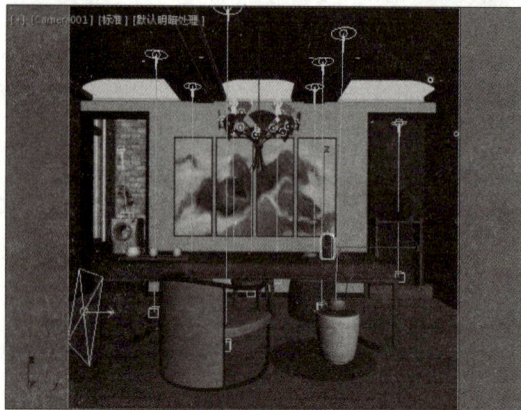

图 6-27 切换摄影机视口

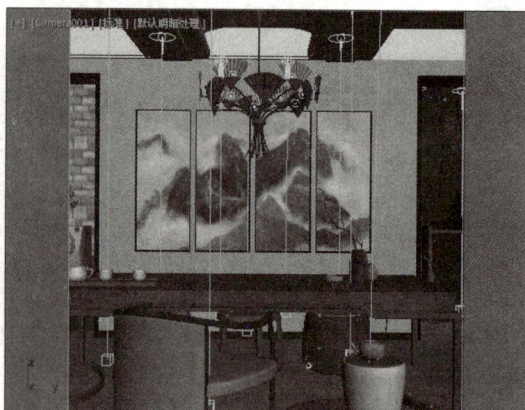

图 6-28 调整"镜头"数值效果

步骤08 将"镜头"数值设置为35，渲染摄影机视口，最终渲染效果如图6-29所示。

图 6-29 渲染视口效果

课后作业

一、选择题

1. 摄影机与透视视口匹配的快捷键是（　　　　）。

    A. A键　　　　　　　　　　　　B. D键

    C. V键　　　　　　　　　　　　D. C键

2. 3ds Max提供的摄影机类型包括（　　　　）。

    A. 动画摄影机　　　　　　　　　B. 目标摄影机

    C. 自动摄影机　　　　　　　　　D. 漫游摄影机

3. 用于控制摄影机可见场景数量的是（　　　　）。

    A. 视野　　　　　　　　　　　　B. 焦距

    C. 白平衡　　　　　　　　　　　D. 曝光

二、填空题

1. 在摄影机参数中可用于控制镜头大小的是＿＿＿＿＿＿＿＿和＿＿＿＿＿＿＿＿。

2. 在3ds Max中，标准摄影机包括＿＿＿＿＿＿＿＿摄影机、＿＿＿＿＿＿＿＿摄影机和＿＿＿＿＿＿＿＿摄影机。

3. 焦距是指＿＿＿＿＿＿＿＿和＿＿＿＿＿＿＿＿的焦点平面之间的距离。

三、操作题

利用目标摄影机来制作场景模糊效果，如图6-30和图6-31所示。

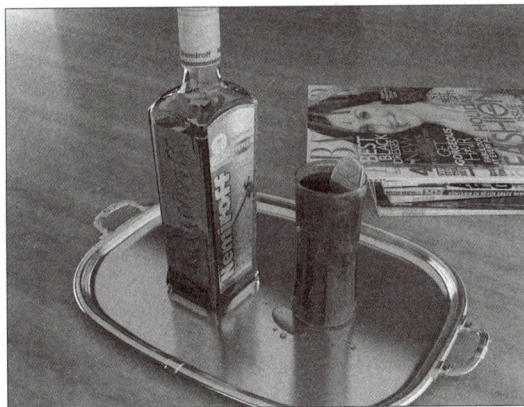

图 6-30　正常渲染效果

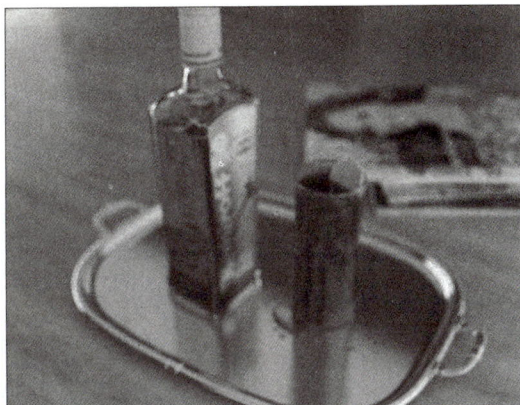

图 6-31　设置场景模糊后的效果

操作提示

步骤 01 为场景创建目标摄影机，渲染场景，观察正常视角下的效果。

步骤 02 在目标摄影机的"参数"卷展栏中启用景深效果，设置参数，再渲染场景。

第7章

灯光

内容概要

　　灯光在三维建模中扮演着重要的角色。它不仅能照亮场景，还能赋予模型质感，以模拟真实的场景效果。本章将对3ds Max中灯光的相关知识进行介绍，其中包括标准灯光、光度学灯光、VRay光源系统和灯光阴影类型等。

数字资源

【本章素材】："素材文件\第7章"目录下

【本章课堂演练最终文件】："素材文件\第7章\课堂演练"目录下

7.1　标准灯光

3ds Max默认的灯光为标准灯光。标准灯光是基于计算机的对象，用于模拟真实世界中不同种类的光源。本节将对标准灯光的不同类型进行介绍。

■7.1.1　聚光灯

聚光灯是3ds Max中最常用的灯光类型，包括目标聚光灯和自由聚光灯。二者都是由一个点向一个方向照射，其中目标聚光灯有目标点，自由聚光灯没有目标点。下面以目标聚光灯为例，对其主要参数卷展栏进行介绍。

1. 常规参数

"常规参数"卷展栏主要用于控制标准灯光的开启和关闭，以及对阴影的控制，如图7-1所示。

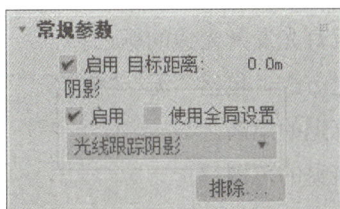

图 7-1　目标聚光灯"常规参数"卷展栏

其中各选项介绍如下：

● **启用**：用于控制是否启用灯光。

● **目标距离**：用于控制光源到目标对象的距离。

● **（阴影）启用**：用于控制是否启用灯光阴影。

● **使用全局设置**：选择该复选框后，灯光投射的阴影将影响整个场景的阴影效果；取消选择该复选框后，则必须选择渲染器生成特定的灯光阴影的方式。

● **阴影类型**：用于切换阴影类型以得到不同的阴影效果。阴影类型包括6种，如图7-2所示，选择不同的类型，会显示相应的参数设置。

● **排除**：用于将选定的对象排除于灯光效果之外。

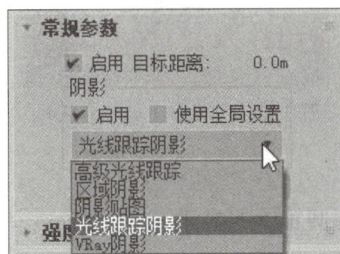

图 7-2　设置阴影类型

2. 强度/颜色/衰减

使用"强度/颜色/衰减"卷展栏可以对灯光的基本属性参数进行设置，如图7-3所示。

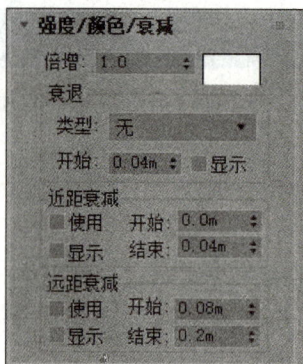

图 7-3 "强度/颜色/衰减"参数卷展栏

其中各选项介绍如下：

- **倍增**：用于将灯光功率放大一个正或负的量。
- **颜色**：单击色块，可以设置灯光发射光线的颜色。
- **类型**：用于指定灯光的衰退方式，包括"无""倒数""平方反比"。
- **开始**：用于设置灯光开始衰退的距离。
- **显示**：在视口中显示灯光衰退的范围。
- **近距衰减**：该选项组中提供了控制灯光强度淡入的参数。
- **远距衰减**：该选项组中提供了控制灯光强度淡出的参数。

> **提示**：灯光衰减时，距离灯光较近的对象表面可能过亮，距离灯光较远的对象表面可能过暗。这种情况可通过不同的曝光方式解决。

3. 聚光灯参数

"聚光灯参数"卷展栏主要用于控制聚光灯的聚光区和衰减区，如图7-4所示。

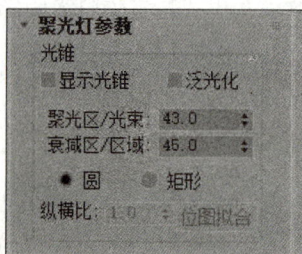

图 7-4 "聚光灯参数"卷展栏

其中各选项介绍如下：

- **显示光锥**：用于启用或禁用圆锥体的显示。
- **泛光化**：选择该复选框后，灯光在所有方向上投影灯光，但是投影和阴影只发生在其衰减圆锥体内。
- **聚光区/光束**：用于调整灯光圆锥体的角度。
- **衰减区/区域**：用于调整灯光衰减区的角度。

- **圆、矩形**：用于确定聚光区和衰减区的形状。如果想要一个标准圆形的灯光，选择"圆"单选按钮；如果想要一个矩形的光束（如灯光通过窗户或门投影等），选择"矩形"单选按钮。
- **纵横比**：用于设置矩形光束的纵横比。
- **位图拟合**：如果灯光的投影纵横比为矩形，应设置纵横比以匹配特定的位图。当灯光用作投影灯时，该选项非常有用。

4. 阴影参数

在"阴影参数"卷展栏中可直接设置阴影参数。通过设置阴影参数，可以使对象产生密度不同或颜色不同的阴影效果。"阴影参数"卷展栏如图7-5所示。

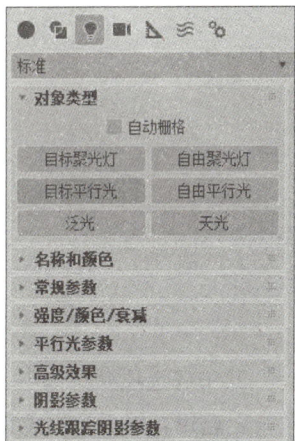

图 7-5 "阴影参数"卷展栏

各选项介绍如下：

- **颜色**：单击色块，可以设置灯光投射的阴影颜色，默认为黑色。
- **密度**：用于控制阴影的密度。数值越小，阴影越淡。
- **贴图**：使用贴图可以应用各种程序贴图与阴影颜色进行混合，以产生更复杂的阴影效果。
- **灯光影响阴影颜色**：用于控制灯光颜色与阴影颜色混合在一起。
- **大气阴影**：该选项组用于使场景中的大气效果产生投影，并且能够控制投影的不透明度和颜色量。
- **不透明度**：用于调整阴影的不透明度。
- **颜色量**：用于调整大气颜色和阴影颜色的混合量。

自由聚光灯和目标聚光灯的参数基本上是一致的，唯一区别在于自由聚光灯没有目标点，只能通过旋转来调节灯光的角度。

■7.1.2 平行光

平行光包括目标平行光和自由平行光，主要用于模拟太阳在地球表面投射的光线，即以一个方向投射的平行光。目标平行光是具体方向性的灯光，常用来模拟太阳光的照射效果，当然也可以模拟美丽的夜色。

平行光的主要参数卷展栏包括"常规参数""强度/颜色/衰减""平行光参数""高级效果""阴影参数""光线跟踪阴影参数"，如图7-6所示，其参数与聚光灯参数基本一致，在此不再赘述。

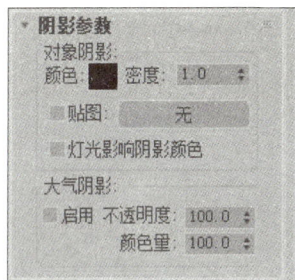

图 7-6 平行光的主要参数卷展栏

■7.1.3　泛光

泛光的特点是以一个点为发光中心，向外均匀地发散光线，常用来制作灯泡灯光、蜡烛光等。泛光的主要参数卷展栏包括"常规参数""强度/颜色/衰减""高级效果""阴影参数""光线跟踪阴影参数"，如图7-7所示，其参数与聚光灯参数基本一致，在此不再赘述。

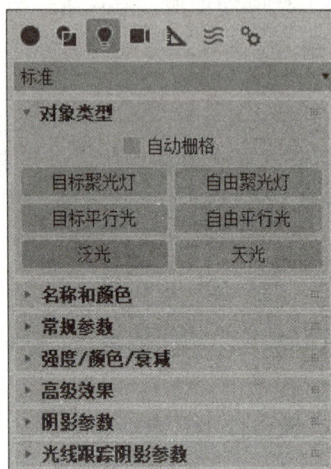

图 7-7　泛光的主要参数卷展栏

> ⓘ **提示**：当泛光应用光线跟踪阴影时，渲染速度比聚光灯要慢，但渲染效果一致，在场景中应尽量避免这种情况。

■7.1.4　天光

天光通常用来模拟较为柔和的灯光效果，也可以设置天空的颜色或将其指定为贴图，对天空建模可将其作为场景上方的圆屋顶。图7-8所示为"天光参数"卷展栏。

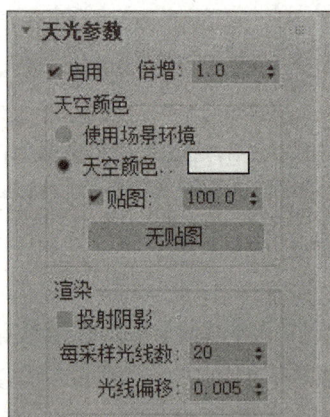

图 7-8　"天光参数"卷展栏

其中各选项介绍如下：

- **启用**：用于启用或禁用灯光。
- **倍增**：用于将灯光的功率放大一个正或负的量。

- **使用场景环境**：使用"环境和效果"面板的"环境"选项卡中设置的环境为光上色。
- **天空颜色**：单击色块，可显示颜色选择器，并为天光染色。
- **贴图**：使用贴图影响天光颜色。
- **投射阴影**：用于使天光投射阴影。默认为禁用。
- **每采样光线数**：用于计算落在场景中指定点上天光的光线数。
- **光线偏移**：用于设置对象可以在场景中指定点上投射阴影的最短距离。

实例 模拟阳光照射效果

下面通过设置目标平行光相关参数来模拟场景中的阳光照射效果。

步骤 01 打开素材文件，如图7-9所示。

步骤 02 渲染摄影机视口，效果如图7-10所示。

扫码观看视频

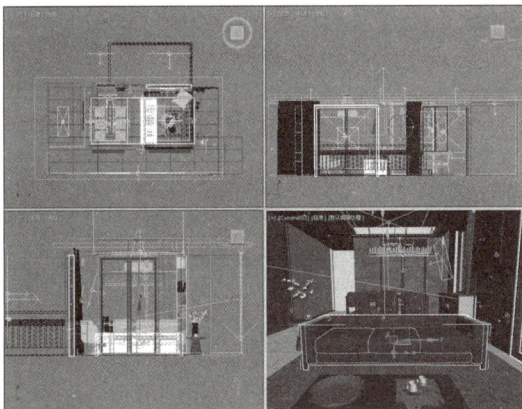

图 7-9　打开素材文件

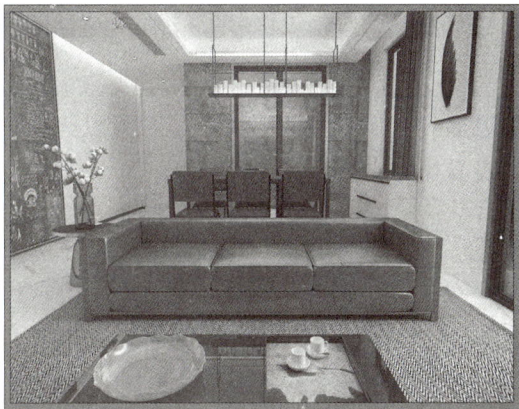

图 7-10　渲染摄影机视口

步骤 03 在顶视口中创建目标平行光，如图7-11所示。

步骤 04 通过多个视口调整平行光射入的位置，如图7-12所示。

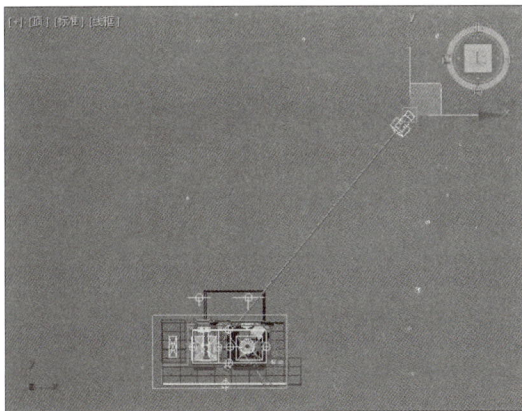

图 7-11　创建目标平行光

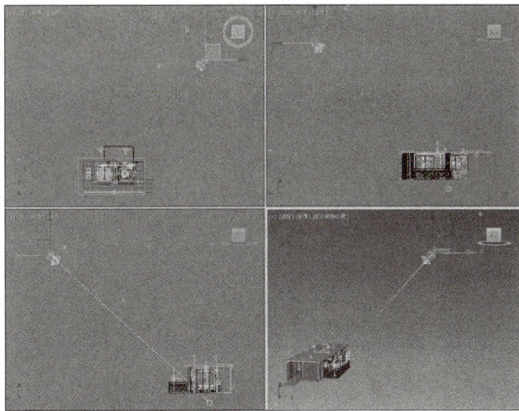

图 7-12　调整平行光射入的位置

步骤 05 在"常规参数"卷展栏中启用阴影，并设置为"VRay阴影"类型；在"平行光参数"卷展栏中设置平行光的照射范围，如图7-13所示。

步骤 06 渲染场景，添加了目标平行光后的效果如图7-14所示。

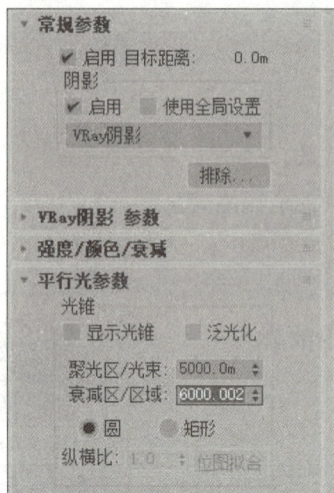

图 7-13　设置平行光参数

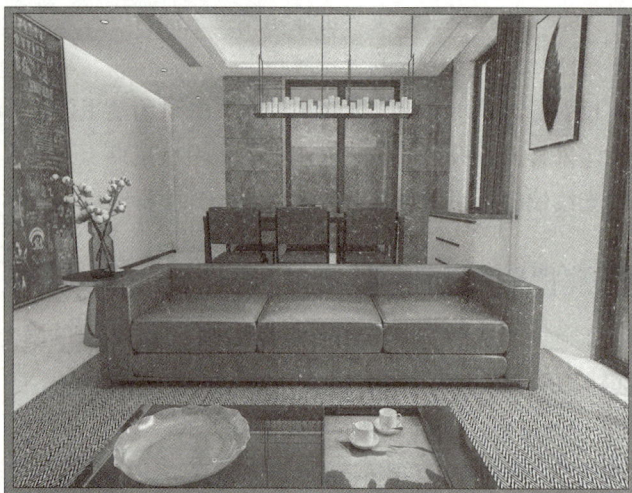

图 7-14　渲染场景

步骤 07 在"强度/颜色/衰减"卷展栏中调整灯光的强度和颜色，如图7-15所示，灯光颜色的参数设置如图7-16所示。

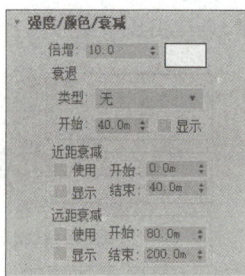

图 7-15　调整灯光的强度和颜色

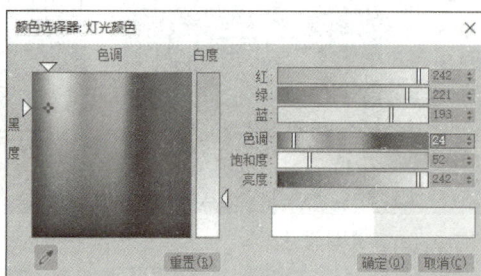

图 7-16　灯光颜色设置

步骤 08 再次渲染场景，效果如图7-17所示。

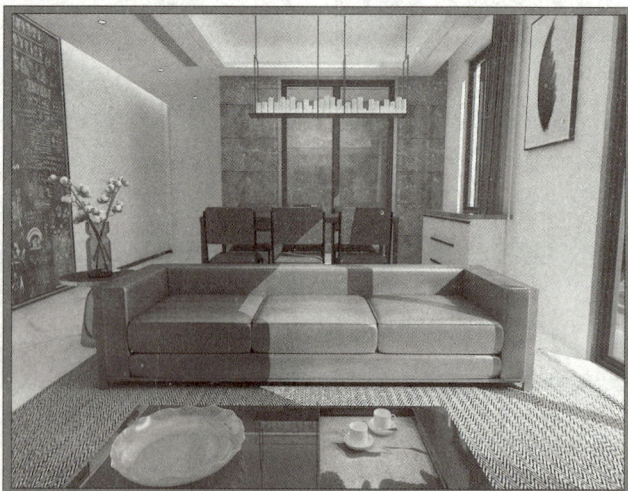

图 7-17　渲染场景

7.2 光度学灯光

光度学灯光使用光能值定义灯光，可以精确地模拟出真实世界中灯光的特性。它的创建方法与标准灯光基本相同，也可以导入外部特定灯光文件，以提高灯光参数的可控性。

■7.2.1 目标灯光

目标灯光是效果图制作中常用的一种灯光类型，常用来模拟射灯、筒灯等，可以增加画面的灯光层次。

目标灯光的主要参数卷展栏包括"常规参数""分布（光度学Web）""强度/颜色/衰减"等。下面进行详细介绍。

1. 常规参数

该卷展栏中的参数用于启用和禁用灯光及阴影，并排除或包含场景中的对象，还可以用于设置灯光分布的类型。图7-18所示为"常规参数"卷展栏。

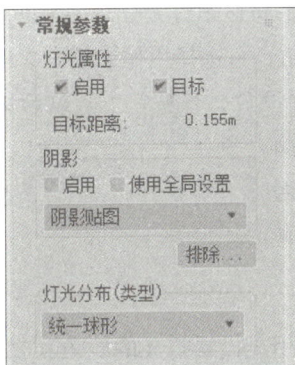

图 7-18 "常规参数"卷展栏

其中各选项介绍如下：

- **启用**：用于启用或禁用灯光。
- **目标**：选择该复选框后，目标灯光才具有目标点。
- **目标距离**：用于显示目标的距离。
- **（阴影）启用**：用于控制是否启用灯光的阴影效果。
- **使用全局设置**：选择该复选框后，该灯光投射的阴影将影响整个场景的阴影效果。
- **阴影类型**：用于设置渲染场景时使用的阴影类型，包括高级光线跟踪、区域阴影、阴影贴图、光线跟踪阴影和VRay阴影。
- **排除**：用于将选定的对象排除于灯光效果之外。
- **灯光分布（类型）**：用于设置灯光的分布类型，包括光度学Web、聚光灯、统一漫反射和统一球形。

2. 分布（光度学Web）

在"常规参数"卷展栏中将"灯光分布（类型）"设置为"光度学Web"后，会显示"分布（光度学Web）"卷展栏，如图7-19所示。单击"选择光度学文件"按钮，可导入特定的光域网文件，如图7-20所示。

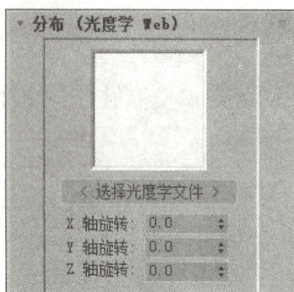

图 7-19 "分布（光度学 Web）"卷展栏　　图 7-20 导入特定的光域网文件

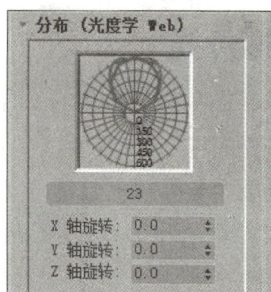

下面对各选项进行介绍。

- **Web图**：选择光度学文件后，将显示灯光分布图案的示意图。
- **选择光度学文件**：单击该按钮，可选择用作光度学Web的文件，该文件可使用IES、LTLI或CIBSE格式。一旦选择某个文件，该按钮上会显示文件名。
- **X轴旋转**：沿着x轴旋转光域网。
- **Y轴旋转**：沿着y轴旋转光域网。
- **Z轴旋转**：沿着z轴旋转光域网。

3. 强度/颜色/衰减

"强度/颜色/衰减"卷展栏主要用于设置灯光的颜色和强度，以及设置衰减极限。图7-21所示为"强度/颜色/衰减"卷展栏。

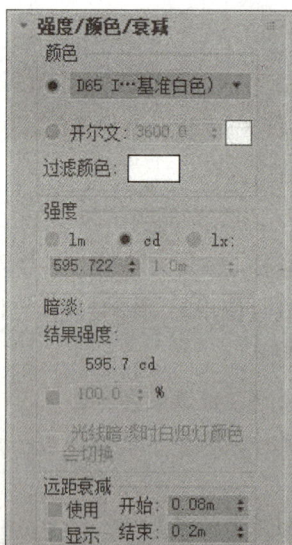

图 7-21 "强度 / 颜色 / 衰减"卷展栏

下面对各选项进行介绍。

- **灯光**：拾取常见灯规范，使之近似于灯光的光谱特征。默认为D65 Illuminant基准白色。
- **开尔文**：通过调整色温微调器设置灯光的颜色。
- **过滤颜色**：使用颜色过滤器模拟置于光源上的过滤色的效果。
- **强度**：在物理数量的基础上指定光度学灯光的强度或亮度。
- **结果强度**：用于显示暗淡所产生的强度，并使用与"强度"选项组相同的单位。
- **暗淡百分比**：选择该复选框后，该值会指定用于降低灯光强度的倍增。如果该值为100%，灯光具有最大强度；百分比较低时，灯光较暗。
- **远距衰减**：用于设置灯光的衰减范围。
- **使用**：用于启用灯光的远距衰减。
- **开始**：用于设置灯光开始淡出的距离。
- **显示**：用于设置在视口中显示远距衰减的范围。
- **结束**：用于设置灯光减为0的距离。

> ❗ **提示**：如果场景中存在大量灯光，使用远距衰减可以限制每个灯光照亮场景的比例。例如，如果办公区存在几排顶灯，通过设置远距衰减范围，可避免在渲染接待区而非主办公区时计算灯光照明。

■7.2.2 自由灯光

自由灯光与目标灯光相似，唯一的区别在于自由灯光没有目标点。图7-22所示为自由灯光的"常规参数"卷展栏。

> ❗ **提示**：可以使用变换工具或者灯光视口定位灯光对象和调整其方向，也可以使用"放置高光"命令调整灯光的位置。

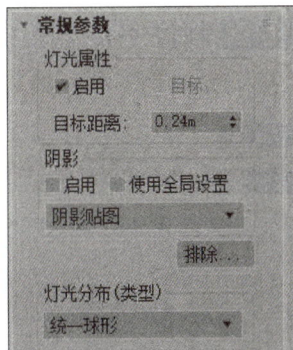

图 7-22 "常规参数"卷展栏

■7.2.3 太阳定位器

太阳定位器是3ds Max早期版本增加的一个灯光类型。通过设置太阳的距离、日期和时间、气候等参数，模拟现实生活中真实的太阳光照。

1. 显示

"显示"卷展栏用于控制太阳的半径、北向偏移的角度和太阳的距离等基本参数。图7-23所示为"显示"卷展栏，其中各选项介绍如下：

- **显示**：用于控制是否在视口中使用指南针显示方向。

- **半径**：用于控制视口中显示指南针的大小。
- **北向偏移**：用于控制指南针方向相对于北的偏移（这里的北遵循"上北下南"定律）。
- **距离**：用于控制太阳与指南针之间的距离。

2. 太阳位置

"太阳位置"卷展栏用于设置太阳的日期和时间、气候等参数，模拟现实生活中真实的太阳光照，如图7-24所示。

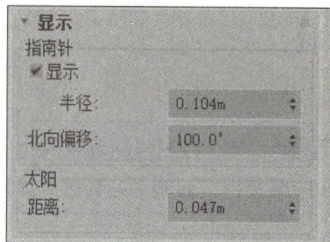

图 7-23 "显示"卷展栏

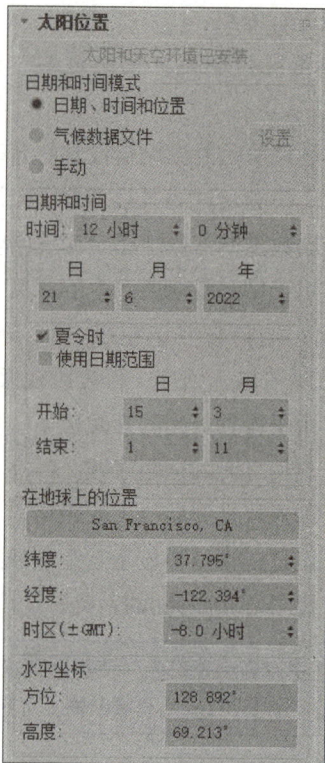

图 7-24 "太阳位置"卷展栏

实例 制作室内射灯效果

下面利用自由灯光结合光域网来制作室内射灯效果。

步骤 01 打开场景文件，可以看到场景中已经创建了部分光源，如图7-25所示。

步骤 02 渲染摄影机视口，效果如图7-26所示。

图 7-25 打开场景文件

图 7-26 渲染摄影机视口

步骤 03 在"创建"命令面板中执行"灯光"＞"光度学"＞"自由灯光"命令，在场景中创建一盏自由灯光，调整灯光的角度及位置，如图7-27所示。

步骤 04 渲染摄影机视口，效果如图7-28所示，可以看到场景中的光源出现了曝光。

图 7-27　创建自由灯光

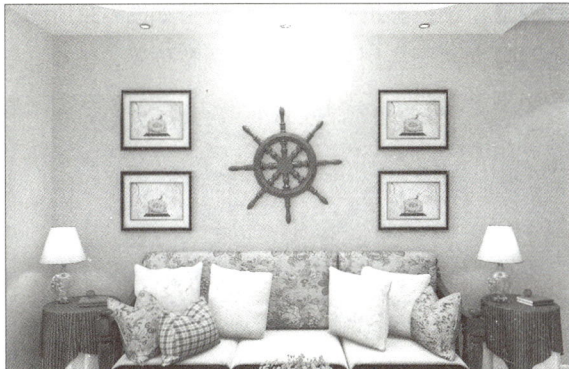

图 7-28　渲染摄影机视口

步骤 05 选择自由灯光，在"修改"命令面板中打开"常规参数"卷展栏，启用VRay阴影，如图7-29所示，设置灯光分布（类型）为"光度学Web"。

步骤 06 打开"分布（光度学 Web）"卷展栏，添加光域网文件，如图7-30所示。

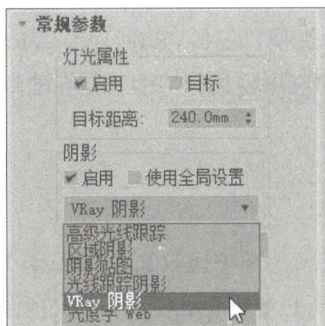

图 7-29　启用 VRay 阴影

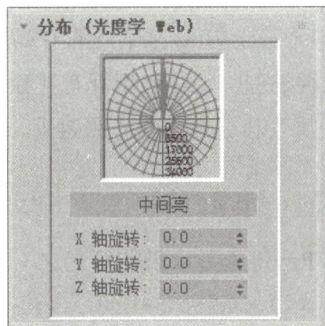

图 7-30　添加光域网文件

步骤 07 在"强度/颜色/衰减"卷展栏中调整灯光强度和颜色，如图7-31和图7-32所示。

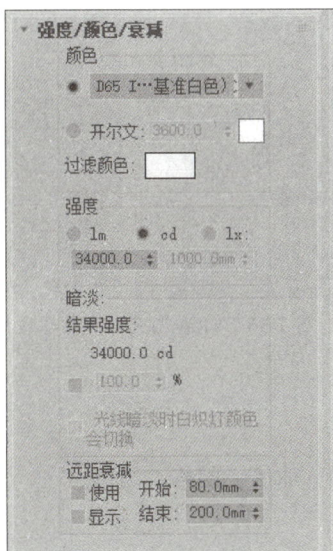

图 7-31　调整灯光强度和颜色

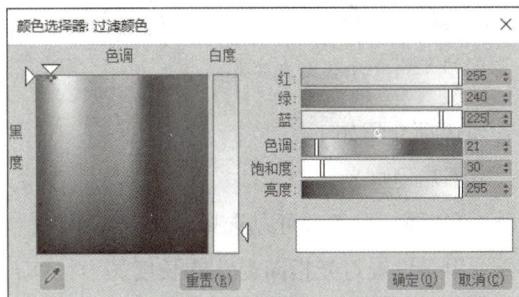

图 7-32　灯光颜色设置

步骤08 渲染摄影机视口，射灯效果如图7-33所示。

步骤09 向两侧实例复制灯光并调整位置，渲染，最终效果如图7-34所示。

图 7-33 射灯效果

图 7-34 复制射灯、调整位置并渲染

7.3 VRay光源系统

　　VRay光源是一种基于VRay渲染器的专属灯光类型，包括VRay灯光、VRayIES、VRay环境光、VRay太阳光4种类型、每种类型都有其独特的应用场景和特性。与标准灯光相比，VRay光源具有更高的渲染质量和更真实的光照效果。

■ 7.3.1 VRay灯光

　　VRay灯光是VRay渲染器自带的灯光之一，其使用频率比较高。VRay灯光默认的光源形状为具有指向的矩形光源，如图7-35所示。VRay灯光的参数卷展栏如图7-36所示。

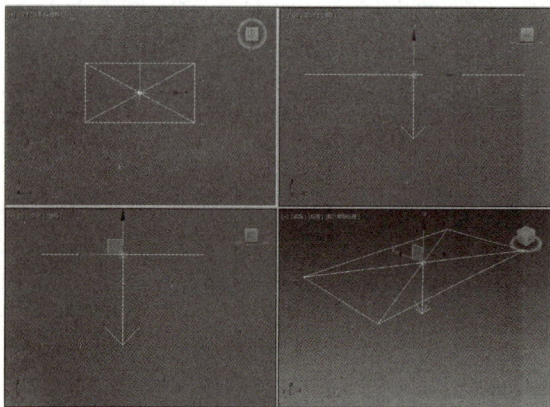

图 7-35 VRay 灯光效果

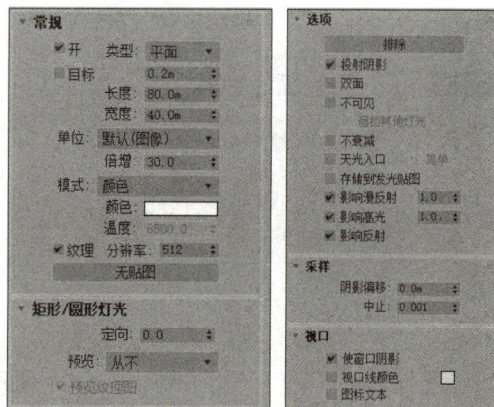

图 7-36 VRay 灯光的参数卷展栏

　　其中常用选项介绍如下：

- **开**：用于启用灯光。
- **类型**：有5种灯光类型可以选择，分别为平面、穹顶、球体、网格、圆形。
- **目标**：用于设置灯光指向箭头的长度。
- **长度**：用于设置光源的长度。

- **宽度**：用于设置光源的宽度。
- **单位**：是指灯光亮度的计量单位，包括默认（图像）、发光功率、亮度、辐射功率和辐射度5种单位类型。
- **倍增**：用于控制光照的强弱。
- **模式**：可以选择颜色或者色温。
- **颜色**：用于设置光源发光的颜色。
- **温度**：用于光源的温度控制。温度越高，光源越亮。
- **纹理**：用于为灯光添加纹理贴图。
- **投射阴影**：用于控制灯光是否投射阴影，默认为启用。
- **双面**：用于控制是否在光源的两面都产生灯光效果。
- **不可见**：用于控制是否在渲染时显示VRay灯光的形状。
- **不衰减**：选择该复选框后，灯光强度将不随距离而减弱。
- **天光入口**：选择该复选框后，将VRay灯光转换为天光。
- **存储到发光贴图**：选择该复选框后，可以为发光贴图命名并指定路径，以保存VRay灯光的光照信息。
- **影响漫反射**：用于控制灯光是否影响材质属性的漫反射。
- **影响高光**：用于控制灯光是否影响材质属性的高光。
- **影响反射**：用于控制灯光是否影响材质属性的反射。
- **阴影偏移**：用于控制对象与阴影的偏移距离。

下面通过简单的场景测试来对VRay灯光的一些重要参数进行说明。图7-37所示为灯光测试场景。

图 7-37　灯光测试场景

渲染场景，图7-38和图7-39所示为未选择"双面"复选框和选择"双面"复选框的对比效果。

图 7-38　未选择"双面"复选框效果

图 7-39　选择"双面"复选框效果

图7-40和图7-41所示为未选择"不可见"复选框和选择"不可见"复选框的对比效果。

图 7-40　未选择"不可见"复选框效果

图 7-41　选择"不可见"复选框效果

图7-42和图7-43所示为未选择"不衰减"复选框和选择"不衰减"复选框的对比效果。选择该复选框后，光线没有衰减，整个场景非常明亮且不真实。

图 7-42　未选择"不衰减"复选框效果

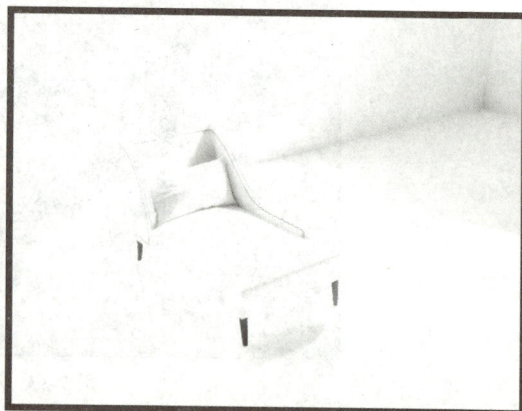

图 7-43　选择"不衰减"复选框效果

■7.3.2 VRayIES

VRayIES是室内设计中常用到的灯光，效果如图7-51所示。VRayIES是VRay渲染器提供的用于添加IES光域网文件的光源。如果选择了光域网文件（*.IES），在渲染过程中光源的照明就会按照选择的光域网文件中的信息来表现，从而可以制作出普通照明无法做到的散射、多层反射、日光灯等效果。

VRayIES效果和"VRayIES参数"卷展栏如图7-44和图7-45所示，其中参数与VRay灯光类似。

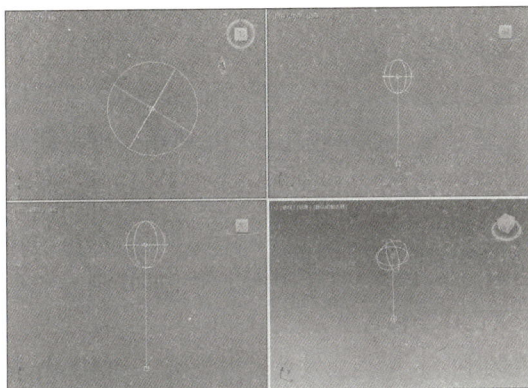

图 7-44　VRayIES 效果

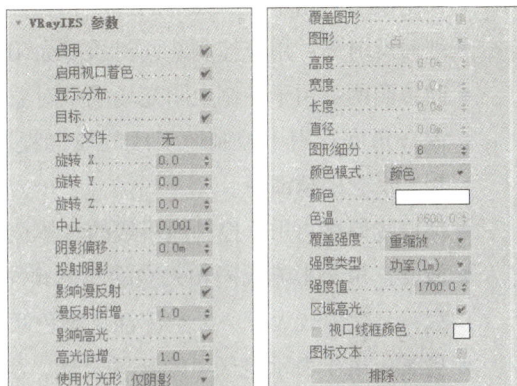

图 7-45　"VRayIES 参数"卷展栏

■7.3.3 VRay太阳光

使用VRay太阳光可以模拟物理世界中真实阳光的效果，阳光的变化会随着VRay太阳光位置的变化而变化。

VRay太阳光在创建时会自动弹出添加环境贴图提示框，如图7-46所示。VRay太阳光参数卷展栏如图7-47所示。

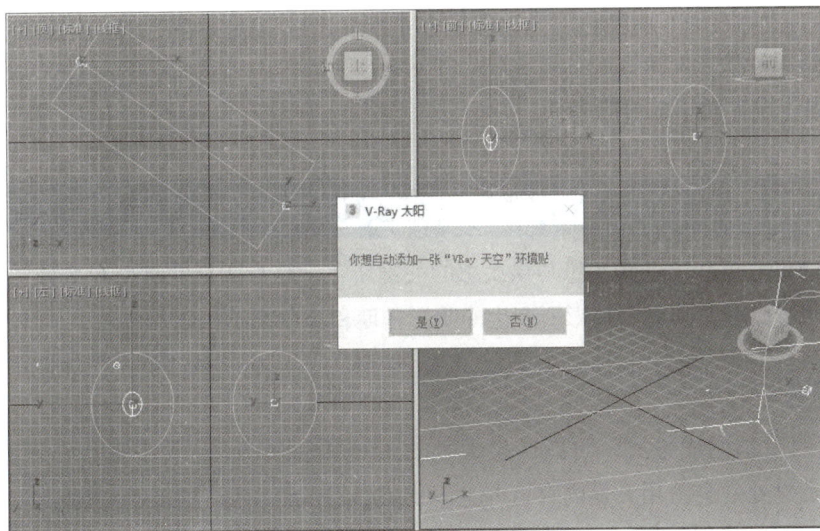

图 7-46　创建 VRay 太阳光时的提示框

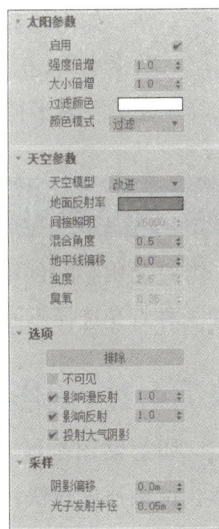

图 7-47　"太阳参数"卷展栏

其中常用选项介绍如下：

- **启用**：用于启用VRay太阳光。
- **强度倍增**：用于控制太阳光的强度。
- **大小倍增**：是指太阳的体积或影响范围，主要影响太阳阴影的虚实程度。数值较大时，太阳阴影会相对模糊；数值较小时，太阳阴影会相对清晰。
- **过滤颜色**：用于自定义太阳光的颜色。
- **颜色模式**：通过过滤、直射、覆盖3种模式来控制太阳光的颜色。
- **天空模型**：用于定义天空的外观和属性，从而影响场景中的间接光照和反射效果。
- **地面反射率**：用于控制地面材质对太阳光的反射程度。
- **间接照明**：用于控制太阳光场景中对象的间接光照效果。
- **混合角度**：用于控制地平线的模糊程度。数值越高，地平线在渲染结果中表现得越模糊，反之则越清晰。
- **地平线偏移**：用于控制地平线的具体位置。
- **浊度**：用于影响太阳和天空的颜色倾向。当数值较小时，天空晴朗干净，颜色倾向于蓝色；当数值较大时，天空浑浊，颜色倾向于黄色甚至橘黄色。
- **臭氧**：用于表示空气中的氧气含量。当数值较小时，阳光会发黄；当数值较大时，阳光会发蓝。
- **不可见**：用于控制在渲染时，太阳的形状或光源轮廓不显示在图像中，但仍然会对场景中的对象产生光照和阴影效果。
- **影响漫反射**：用于控制太阳光对场景中对象漫反射部分是否有影响。
- **影响反射**：用于控制太阳光是否对场景中的对象产生反射效果。
- **投射大气阴影**：用于控制太阳光是否会在大气中投射阴影。
- **阴影偏移**：用于控制对象与阴影的偏移距离。当数值较大时，会使阴影向灯光的方向偏移。如果该数值为1.0，阴影无偏移；如果该数值大于1.0，阴影远离投影对象；如果该数值小于1.0，阴影靠近投影对象。
- **光子发射半径**：用于设置光子放射的半径。

7.4　灯光阴影类型

灯光阴影的创建与调整是提升场景真实感与层次感的关键所在。灯光阴影的类型有多种，同一种灯光选择不同的阴影类型，其对象投影所产生的阴影密度和颜色都不相同。

■7.4.1　阴影贴图

阴影贴图是最常用的阴影生成方式，可以产生柔和的阴影，渲染速度较快；不足之处是会占用大量内存，并且不支持透明或半透明对象产生阴影。使用阴影贴图，会显示如图7-48所示的"阴影贴图参数"卷展栏。

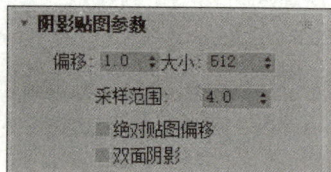

图 7-48　"阴影贴图参数"卷展栏

该卷展栏中相关选项介绍如下：

- **偏移**：位图偏移面向或背离阴影投射对象移动阴影。
- **大小**：设置用于计算灯光的阴影贴图大小。
- **采样范围**：用于确定阴影区域的平均值，它将影响柔和阴影边缘的程度。范围为0.01～50.0。
- **绝对贴图偏移**：选择该复选框后，阴影贴图的偏移未标准化，以绝对方式计算阴影贴图偏移量。
- **双面阴影**：选择该复选框后，计算阴影时背面将不被忽略。

7.4.2 区域阴影

所有类型的灯光都可以使用"区域阴影"参数。创建区域阴影，需要指定为"虚设"区域阴影创建的虚拟灯光的尺寸。使用"区域阴影"后会显示相应的参数卷展栏，如图7-49所示，在其中可以选择产生阴影的灯光类型并设置阴影参数。

该卷展栏相关选项介绍如下：

- **基本选项**：在该选项组中可以选择生成区域阴影的方式，包括简单、长方形灯光、圆形灯光、长方体形灯光、球形灯光。
- **阴影完整性**：用于设置在初始光束投射中的光线数。
- **阴影质量**：用于设置在半影（柔化区域）区域中投射的光线总数。

图 7-49 "区域阴影"卷展栏

- **采样扩散**：用于设置模糊抗锯齿边缘的半径。
- **阴影偏移**：用于控制对象与阴影之间的最小距离以便投射阴影。
- **抖动量**：用于向光线位置添加随机性。
- **区域灯光尺寸**：该选项组提供尺寸参数来计算区域阴影，该组参数并不影响实际的灯光对象。

7.4.3 光线跟踪阴影

使用"光线跟踪阴影"功能可以支持透明度和不透明度贴图，以产生清晰的阴影。但该阴影类型的渲染计算速度较慢，不支持柔和的阴影效果。选择"光线跟踪阴影"选项后，会显示相应的卷展栏，如图7-50所示。

该卷展栏相关选项介绍如下：

图 7-50 "光线跟踪阴影参数"卷展栏

- **光线偏移**：用于设置光线跟踪偏移，将阴影面向或背离阴影投射对象移动相应距离。
- **双面阴影**：选择该复选框，计算阴影时其背面将不被忽略。
- **最大四元树深度**：用于调整四元树的深度。增大四元树深度值可以缩短光线跟踪时间，但要占用大量的内存空间。四元树是一种用于计算光线跟踪阴影的数据结构。

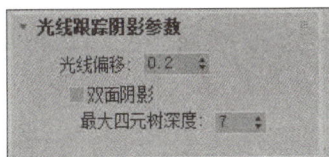

■7.4.4 VRay阴影

在3ds Max标准灯光中，VRay阴影是其中一种阴影模式。在室内外场景的渲染过程中，通常是将3ds Max的灯光设置为主光源，配合VRay阴影进行制作，这是因为VRay阴影产生的模糊阴影的计算速度要比其他类型阴影的计算速度快。

选择"VRay阴影"选项后，会显示相应的卷展栏，如图7-51所示。该卷展栏相关选项介绍如下：

- **透明阴影**：当阴影是由透明对象产生时，该选项十分有用。
- **偏移**：为顶点的光线追踪阴影偏移。
- **区域阴影**：用于打开或关闭阴影。
- **长方体**：用于假设光线是由一个长方体发出的。
- **球体**：用于假设光线是由一个球体发出的。
- **细分**：用于控制阴影的质量和精度。数值越大，生成的

阴影边缘就越平滑、噪点越少，但同时计算量和渲染时间也会增加。

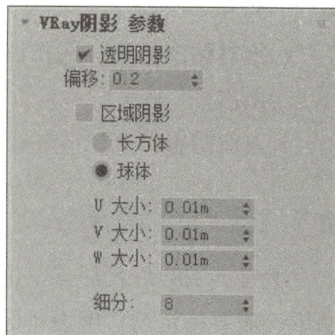

图 7-51 "VRay 阴影参数"卷展栏

7.5 课堂演练：完善书房场景效果

本课堂演练将结合本章所学知识点来为书房场景创建室内和室外光源，以完善书房场景效果的制作。在创建过程中涉及的灯光类型有VRay灯光、目标平行光。下面介绍具体的操作方法。

扫码观看视频

步骤01 打开场景文件，如图7-52所示。

步骤02 渲染摄影机视口，可以看到书房内比较暗，如图7-53所示。

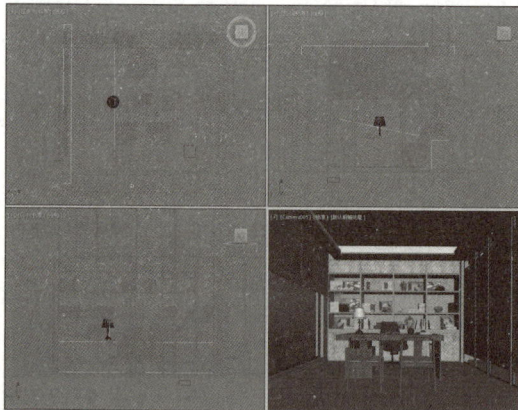

图 7-52 打开场景文件

图 7-53 渲染摄影机视口

步骤03 在透视视口中创建一盏VRay灯光，调整灯光位置到吊顶灯槽里，如图7-54所示。

步骤04 按住Shift键拖动灯光进行实例复制，调整灯光的位置，并使用选择并均匀缩放工具调整长度，如图7-55所示。

图 7-54 添加 VRay 灯光

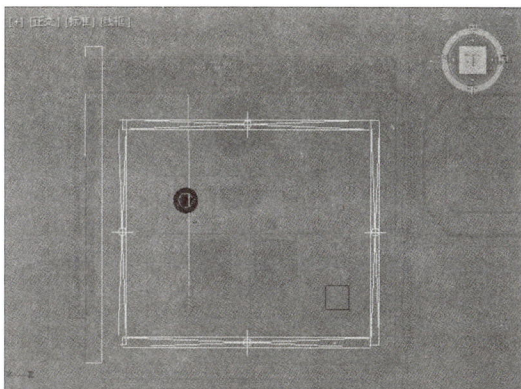

图 7-55 复制并调整灯光

步骤 05 渲染摄影机视口，效果如图7-56所示，可以看到灯光过亮。

步骤 06 选中创建的灯光，在参数卷展栏中调整灯光参数，如图7-57所示。

图 7-56 渲染摄影机视口1

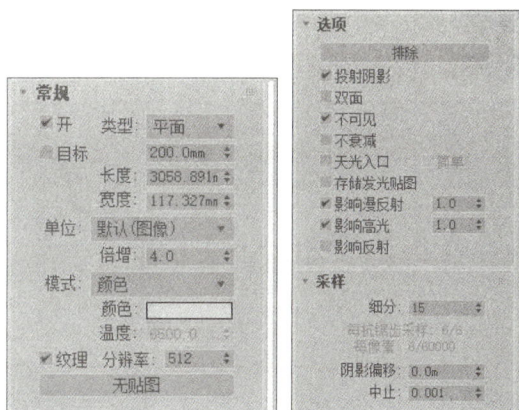

图 7-57 调整灯光参数

步骤 07 单击颜色右侧的色块，设置灯光颜色，如图7-58所示。

步骤 08 再次渲染摄影机视口，如图7-59所示。

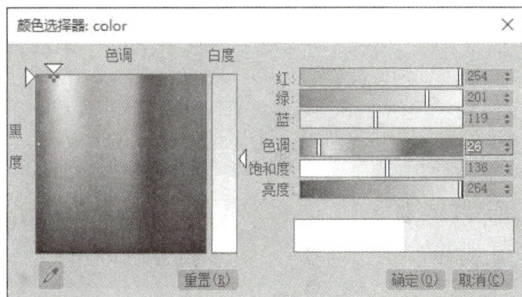

图 7-58 设置灯光颜色

图 7-59 渲染摄影机视口2

步骤09 复制灯光到书柜槽，旋转灯光的方向，调整灯光的尺寸、强度等参数，如图7-60和图7-61所示。

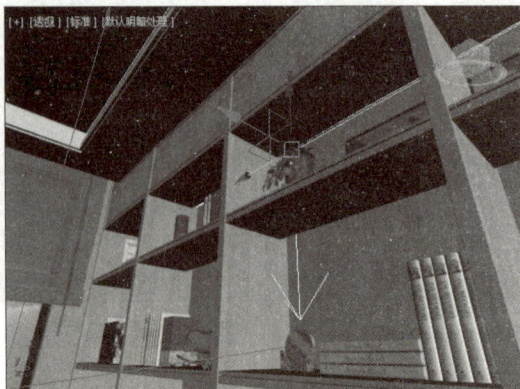

图 7-60　复制灯光

图 7-61　调整灯光参数

步骤10 实例复制灯光，调整灯光位置，如图7-62所示。

步骤11 渲染摄影机视口，效果如图7-63所示。

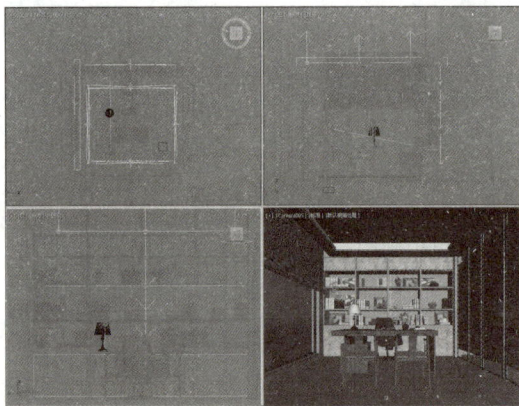

图 7-62　复制并调整灯光位置

图 7-63　渲染摄影机视口

步骤12 创建VRay灯光，设置灯光类型为"球体"，将其作为台灯光源，通过多个视口调整灯光的位置，如图7-64所示。

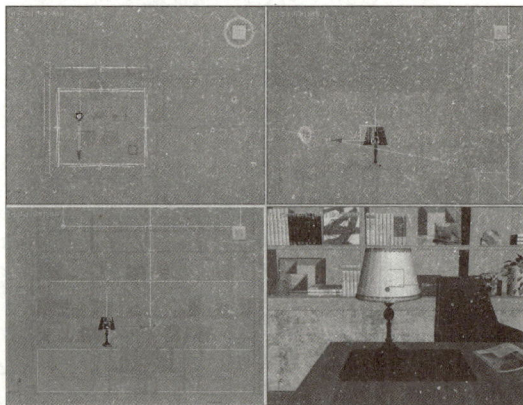

图 7-64　创建台灯光源

步骤13 渲染场景，效果如图7-65所示。

步骤14 在参数卷展栏中调整灯光参数，如图7-66所示。

图 7-65 渲染摄影机视口1

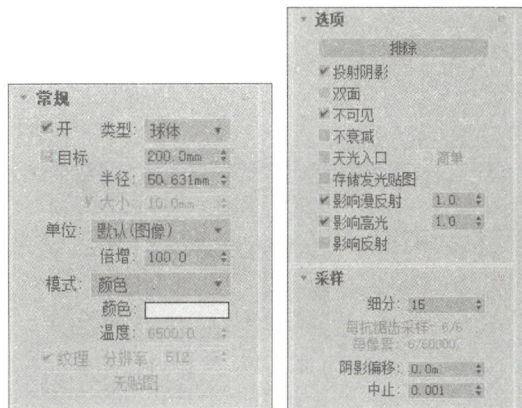

图 7-66 调整灯光参数

步骤15 单击颜色右侧的色块，设置灯光颜色，如图7-67所示。

步骤16 再次渲染摄影机视口，效果如图7-68所示，这时的光源效果较为柔和。

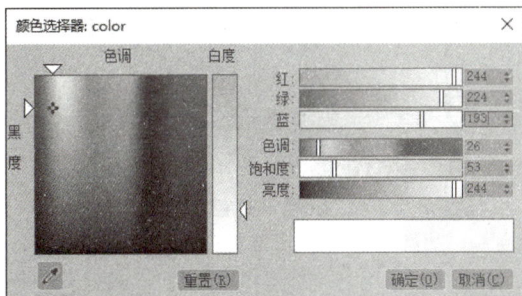

图 7-67 设置灯光颜色

图 7-68 渲染摄影机视口2

步骤17 创建一盏目标平行光，并通过多个视口调整平行光的射入角度，如图7-69所示。

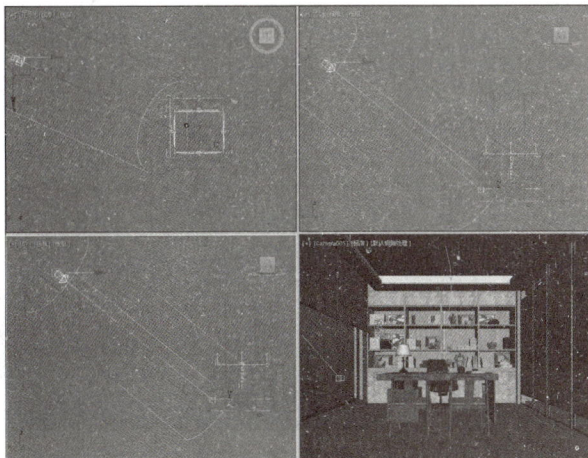

图 7-69 添加目标平行光

步骤18 在"常规参数"卷展栏中启用阴影，设置阴影类型为"VRay阴影"，如图7-70所示。

步骤19 在"强度/颜色/衰减"卷展栏中设置光源的强度、颜色等参数，如图7-71所示。

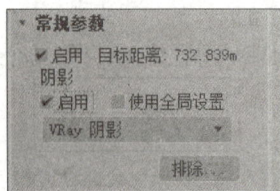

图 7-70　设置 VRay 阴影　　　图 7-71　设置光源的强度和颜色等参数

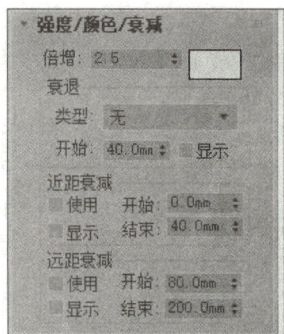

步骤20 单击"倍增"右侧的色块，设置颜色如图7-72所示。

步骤21 在"VRay阴影参数"卷展栏勾选"区域阴影"复选框，并设置阴影大小和细分，如图7-73所示。

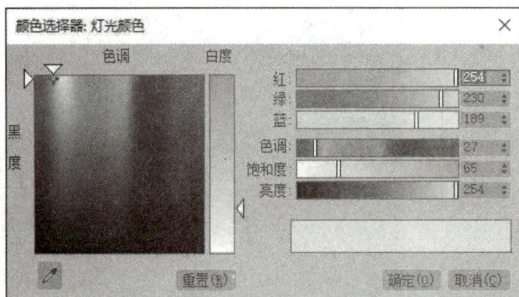

图 7-72　设置灯光颜色　　　　图 7-73　设置阴影参数

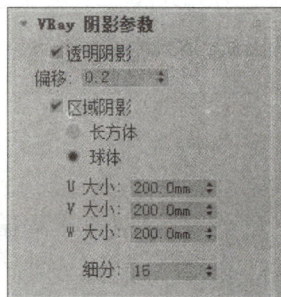

步骤22 创建一个VRay灯光并调整其位置，用来模拟室外环境光对室内的影响，如图7-74所示。

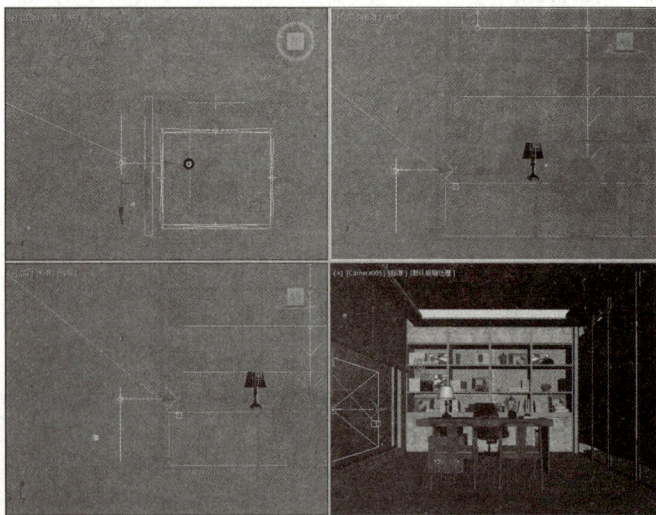

图 7-74　模拟室外环境光

步骤 23 设置灯光参数，如图7-75所示。

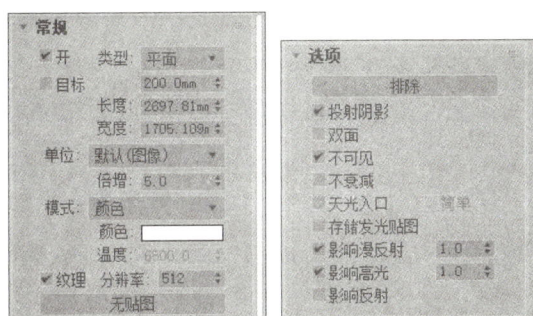

图 7-75 设置灯光参数

步骤 24 创建一个VRay灯光并调整其位置，设置灯光强度为4，作为室内补光，如图7-76所示。

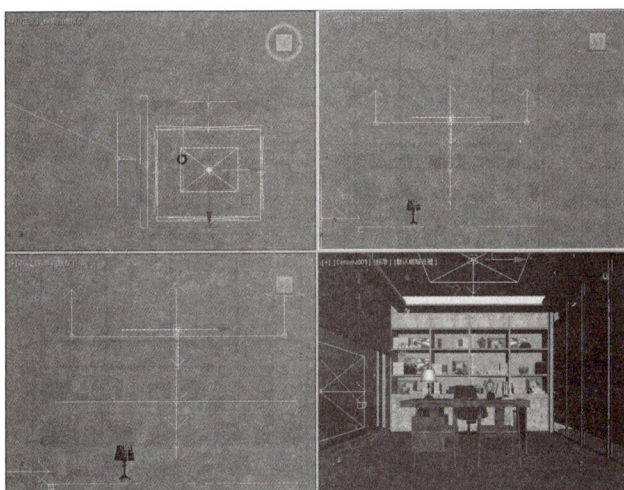

图 7-76 设置室内补光

步骤 25 再次渲染摄影机视口，效果如图7-77所示。

图 7-77 渲染摄影机视口效果

课后作业

一、选择题

1. 在光度学灯光中，可以载入光域网文件的是（　　）灯光分布类型。

A. 统一球形
B. 聚光灯
C. 光度学Web
D. 统一漫反射

2. 以下不能产生阴影的灯光是（　　）。

A. 泛光
B. 自由平行光
C. 目标聚光灯
D. 天光

3. 下列不属于3ds Max默认灯光类型的是（　　）。

A. 泛光
B. 目标聚光灯
C. 自由平行光
D. VRay太阳光

二、填空题

1. VRay光源包括＿＿＿＿＿＿、＿＿＿＿＿＿、＿＿＿＿＿＿和＿＿＿＿＿4种类型。

2. 要使场景中产生阴影，必须有＿＿＿＿＿、＿＿＿＿＿和＿＿＿＿＿。

3. 除了3ds Max自带的光度学灯光可以结合光域网使用，加载VRay插件后，＿＿＿＿＿＿也可以使用光域网。

三、操作题

利用VRay灯光系统模拟台灯光照效果，如图7-78所示。

图 7-78　模拟台灯光照效果

操作提示

步骤 01 创建一盏球形的VRay灯光，设置灯光半径并将其调整到台灯的中心位置。

步骤 02 设置灯光强度、颜色及其他参数。

第8章

渲染与 VRay 渲染器

内容概要

渲染是创建模型的最后一步，也是不可缺少的一步。了解一些渲染器的类型和渲染设置技巧，可以提升模型渲染的质量。本章将以 VRay 渲染器为主，介绍 3ds Max 渲染功能的设置与应用。

数字资源

【本章素材】："素材文件\第8章"目录下

【本章课堂演练最终文件】："素材文件\第8章\课堂演练"目录下

8.1 渲染基础

渲染是将三维模型转换为真实图像或动画的技术处理过程。一般情况下，只需选择渲染器，并按照要求设置渲染的相关参数，即可进行渲染操作。本节将介绍各种常见的渲染器，以及渲染器基本的设置操作。

■ 8.1.1 认识渲染器

使用Photoshop制作作品时，可以实时看到最终效果；而3ds Max由于是三维软件，对系统的要求较高，无法承受实时预览，这时就需要一个渲染步骤才能看到最终效果。当然渲染不仅仅是单击渲染这么简单，还需要适当的参数设置，使渲染的速度和质量都达到要求。

■ 8.1.2 渲染器类型

渲染器的类型很多，3ds Max自带多种渲染器，包括扫描线渲染器、Arnold渲染器、ART渲染器、Quicksilver硬件渲染器和VUE文件渲染器等。除此之外，还有很多外置的渲染器插件，如VRay渲染器等。

执行"渲染">"渲染设置"命令，打开"渲染设置"面板。单击"渲染器"下拉按钮，即可在展开的下拉列表中选择渲染器，如图8-1所示。

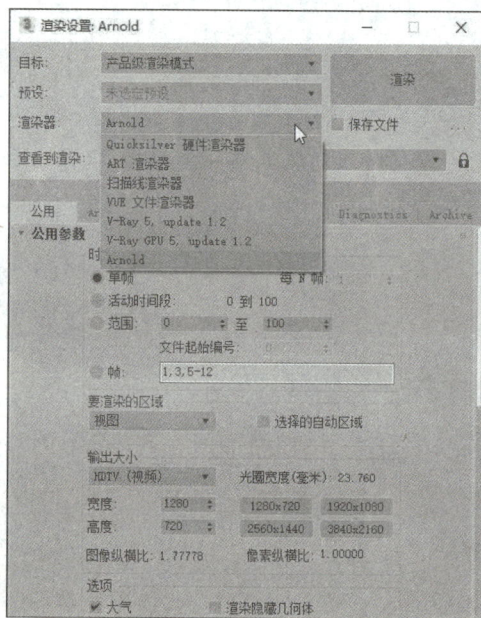

图 8-1　选择渲染器类型

下面对各渲染器进行介绍。

1. Quicksilver硬件渲染器

Quicksilver硬件渲染器使用图形硬件生成渲染，其优点是速度快。默认设置提供快速渲染。

2. ART渲染器

ART渲染器可以为任意三维空间工程提供基于硬件的灯光现实仿真技术，各部分独立，互不影响，实时预览功能强大，支持尺寸和DPI格式。

3. 扫描线渲染器

默认情况下，通过"渲染场景"对话框或者Video Post渲染场景时，可以使用扫描线渲染器。扫描线渲染器是一种多功能渲染器，可以将场景渲染为从上到下生成的一系列扫描线。扫描线渲染器的渲染速度是最快的，但是真实度一般。

4. VUE文件渲染器

VUE文件渲染器可以创建VUE（.vue）文件。VUE文件使用可编辑ASCII格式。

5. VRay渲染器

VRay渲染器是渲染效果相对比较优质的渲染器，也是本章重点讲解的渲染器。

6. Arnold渲染器

Arnold渲染器是基于物理算法的电影级别渲染引擎，支持平滑的抗锯齿、运动模糊、景深等功能。

■8.1.3　渲染帧窗口

3ds Max渲染操作是通过渲染帧窗口来查看和编辑渲染结果的。要渲染的区域设置也在渲染帧窗口中，如图8-2所示。

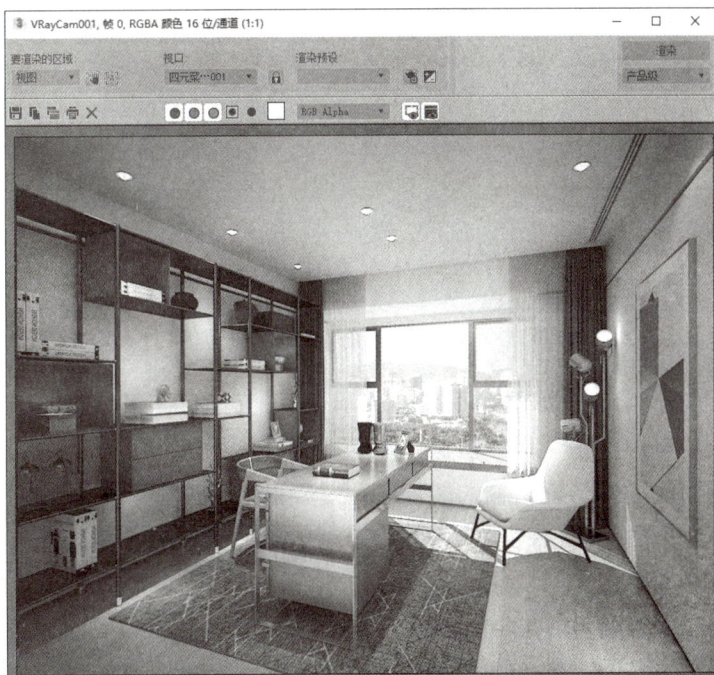

图 8-2　渲染帧窗口

主要的按钮功能介绍如下：

- **保存图像**：单击该按钮，可保存在渲染帧窗口中显示的渲染图像。
- **复制图像**：单击该按钮，可将渲染图像复制到系统后台的剪贴板中。
- **克隆渲染帧窗口**：单击该按钮，可创建另一个包含显示图像的渲染帧窗口。
- **打印图像**：单击该按钮，可调用系统打印机打印当前渲染图像。

- **清除**⊠：单击该按钮，可将渲染图像从渲染帧窗口中删除。
- **颜色通道**●●●●●：该组按钮用于控制红、绿、蓝，以及单色和灰色等颜色通道的显示。
- **切换UI叠加**▢：激活该按钮，当使用渲染范围类型时，可以在渲染帧窗口中渲染范围框。
- **切换UI**▣：激活该按钮，将显示渲染类型、视口选择等功能面板。

实例 保存客厅一角场景效果

模型渲染完毕，可通过渲染帧窗口将渲染效果进行保存。下面以保存客厅一角场景效果为例，介绍具体的保存方法。

步骤01 打开场景文件，如图8-3所示。

图 8-3　打开场景文件

步骤02 渲染摄影机视口，效果如图8-4所示。

步骤03 在渲染帧窗口中单击"保存图像"按钮，打开"保存图像"对话框，输入图像名称，设置保存类型为"PNG图像文件"，并指定存储路径，如图8-5所示。

步骤04 单击"保存"按钮，打开"PNG配置"对话框，设置颜色模式，单击"确定"按钮关闭对话框即可将图像保存，如图8-6所示。

图 8-4　渲染摄影机视口

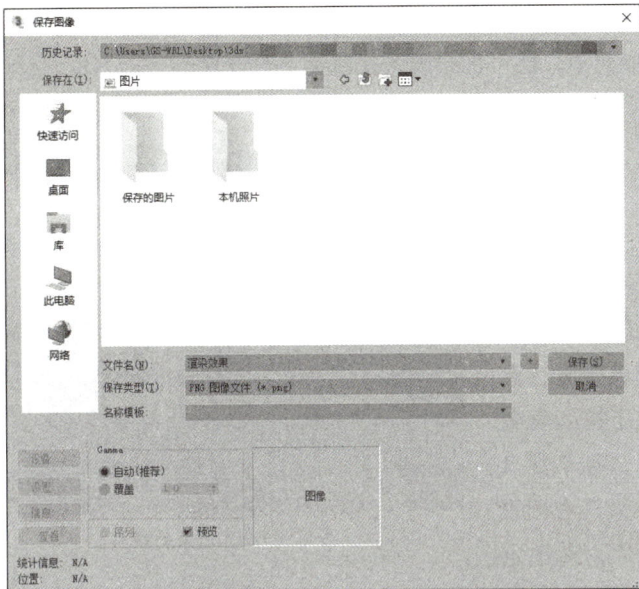

图 8-5 保存图像

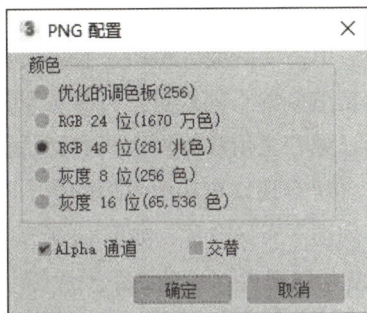

图 8-6 设置颜色模式

8.2 VRay渲染器

VRay渲染器是3ds Max常用的渲染器插件之一。它渲染速度快、渲染质量高,被大多数行业设计师所认同。本节将对该渲染器中的重要参数进行介绍。

> ❗ 提示:使用VRay渲染器渲染场景,需要同时使用VRay的灯光和材质,才能达到理想效果。

■8.2.1 控制选项

在"渲染设置"面板(如图8-1所示)的顶部有一些控制选项,如目标、预设、渲染器和查看到渲染等,可应用于所有渲染器。具体介绍如下:

1. 目标

该下拉列表框用于选择不同的渲染选项,如图8-7所示。

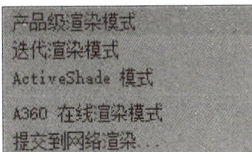

图 8-7 渲染目标选项

- **产品级渲染模式**:默认设置。当处于活动状态时,单击"渲染"按钮可使用产品级渲染模式。
- **迭代渲染模式**:当处于活动状态时,单击"渲染"按钮可使用迭代模式。
- **ActiveShade模式**:当处于活动状态时,单击"渲染"按钮可使用ActiveShade模式。
- **A360在线渲染模式**:用于打开A360云渲染的控制选项。
- **提交到网络渲染**:将当前场景提交到网络渲染。选择该选项后,3ds Max将打开"网络作业分配"对话框。此选择不影响"渲染"按钮本身的状态,仍可以使用"渲染"按钮启动产品级、迭代或ActiveShade渲染模式。

2. 预设

该下拉列表框用于选择预设渲染参数集，还可加载或保存渲染参数设置。

3. 渲染器

该下拉列表框用于选择处于活动状态的渲染器，这是使用"指定渲染器"卷展栏的一种替代方法。

4. 查看到渲染

单击"渲染"按钮，将显示渲染的视口。要指定渲染的不同视口，可从该下拉列表中进行选择，或在主用户界面中将其激活。该下拉列表中包含所有视口布局中可用的所有视口，每个视口都列出了布局名称，如图8-8所示。如果其右侧的"锁定到视口"按钮🔒处于激活状态时，会锁定

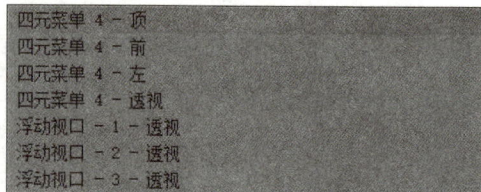

图 8-8　设置渲染的视口

"查看到渲染"列表中选定的视口，从而可以调整其他视口中的场景（这些视口在使用时处于活动状态），然后单击"渲染"按钮即可渲染最初选择的视口；处于关闭状态时，单击"渲染"按钮将始终渲染活动视口。

■8.2.2　帧缓存区

"帧缓存区"卷展栏主要用于设置V-Ray自身的图形帧渲染窗口，可以设置渲染图的大小和保存渲染图形。该参数卷展栏如图8-9所示，其主要选项介绍如下：

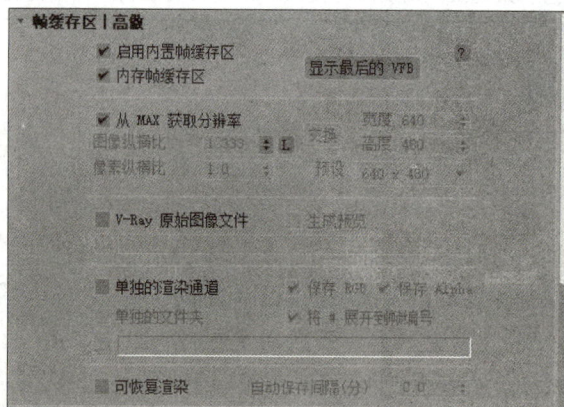

图 8-9　"帧缓存区"卷展栏

- **启用内置帧缓存区**：选择该复选框时，可以使用V-Ray自身的渲染窗口。要注意，应该将3ds Max默认的渲染窗口关闭，即取消选择"公用参数"卷展栏中的"渲染帧窗口"复选框。
- **内存帧缓存区**：选择该复选框，软件将显示V-Ray帧缓冲器；取消选择该复选框，则不显示。

- **显示最后的VFB**：单击该按钮，可以看到上次渲染的图形。
- **从MAX获取分辨率**：选择该复选框，渲染输出的图像将设置为3ds Max默认的尺寸大小。
- **V-Ray原始图像文件**：选择该复选框，V-Ray渲染器将图像渲染为IMG格式的文件。
- **单独的渲染通道**：选择该复选框，可以保存RGB图像通道或Alpha通道。
- **可恢复渲染**：选择该复选框，可以自动保存渲染的文件。

■8.2.3 全局开关

"全局开关"卷展栏主要用于对场景中的灯光、材质、置换等进行全局设置。该卷展栏包括"默认""高级""专家"3种显示模式，以方便不同级别的用户使用。单击"默认"按钮即可进行模式切换，如图8-10～图8-12所示。

图 8-10 "默认"模式

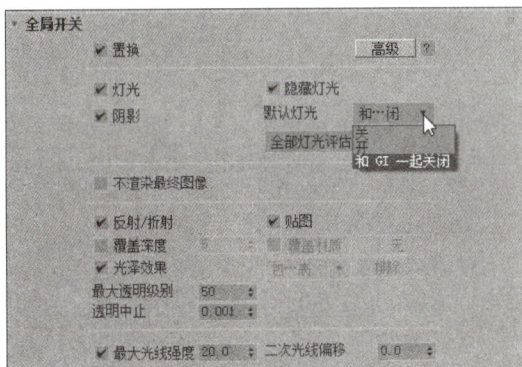

图 8-11 "高级"模式

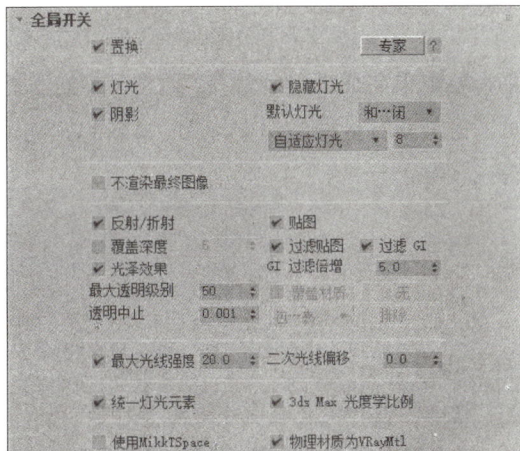

图 8-12 "专家"模式

下面以"高级"模式卷展栏为例，对其重要参数进行介绍。

- **置换**：用于控制场景中的置换效果是否打开。在V-Ray渲染器的置换系统中有两种置换方式，一种是材质的置换，另一种是V-Ray修改器的置换。当取消选择该复选框后，场景中的这两种置换都不会有效果。
- **灯光**：选择该复选框后，V-Ray渲染器将渲染场景的光影效果，反之则不渲染。默认为选中状态。
- **阴影**：用于控制场景是否产生投影。
- **隐藏灯光**：用于控制场景是否允许隐藏的灯光产生照明。
- **默认灯光**：选择"开"选项时，V-Ray会对软件默认提供的灯光进行渲染；选择"和GI一起关闭"选项时，则不渲染。
- **不渲染最终图像**：选择该复选框后，系统将不会渲染最终效果。

- **反射/折射**：用于控制是否启用场景中材质的反射和折射效果。
- **贴图**：取消选择该复选框后，模型不显示贴图，只显示漫反射通道内的颜色。
- **覆盖深度**：用于控制整个场景中反射和折射的最大深度，其右侧输入框中的数值表示反射、折射的次数。
- **光泽效果**：用于控制是否启用反射或折射的模糊效果。
- **覆盖材质**：用于控制是否为场景赋予全局材质。单击右侧按钮，选择一个材质后，场景中的所有对象都将使用该材质渲染。在测试灯光时，这个选项非常有用。
- **最大透明级别**：用于控制透明材质被光线追踪的最大深度。数值越大，效果越好，速度越慢。
- **最大光线强度**：用于控制最大光线的强度。
- **二次光线偏移**：用于设置光线在发生二次反弹（即光线从一个表面反射或折射到另一个表面）时的偏移距离。

■8.2.4 图像采样器

在VRay渲染器中，图像采样器（抗锯齿）是指采样和过滤的一种算法，可以产生最终的像素数组来完成图形的渲染。VRay渲染器提供了几种不同的采样算法，尽管会增加渲染时间，但是所有采样器都支持3ds Max的抗锯齿过滤算法。"图像采样器（抗锯齿）"卷展栏如图8-13所示。

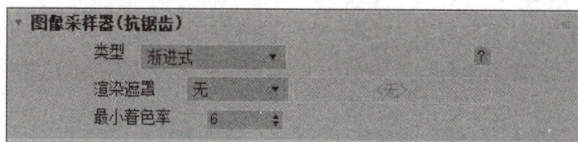

图 8-13 "图像采样器（抗锯齿）"卷展栏

卷展栏中的相关选项介绍如下：

- **类型**：用于设置图像采样器的类型，包括渲染块和渐进式。
- **渲染遮罩**：允许定义计算图像的像素，其余像素不变。
- **最小着色率**：允许控制投射光线的抗锯齿数和其他效果，如光泽反射、全局照明、区域阴影等。

将图像采样器的"类型"设置为"渐进式"后，会显示"渐进式图像采集器"卷展栏，如图8-14所示。

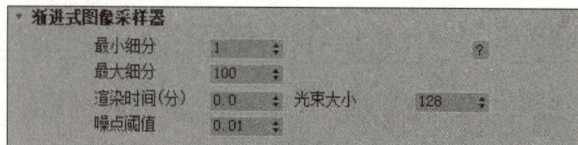

图 8-14 "渐进式图像采样器"卷展栏

该卷展栏中的主要选项介绍如下：

- **最小细分**：默认数值为1，一般情况下很少需要设置该数值小于1，除非有一些细小的线条无法正确表现。

- **最大细分**：默认数值为100，通常设置为24即可。使用黑色背景、具有非常强烈的运动模糊时可增大该数值。
- **渲染时间（分）**：用于控制渲染的最长时间。
- **噪点阈值**：默认数值为0.01。数值越小，噪波越小。较小的阈值会使图像看起来更干净，但也需要更长的时间。
- **光束大小**：默认数值为128。

将图像采样器的"类型"设置为"渲染块"后，会显示"渲染块图像采集器"卷展栏，如图8-15所示。该类型的独有属性包括渲染块宽度和渲染块高度，用于确定渲染块的大小，其他属性与渐进式图像采样器相同。

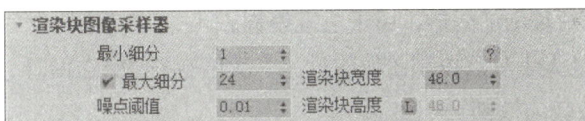

图 8-15 "渲染块图像采集器"卷展栏

■8.2.5 图像过滤器

图像过滤器可以平滑渲染模型时产生的对角线或弯曲线条的锯齿状边缘。在最终渲染和需要保证图像质量的样图渲染时，都需要选择该复选框。"图像过滤器"卷展栏如图8-16所示。

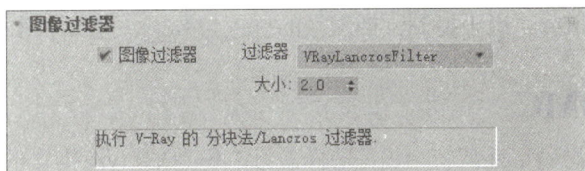

图 8-16 "图像过滤器"卷展栏

该卷展栏中的主要选项介绍如下：

- **图像过滤器**：用于启用渲染场景的图像过滤器。
- **过滤器**：提供图像过滤器可供选择的类型。
- **大小**：用于设置过滤器的大小。

3ds Max提供多种图像过滤器，如图8-17所示。

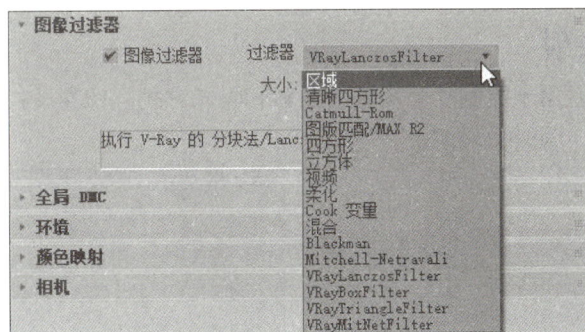

图 8-17 过滤器的类型

下面对一些常用渲染器进行介绍。

- **区域**：通过模糊边缘来达到抗锯齿效果。
- **清晰四方形**：来自Nesion Max的清晰9像素重组过滤器。
- **Catmull-Rom**：具有轻微边缘增强效果的25像素重组过滤器。
- **图版匹配/MAX R2**：使用3ds Max R2.x的方法（无贴图过滤），将摄影机和场景或无光/投影元素与未过滤的背景图像相匹配。
- **四方形**：基于四方形样条线的9像素模糊过滤器。
- **立方体**：基于立方体样条线的25像素模糊过滤器。
- **视频**：针对NTSC和PAL视频应用程序进行优化的25像素模糊过滤器。
- **柔化**：可调整高斯柔化过滤器，用于适度模糊。
- **Cook变量**：通过大小参数控制图像的过滤。数值在1～2.5之间时，图像较为清晰；数值大于2.5后，图像较为模糊。
- **混合**：在清晰区域和高斯柔化过滤器之间混合。
- **Blackman**：清晰但没有边缘增强效果的25像素过滤器。
- **Mitchell-Netravali**：两个参数的过滤器，在模糊、圆环化和各向异性之间交替使用。
- **VRayLanczosFilter**：可以很好地平衡渲染速度和渲染质量。
- **VRayBoxFilter/VRayTriangleFilter**：以盒子和三角形的方式进行抗锯齿。
- **VRayMitNetFilter**：用于控制渲染图像的抗锯齿效果，提供平滑和清晰的图像输出。

■8.2.6 全局DMC

"全局 DMC"（全局确定性蒙特卡洛）采样器可以说是VRay渲染器的核心，用于处理全局照明和间接照明的计算，通过优化的采样策略来减少渲染结果中的噪点。噪点通常出现在图像较暗或者光照复杂、样本不足的地方，表现为随机分布的彩色像素点。"全局 DMC"卷展栏如图8-18所示，其中，"锁定噪点图案"复选框用于控制渲染过程中噪点的生成和表现方式。选择该复选框，VRay会确保在动画渲染或多次渲染同一场景时，帧与帧之间的噪点模式保持一致性，使动画变得平滑、连贯。

图 8-18 "全局 DMC"卷展栏

■8.2.7 颜色映射

"颜色映射"卷展栏用于控制整个场景的色彩和曝光方式。该卷展栏包括"默认"和"高级"两种模式，如图8-19和图8-20所示。

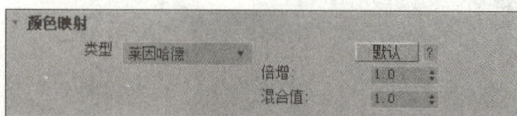

图 8-19 "默认"模式

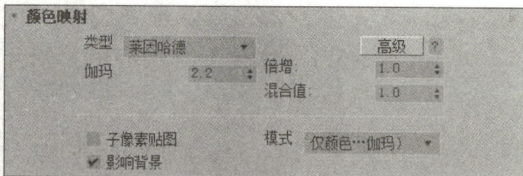

图 8-20 "高级"模式

以"高级"模式为主，对卷展栏中的相关选项进行介绍。

- **类型**：提供了线性倍增、指数、HSV指数、强度指数、伽马校正、强度伽马、莱因哈德7种颜色映射类型。
- **子像素贴图**：选择该复选框后，对象高光区与非高光区的界限处不会有明显的黑边。
- **影响背景**：用于控制曝光模式是否影响背景。取消选择该复选框后，背景不受曝光模式的影响。

在该卷展栏中单击"类型"下拉按钮，在弹出的下拉列表中可选择相关的颜色映射类型，如图8-21所示。

下面进行简单介绍。

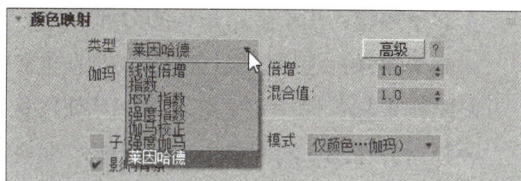

图 8-21　颜色映射类型

- **线性倍增**：基于最终色彩亮度进行线性倍增，容易产生曝光效果，不建议使用。
- **指数**：可以降低靠近光源表面的曝光程度，产生柔和效果。
- **HSV指数**：与指数相似，不同之处在于可保持场景的饱和度。
- **强度指数**：是对两种指数曝光的结合，既抑制曝光效果，又保持场景整体色调的饱和度。
- **伽马校正**：采用伽马修正场景中的灯光衰减和贴图颜色，效果和线性倍增类似。
- **强度伽马**：不仅拥有伽马校正的优点，还可以修正场景灯光的亮度。
- **莱因哈德**：可以将线性倍增和指数相混合。

8.2.8　发光贴图

在"渲染设置"面板中选择"GI"选项卡，在"全局光照"卷展栏中将"主要引擎"设置为"发光贴图"，此时会显示"发光贴图"卷展栏，如图8-22所示。该卷展栏包括"默认""高级""专家"3个级别模式。下面以"高级"模式为例，对其中主要选项进行介绍。

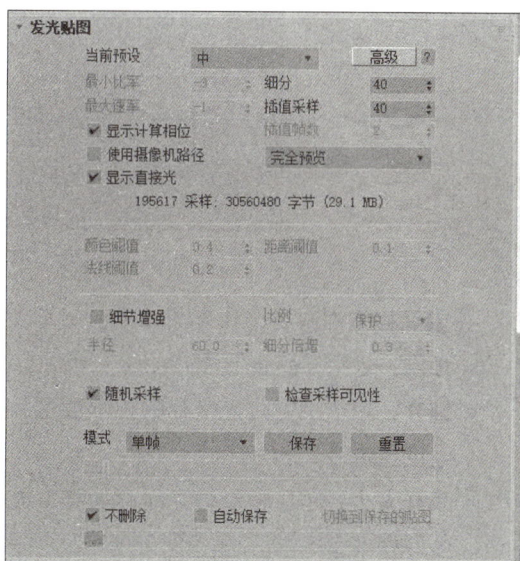

图 8-22　"发光贴图"卷展栏

- **当前预设**：设置发光贴图的预设级别。包括自定义、非常低、低、中、中-动画、高、高-动画、非常高。
- **最小比率、最大速率**：分别控制场景中不同区域的全局照明采样数量，进而影响渲染的质量和速度。最小比率用于控制场景中平坦或大面积区域的采样密度；最大速率用于控制场景或者细节丰富、复杂区域的采样密度。
- **显示计算相位**：选择该复选框后，可以看到渲染帧里的GI预算过程。建议启用。

- **使用摄像机路径**：选择该复选框后、会使用摄影机的路径。
- **显示直接光**：选择该复选框后，在预计算时显示直接光，方便用户观察直接光照的位置。
- **细分**：数值越大，光线越多，精度越高，渲染品质也越好。
- **插值采样**：用于对样本进行模糊处理。数值越大，渲染越精细。
- **插值帧数**：用于控制插补的帧数。
- **显示采样**：用于显示采样的分布和分布的密度，帮助用户分析GI的精度是否满足需求。
- **细节增强**：选择该复选框后，细节非常精细，但是渲染速度非常慢。
- **随机采样**：选择该复选框后，可使图像采样随机抖动；取消选择该复选框后，会导致采样对齐在屏幕的网格上，并可能产生按常规采样会产生的伪影采样。
- **模式**：提供了单帧、多帧增量、从文件、添加到当前贴图、增量添加到当前贴图、块模式、动画（预处理）、动画（渲染）等模式。
- **不删除**：完成光子渲染后，不将光子从内存中删掉。
- **自动保存**：完成光子渲染后，自动保存在硬盘中。
- **切换到保存的贴图**：选择"自动保存"复选框后，在渲染结束时会自动进入"从文件"模式并调用光子图。

■8.2.9　灯光缓存

将"主要引擎"设置为"灯光缓存"后，会显示"灯光缓存"卷展栏，如图8-23所示。灯光缓存采用发光贴图的部分特点，在摄影机的可见部分跟踪光线的发射和衰减，然后将灯光信息存储在一个三维数据结构中。

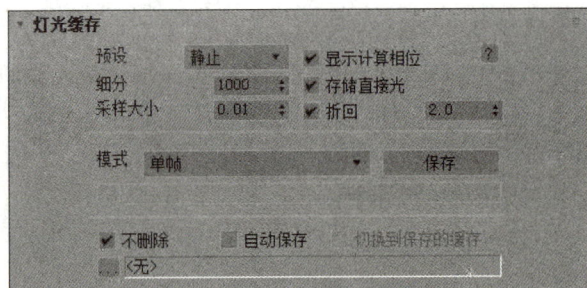

图 8-23　"灯光缓存"卷展栏

该卷展栏中的主要选项介绍如下：

- **预设**：包括"静止"和"动画"两种灯光缓存预设模式。
- **细分**：用于决定灯光缓存的样本数量。数值越大，样本总量越多，渲染效果越好，渲染速度也越慢。
- **采样大小**：用于控制灯光缓存的样本大小。小的样本可以得到更多的细节，但是需要更多的样本。
- **显示计算相位**：选择该复选框后，可以显示灯光缓存的计算过程，方便观察。

- **存储直接光**：选择该复选框后，灯光缓存将存储直接光照信息。当场景中有很多灯光时，这样可以提高渲染速度。
- **模式**：用于选择灯光缓存在渲染过程中所采用的不同处理模式，包括单帧和从文件两种模式。

> ⚠ 提示：灯光缓存的"单帧"模式是最常用的模式，适用于一次性生成最终高质量图像的渲染场景。在这种模式下，灯光缓存会为当前帧独立地进行计算和存储间接照明数据。"从文件"模式可以加载之前已经渲染好的光子贴图或灯光缓存文件，以便快速基于已有的光照信息继续渲染新的帧或者进一步细化已有图像。

8.3　课堂演练：对书房场景进行渲染

本课堂演练将利用VRay渲染器的相关设置来为书房场景进行渲染。具体操作步骤如下：

步骤01 打开素材文件，场景中的灯光、材质、摄影机等已经创建完毕，渲染器也已经设置成VRay渲染器，如图8-24所示。

扫码观看视频

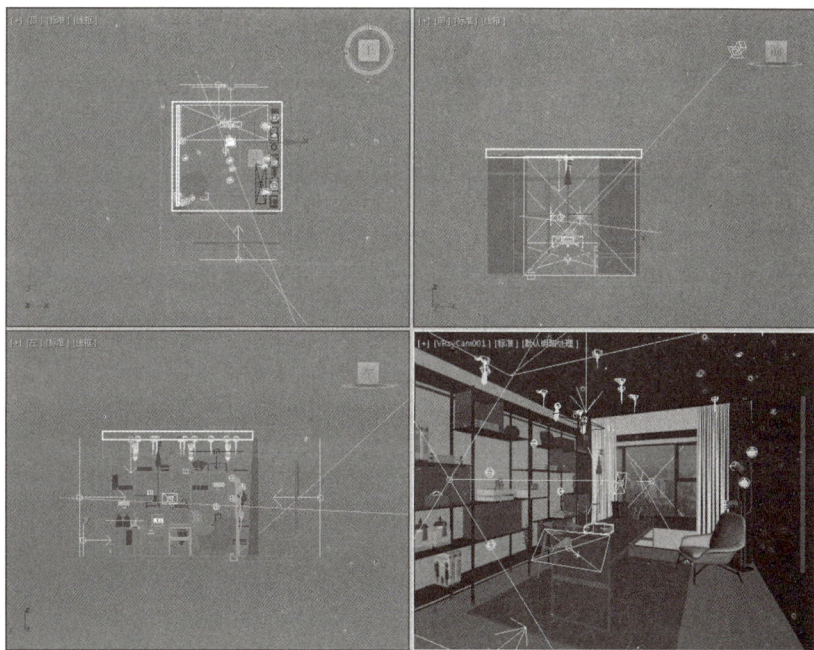

图8-24　打开素材文件

步骤02 切换到摄影机视口，在未设置"V-Ray渲染器"参数的情况下渲染摄影机视口，效果如图8-25所示。

步骤03 打开"渲染设置"面板，在"V-Ray"选项卡中打开"帧缓存区"卷展栏，取消选择"启用内置帧缓存区"复选框，如图8-26所示。

步骤04 再次渲染摄影机视口，效果如图8-27所示。

步骤 05 打开"颜色贴图"卷展栏，设置颜色贴图类型为"指数"，如图8-28所示。

图 8-25 渲染摄影机视口1

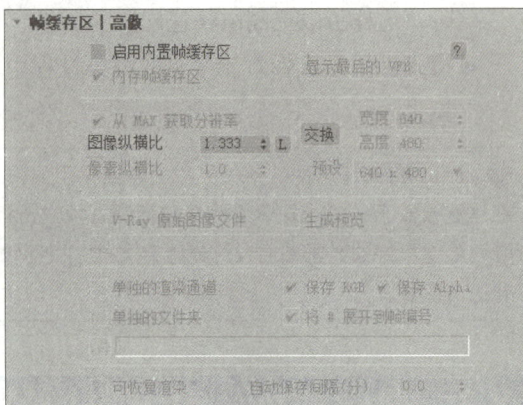

图 8-26 取消选择"启用内置帧缓冲区"复选框

图 8-27 渲染摄影机视口2

图 8-28 设置颜色贴图类型

步骤 06 切换到"GI"选项卡，打开"全局光照"卷展栏，选择"启用GI"复选框，将主要引擎设置为"发光贴图"，将辅助引擎设置为"灯光缓存"，如图8-29所示。

步骤 07 在"发光贴图"卷展栏中设置当前预设模式为"低"，并设置细分参数，如图8-30所示。

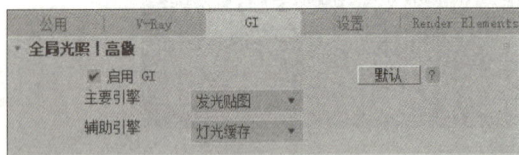

图 8-29 设置全局光照参数

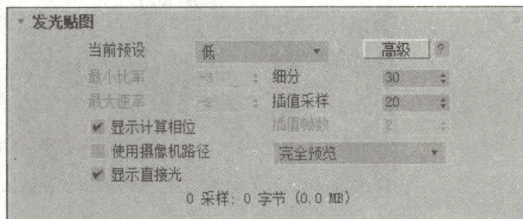

图 8-30 设置发光贴图模式和细分值

步骤 08 在"灯光缓存"卷展栏中设置细分等参数，如图8-31所示。

步骤 09 渲染摄影机视口，此为测试效果，如图8-32所示。

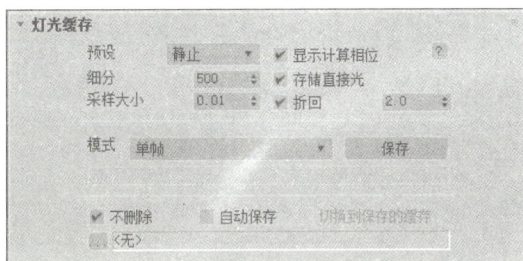

图 8-31　设置灯光缓存的细分等参数

图 8-32　测试渲染效果

步骤 10 进行最终效果的渲染设置，在"公用"选项卡中设置输出大小，如图8-33所示。

步骤 11 切换到"V-Ray"选项卡，在"全局开关"卷展栏中切换到"高级"模式，设置灯光采样方式为"全部灯光评估"，如图8-34所示。

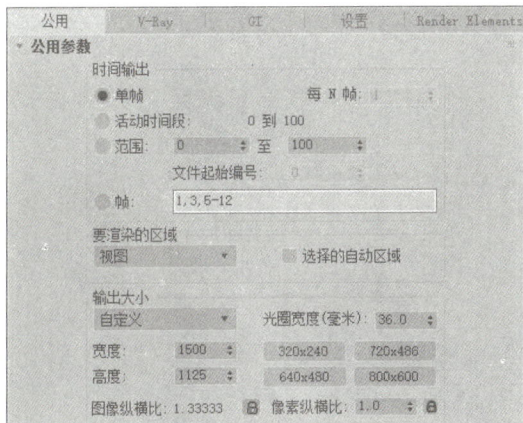

图 8-33　设置输出大小

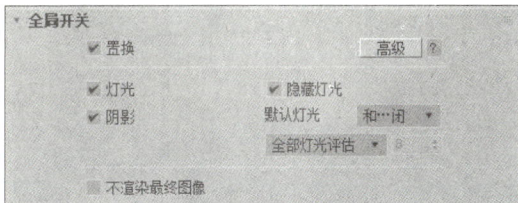

图 8-34　设置灯光采样方式

步骤 12 在"图像采样器（抗锯齿）"卷展栏中设置类型为"渲染块"，在"渲染块图像采样器"卷展栏中设置最大细分为12，在"图像过滤器"卷展栏中选择常用的"Catmull-Rom"过滤器，如图8-35所示。

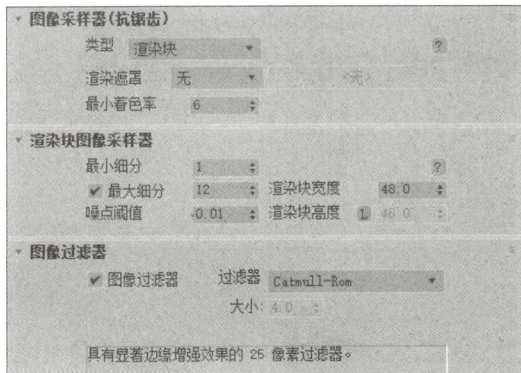

图 8-35　设置图像采样器参数

步骤 13 在"发光贴图"卷展栏中设置预设级别，并设置细分及插值采样参数，如图8-36所示。

步骤 14 在"灯光缓存"卷展栏中设置细分参数，如图8-37所示。

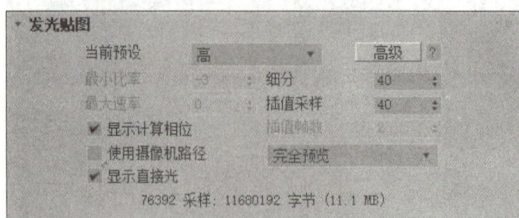

图 8-36　设置发光贴图参数

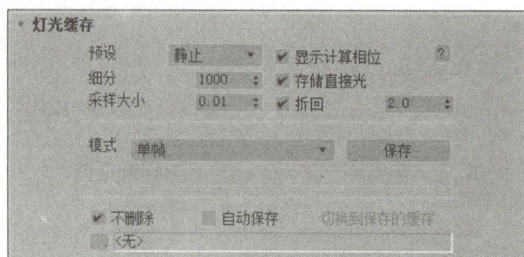

图 8-37　设置灯光缓存参数

步骤 15 渲染摄影机视口，最终效果如图8-38所示。

图 8-38　渲染最终效果

课后作业

一、选择题

1. 不属于VRay渲染器设置功能的是（　　）。

　A.渲染块图像采样器　　　　　　　　B.图像过滤器

　C.光线跟踪器　　　　　　　　　　　D.灯光缓存

2. 不属于3ds Max内置渲染器的是（　　）。

　A.扫描线渲染器　　　　　　　　　　B.ART渲染器

　C.VRay渲染器　　　　　　　　　　　D.Quicksilver硬件渲染器

3. 用于控制整个场景的色彩和曝光方式的卷展栏是（　　）。

　A.帧缓存区　　　　　　　　　　　　B.全局开关

　C.颜色映射　　　　　　　　　　　　D.图像采样器

二、填空题

1. 渲染是将三维模型转换为＿＿＿＿＿＿或＿＿＿＿＿＿的技术处理过程。

2. "＿＿＿＿＿＿"采样器是VRay渲染器的核心，用于处理全局照明和间接照明的计算。

3. 灯光缓存的预设包括＿＿＿＿＿＿和＿＿＿＿＿＿两种模式。

三、操作题

利用VRay渲染器渲染厨房场景，如图8-39和图8-40所示。

图 8-39　渲染白模效果

图 8-40　最终渲染效果

操作提示

步骤01 创建白模材质，在"全局开关"卷展栏中选择"覆盖材质"复选框，渲染白模效果，如图8-39所示。

步骤02 取消选择"覆盖材质"复选框，设置渲染参数，渲染最终效果。

第 9 章

综合案例：卧室场景的创建

内容概要

本章将以创建卧室场景为例，帮助用户了解3ds Max实际建模的大致流程，其中包括平面图的导入、墙体门窗的创建、室内吊顶的创建，以及卧室家具模型的创建等。通过练习，能够快速梳理并总结之前所学知识点，为日后更深入地学习打下基础。

数字资源

【本章素材】："素材文件\第9章"目录下

9.1 制作卧室建筑模型

一般来说，在进行室内建模前，需要将绘制好的平面图纸导入3ds Max中，以便更精准地建模。本节将介绍卧室空间的创建方法，包括平面图的导入，卧室建筑主体、窗口构件和吊顶的创建等。

■9.1.1 导入平面图

在开始建模之前，需要先将准备好的平面户型图导入3ds Max，然后根据户型图制作场景建筑模型。具体操作介绍如下：

步骤 01 执行"文件">"导入">"导入"命令，打开"选择要导入的文件"对话框，选择准备好的CAD文件，如图9-1所示。

扫码观看视频

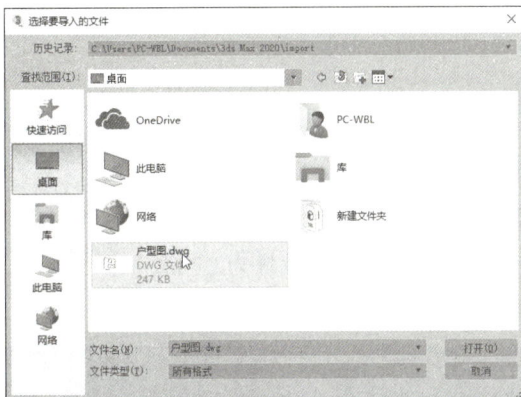

步骤 02 单击"打开"按钮，打开"AutoCAD DWG/DXF导入选项"对话框，保持默认参数设置，单击"确定"按钮，即可将平面图导入3ds Max中，如图9-2所示。

图 9-1 选择 CAD 文件

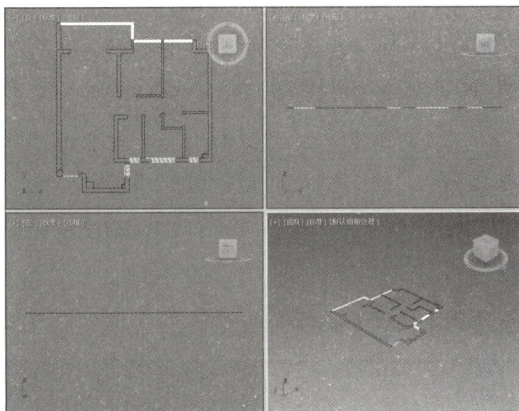

图 9-2 导入 CAD 图纸至 3ds Max

步骤 03 按Ctrl+A组合键全选平面图，单击鼠标右键，在弹出的菜单中选择"冻结当前选择"命令，冻结图形，如图9-3和图9-4所示。

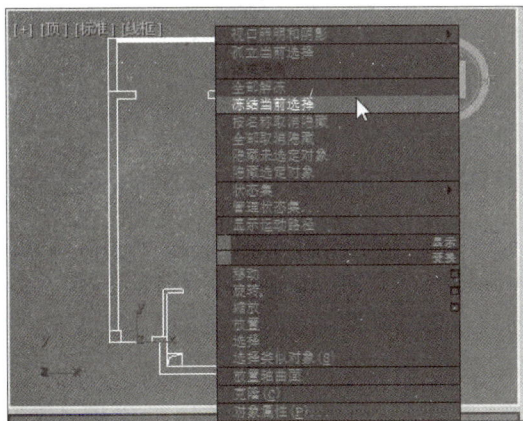

图 9-3 冻结图形

图 9-4 冻结效果

步骤 04 在工具栏中右键单击"捕捉开关"按钮，打开"栅格和捕捉设置"面板，在"捕捉"选项卡中设置捕捉选项，如图9-5所示。

步骤 05 切换到"选项"选项卡，选择"捕捉到冻结对象"复选框，如图9-6所示。

步骤 06 设置完毕关闭面板，再单击"捕捉开关"按钮启用捕捉。

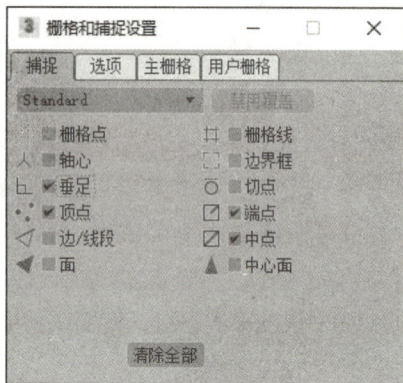

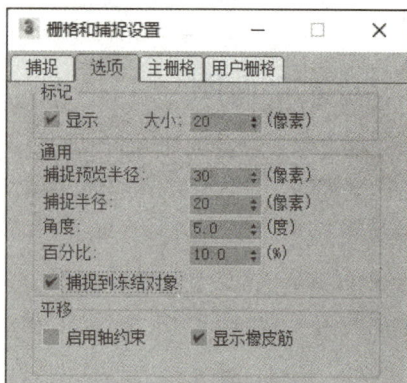

图9-5　设置捕捉选项　　　　图9-6　选择"捕捉到冻结对象"复选框

■9.1.2　制作建筑主体

导入平面图后，即可利用多边形建模功能开始建筑主体模型的制作。操作步骤介绍如下：

步骤 01 单击"线"按钮，在顶视口中捕捉绘制主卧室轮廓线，如图9-7所示。

步骤 02 在"修改"面板中为样条线添加"挤出"修改器，设置挤出数量为2 700，在透视视口中可以看到模型效果，如图9-8所示。

扫码观看视频

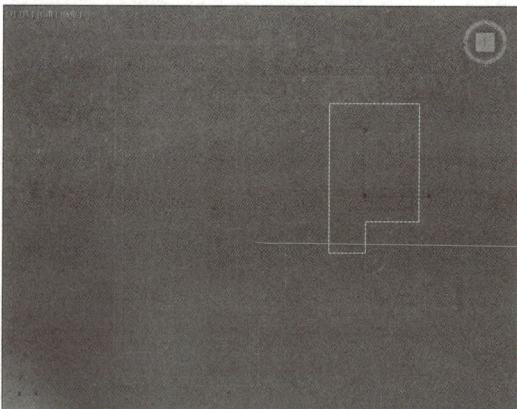

图9-7　绘制卧室轮廓线　　　　　　　图9-8　挤出卧室墙体

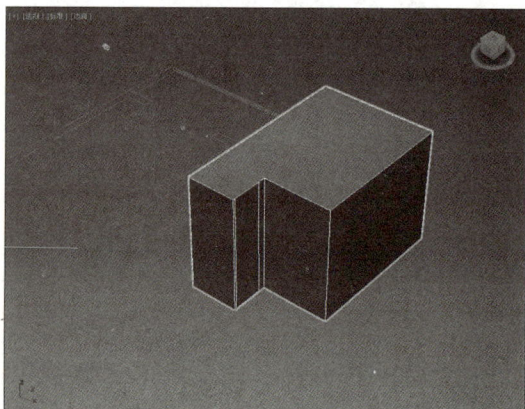

步骤 03 将对象转换为可编辑多边形，进入"边"子层级，选择如图9-9所示的两条边线。

步骤 04 单击"连接"设置按钮，设置连接边分段为2，如图9-10所示。

步骤 05 分别选择两条边线，在状态栏中输入z轴参数，如图9-11和图9-12所示。

步骤 06 进入"多边形"子层级，选择窗户位置的面，并单击"挤出"设置按钮，设置挤出数量为800，挤出窗户，如图9-13和图9-14所示。

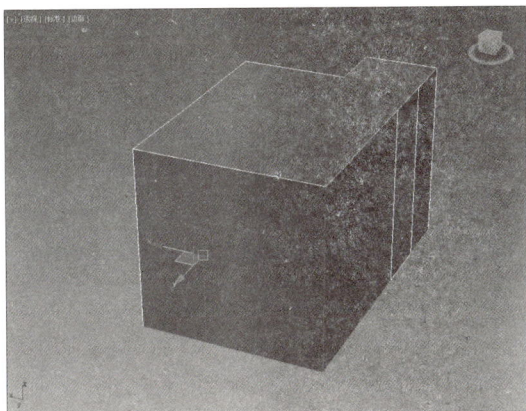

图9-9　转换为可编辑多边形

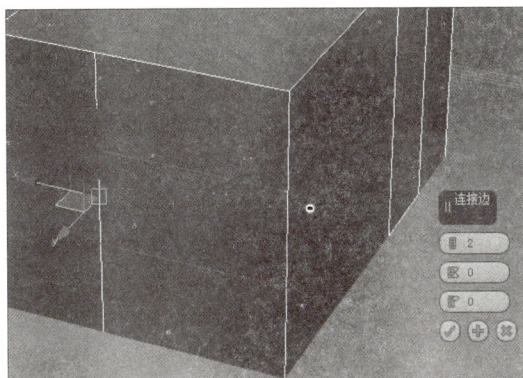

图9-10　连接边

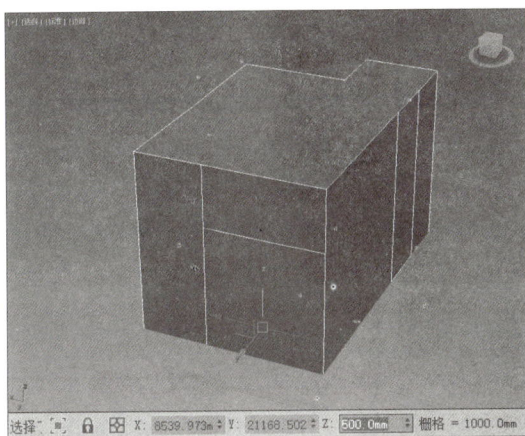

图9-11　选择边线并设置z轴参数1

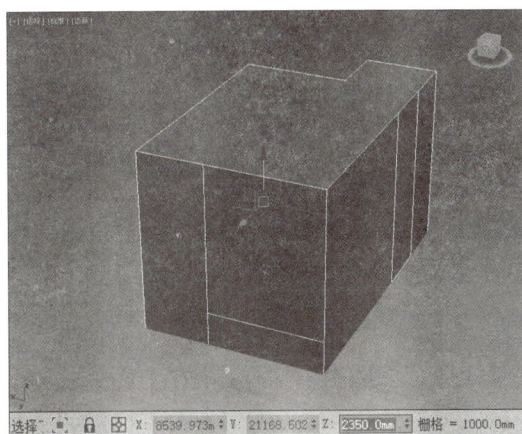

图9-12　选择边线并设置z轴参数2

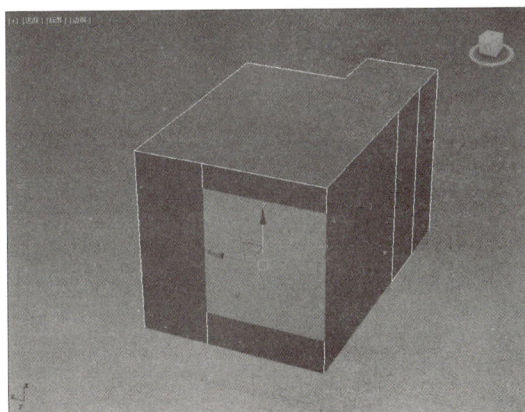

图9-13　选择窗户面

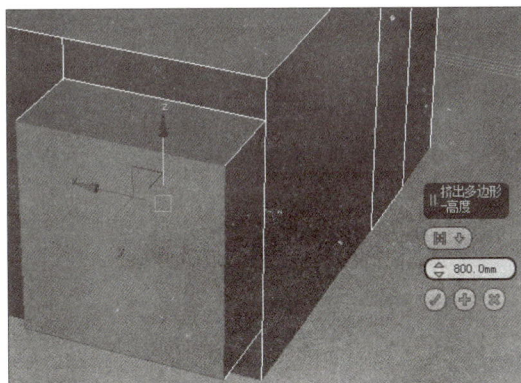

图9-14　挤出窗户

步骤07 按Delete键删除面，制作飘窗的窗洞，如图9-15所示。

步骤08 按照相同的方法，制作两个高度为2 200的门洞，但不删除面，如图9-16所示。

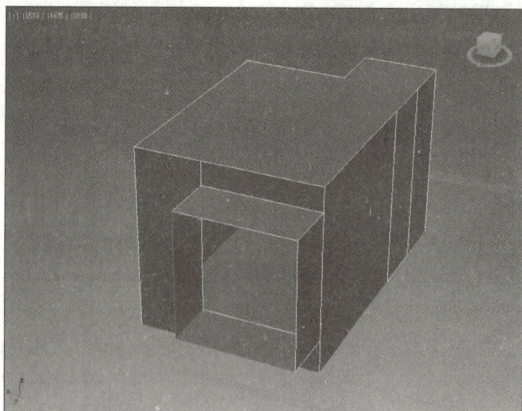

图 9-15　制作飘窗的窗洞

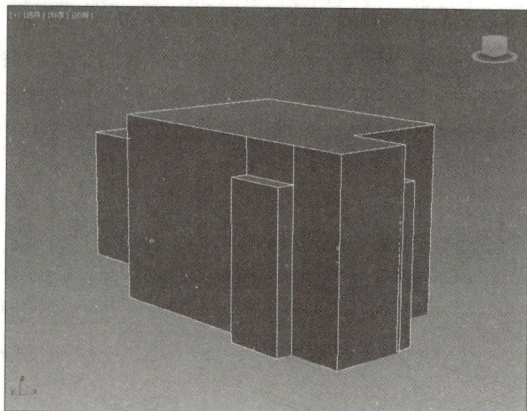

图 9-16　制作门洞

■9.1.3　制作窗户构件

主卧室中的窗户为飘窗造型，本小节需要为其制作一个窗户模型，主要应用到样条线编辑、"挤出"修改器和多边形编辑功能。具体操作介绍如下：

步骤 01 制作窗框。最大化前视口，单击"矩形"按钮，捕捉飘窗轮廓绘制矩形，如图9-17所示。

步骤 02 按Alt+Q组合键孤立对象，将对象转换为可编辑样条线，进入"样条线"子层级，选择样条线，如图9-18所示。

图 9-17　绘制矩形

图 9-18　转换为可编辑样条线并选择样条线

步骤 03 在"几何体"卷展栏中设置轮廓为60，按回车键即可为样条线创建轮廓线，如图9-19所示。

步骤 04 进入"线段"子层级，选择内侧的样条线，按住Shift键进行复制，如图9-20所示。

步骤 05 进入"样条线"子层级，单击"修剪"按钮，修剪样条线，如图9-21所示。

步骤 06 继续复制线段并修剪样条线，如图9-22所示。

步骤 07 进入"顶点"子层级，选择全部顶点，单击"焊接"按钮焊接顶点。

步骤 08 为样条线添加"挤出"修改器，设置挤出数量为100，如图9-23所示，挤出窗框。

步骤 09 单击"矩形"按钮，在前视口中捕捉绘制一个矩形，如图9-24所示。

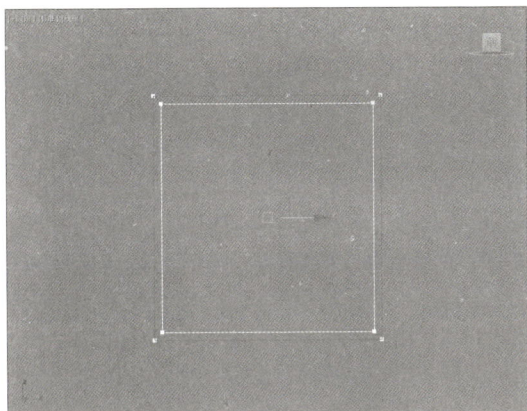

图 9-19　创建轮廓线

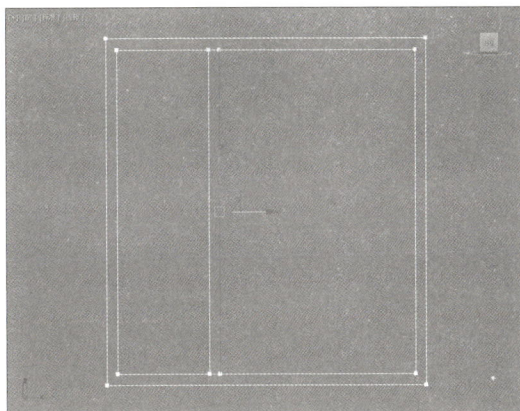

图 9-20　选择内侧样条线并进行复制

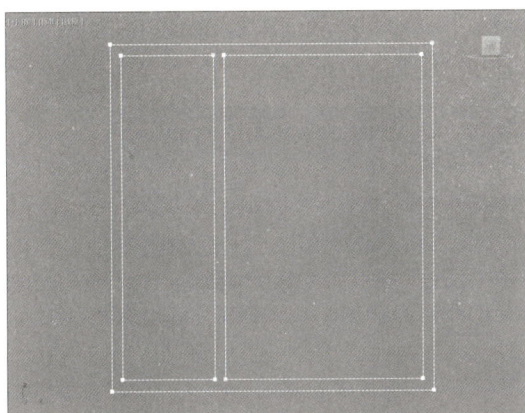

图 9-21　修剪样条线

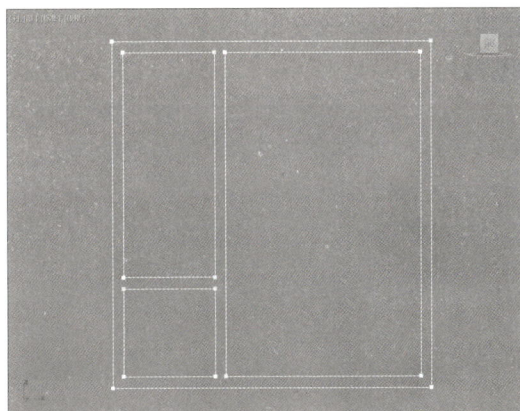

图 9-22　继续复制线段并修剪样条线

图 9-23　焊接顶点并挤出窗框

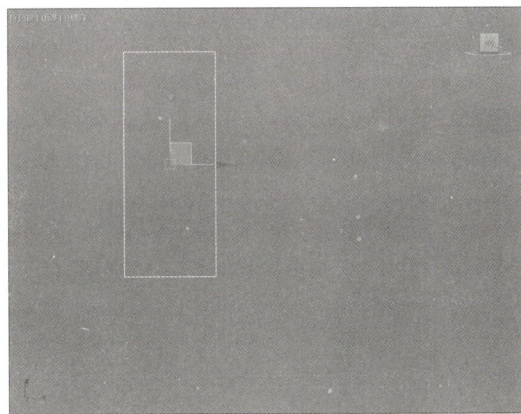

图 9-24　绘制矩形

步骤 10 将对象转换为可编辑样条线，进入"样条线"子层级，设置轮廓为40，按回车键创建轮廓线，如图9-25所示。

步骤 11 为样条线添加"挤出"修改器，并设置挤出数量为60，如图9-26所示，挤出窗户。

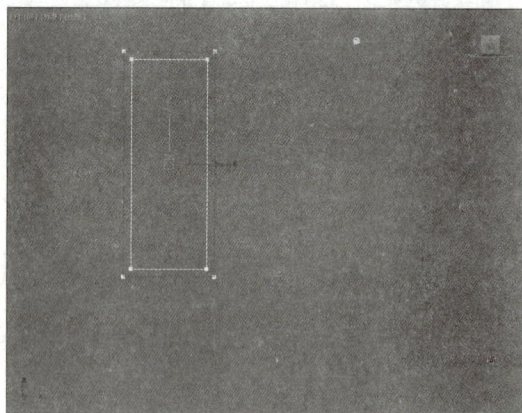

图 9-25 创建轮廓线

图 9-26 挤出窗户

步骤 12 将对象转换为可编辑多边形，进入"边"子层级，选择4个外角的边线，如图9-27所示。

步骤 13 单击"连接"设置按钮，设置连接边分段为1、滑块为50，如图9-28所示。

图 9-27 选择窗户外边线

图 9-28 设置连接线

步骤 14 进入"多边形"子层级，选择如图9-29所示的一圈面。

步骤 15 单击"挤出"设置按钮，设置挤出方式为"局部法线"、挤出数量为20，如图9-30所示。

图 9-29 选择相应的面

图 9-30 挤出面

步骤 16 对齐窗扇，再调整窗户的位置，如图9-31和图9-32所示。

图 9-31 对齐窗扇

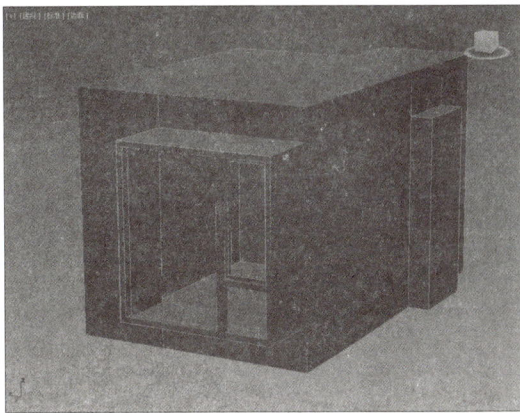

图 9-32 调整窗户的位置

■9.1.4 制作吊顶造型

制作卧室场景中的吊顶较为简单，主要运用样条线和多边形编辑功能。操作步骤介绍如下：

步骤 01 启用捕捉，单击"矩形"按钮，在顶视口中捕捉卧室的两个角绘制矩形，如图9-33所示。

步骤 02 将对象转换为可编辑样条线，进入"样条线"子层级，在"几何体"卷展栏中设置轮廓为20，创建轮廓线，如图9-34所示。

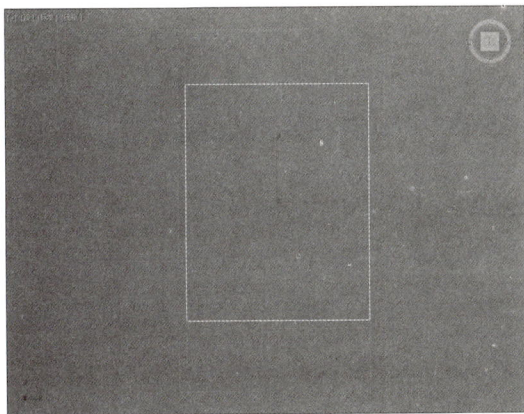

图 9-33 绘制矩形

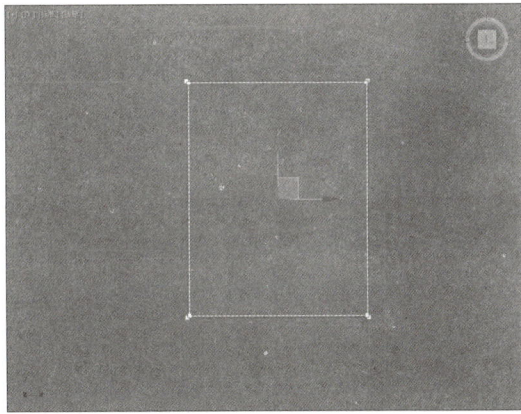

图 9-34 创建轮廓线

步骤 03 进入"顶点"子层级，在顶视口中选择并调整顶点的位置，如图9-35所示。

步骤 04 为样条线添加"挤出"修改器，并设置挤出数量为-200，如图9-36所示，挤出顶面。

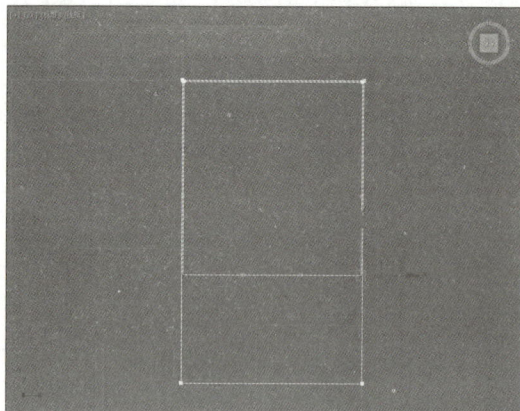

图 9-35　选择并调整顶点

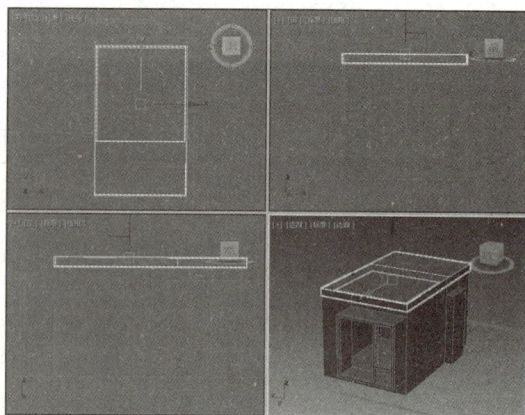

图 9-36　挤出顶面

9.2　制作室内家具模型

卧室建筑主体创建完成，下面为卧室场景添加衣柜、床头柜、双人床等家具模型。

■9.2.1　制作衣柜模型

本小节为大家介绍卧室衣柜模型的制作，操作步骤介绍如下：

步骤 01 制作柜体。单击"长方体"按钮，在顶视口中创建长度为580 mm、宽度为1 620 mm、高度为20 mm的长方体，作为衣柜的底板，如图9-37所示。

步骤 02 孤立对象，将对象转换为可编辑多边形，进入"边"子层级，选择如图9-38所示的边线。

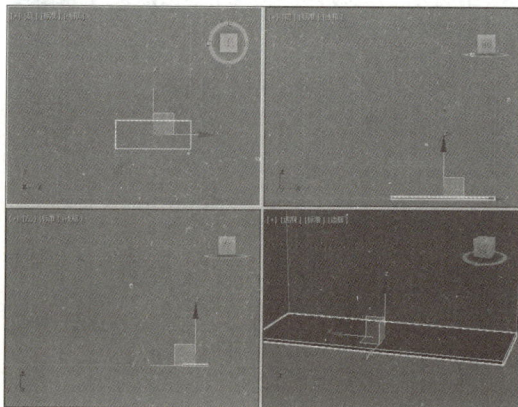

图 9-37　绘制衣柜的底板

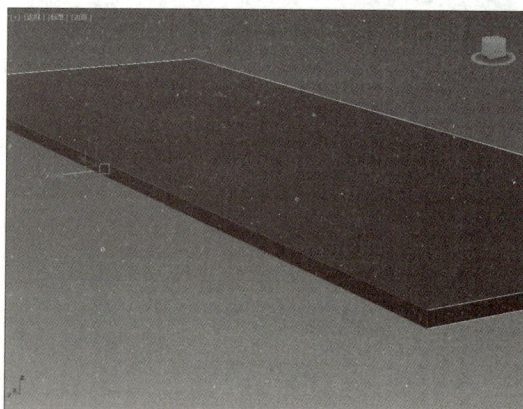

图 9-38　选择边线

步骤 03 单击"切角"设置按钮，设置切角数量为2，如图9-39所示。

步骤 04 按照相同的方法，制作衣柜的顶板、背板、侧板，如图9-40所示。

步骤 05 复制底板，进入"顶点"子层级，利用顶点调整其宽度，制作衣柜的层板，如图9-41所示。

步骤 06 复制层板并调整位置，如图9-42所示。

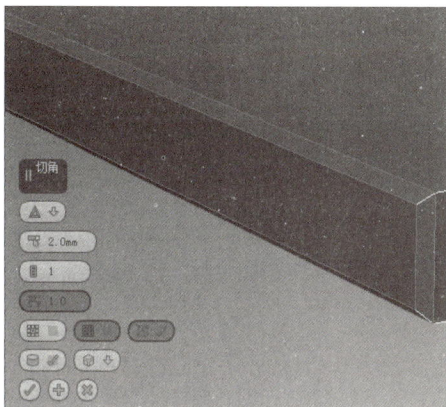

图 9-39　制作切角

图 9-40　制作衣柜的其他面板

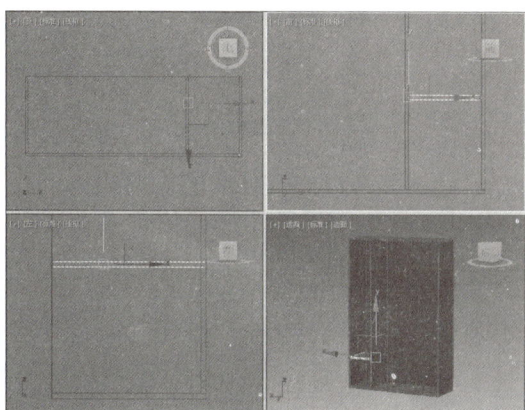

图 9-41　制作衣柜的层板

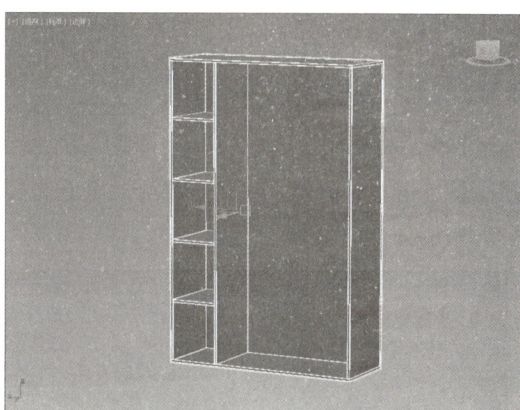

图 9-42　复制层板并调整位置

步骤 07 制作柜门。单击"长方体"按钮，创建长度为2 380 mm、宽度为400 mm、高度为20 mm的长方体作为柜门，如图9-43所示。

步骤 08 将对象转换为可编辑多边形，进入"边"子层级，选择如图9-44所示的一圈边线。

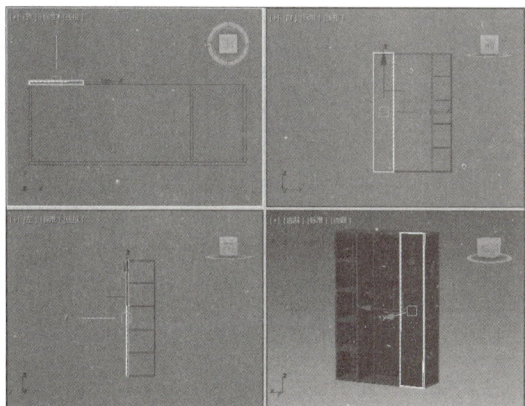

图 9-43　绘制柜门

图 9-44　选择门边线

步骤 09 单击"切角"设置按钮，设置切角数量为5、分段为5，如图9-45所示。

步骤10 复制制作好的门板模型，如图9-46所示，完成衣柜模型的制作。

图 9-45　制作切角

图 9-46　复制门板模型

■9.2.2　制作床头柜模型

本小节将利用多边形编辑功能制作床头柜模型。操作步骤介绍如下：

步骤01 单击"长方体"按钮，创建一个长方体，并在"参数"卷展栏中调整参数，如图9-47和图9-48所示。

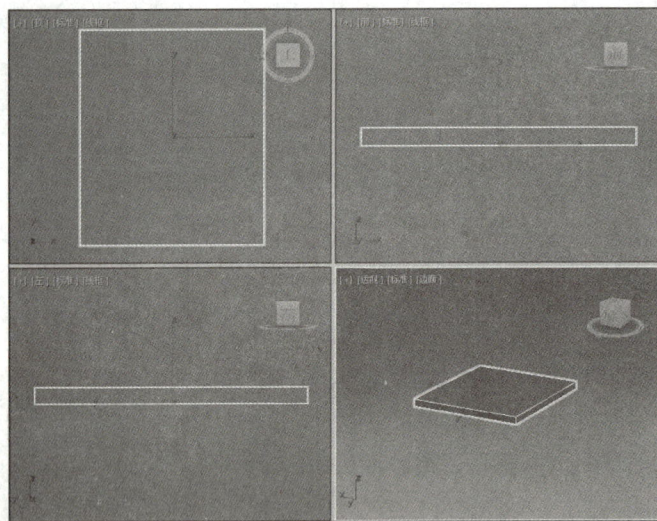

图 9-47　创建长方体

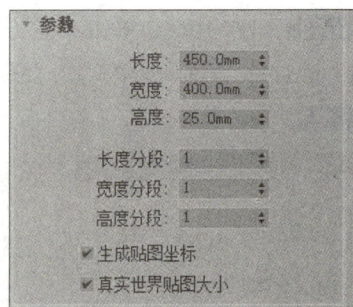

图 9-48　调整参数

步骤02 将对象转换为可编辑多边形，进入"边"子层级，选择竖向的四条边线，如图9-49所示。

步骤03 单击"连接"设置按钮，设置连接边分段为2、收缩为20，如图9-50所示。

步骤04 进入"顶点"子层级，将3个侧面的顶点分别向外移动15的距离，如图9-51所示。

步骤05 进入"边"子层级，选择剩余侧面上的两条边，如图9-52所示。

步骤06 单击"移除"按钮移除边线，如图9-53所示。

步骤07 选择所有边线，单击"切角"设置按钮，设置边切角量为2、连接边分段为6，如图9-54所示。

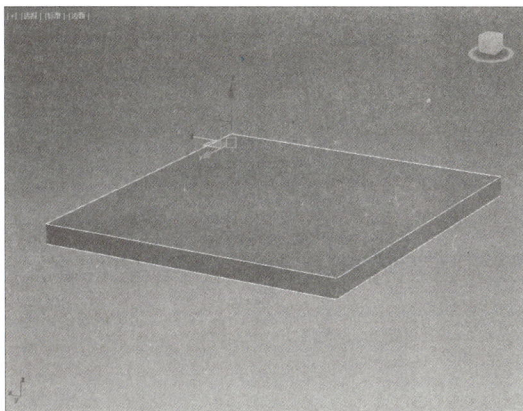

图 9-49　选择竖向的 4 条边线

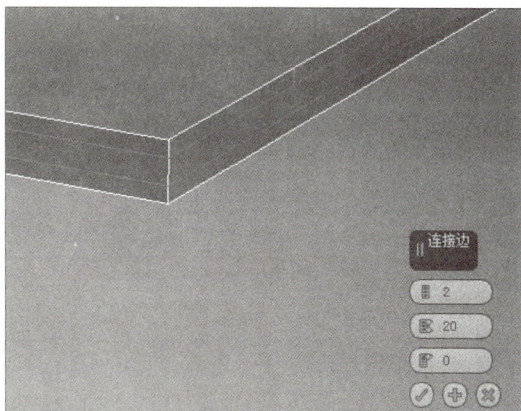

图 9-50　设置连接线

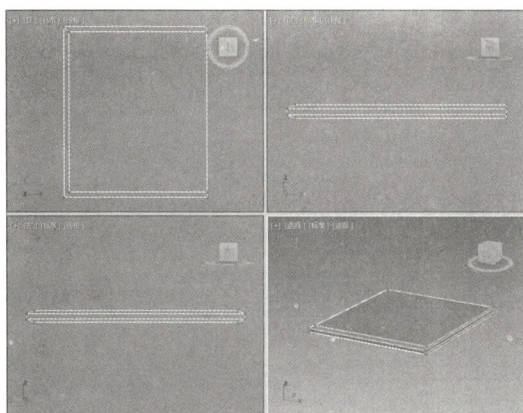

图 9-51　移动顶点

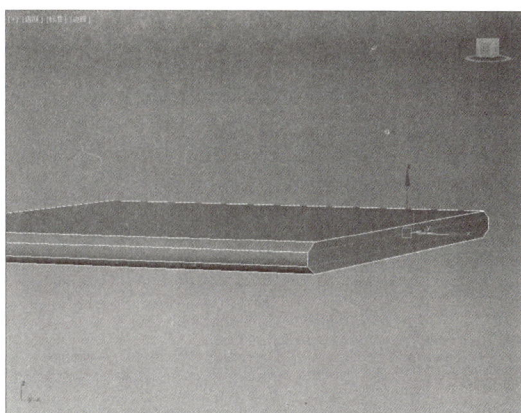

图 9-52　选择侧面的两条边

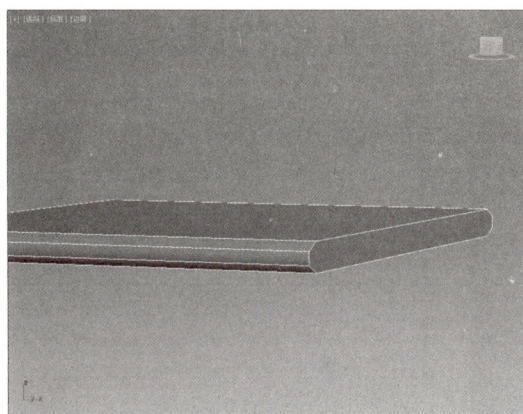

图 9-53　移除边线

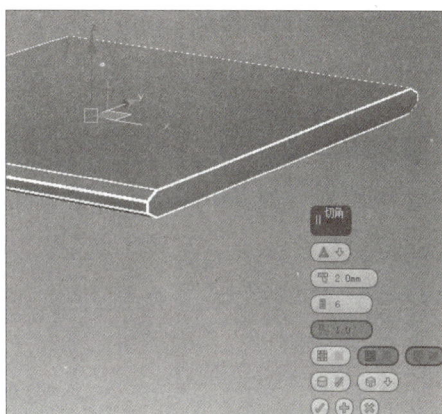

图 9-54　制作切角

步骤 08 进入"顶点"子层级，选择切角边的两侧顶点，适当向上移动，如图9-55和图9-56所示。

步骤 09 单击"长方体"按钮，在左视口中创建一个长方体作为床头柜的背板，调整参数并移动位置，如图9-57和图9-58所示。

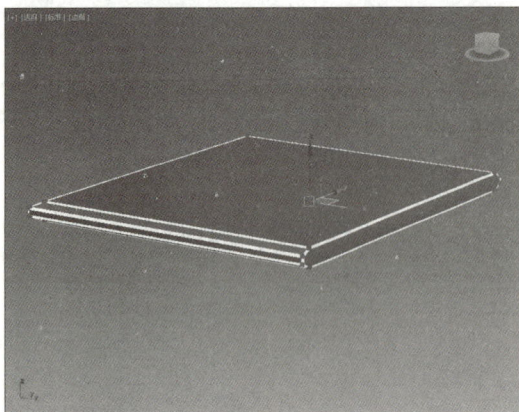

图 9-55　选择顶点

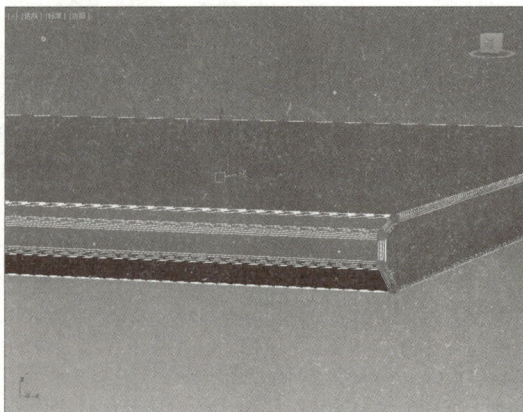

图 9-56　向上移动顶点

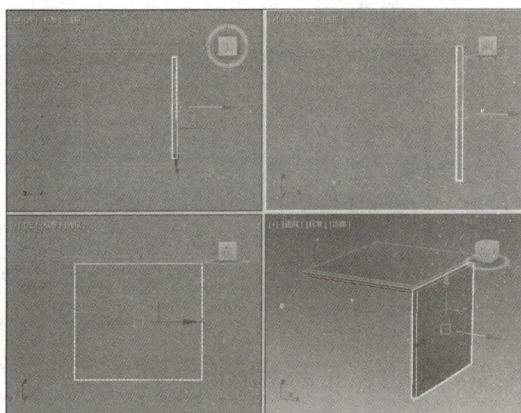

图 9-57　创建并调整床头柜的背板

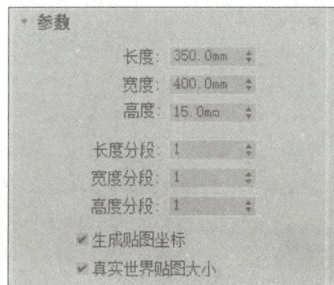

图 9-58　调整背板参数

步骤10 创建一个长方体作为床头柜的侧板，调整参数，使用捕捉功能将其对齐到背板，如图9-59和图9-60所示。

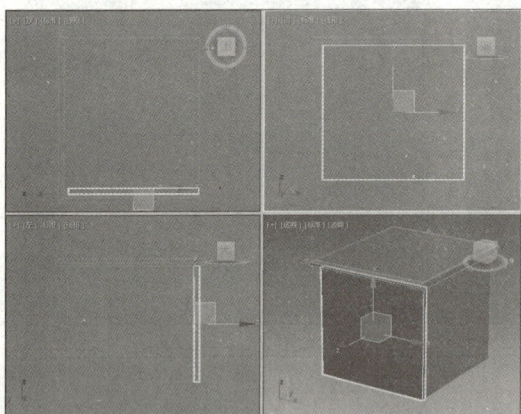

图 9-59　创建并调整床头柜的侧板

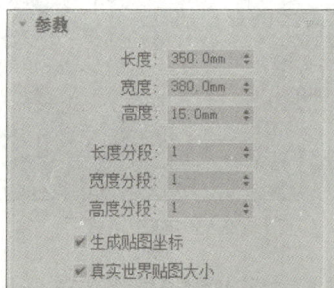

图 9-60　调整侧板参数

步骤11 将对象转换为可编辑多边形，进入"边"子层级，选择如图9-61所示的两条边线。

步骤12 单击"连接"设置按钮，默认连接边分段为1，如图9-62所示。

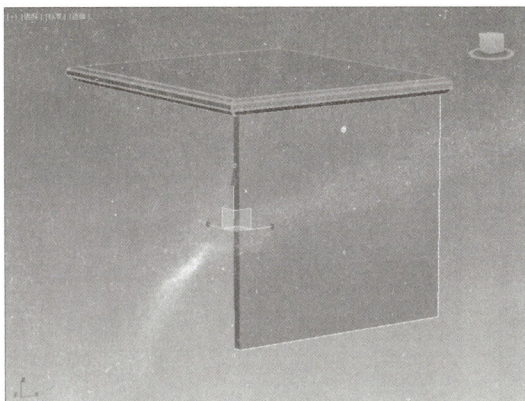

图 9-61　选择两条边线

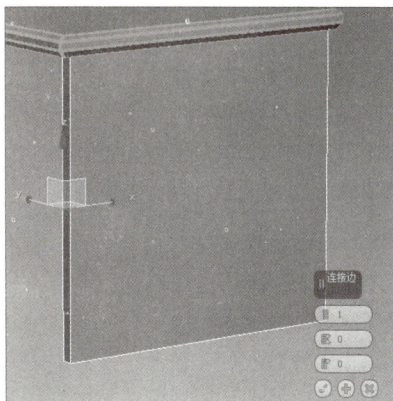

图 9-62　设置连接线

步骤13 进入"顶点"子层级，选择中间的两个顶点，并在前视口中沿x轴向右移动80，如图9-63所示；再进入"边"子层级，选择所有边线，单击"切角"设置按钮，设置切角数量为2、分段为6，如图9-64所示。

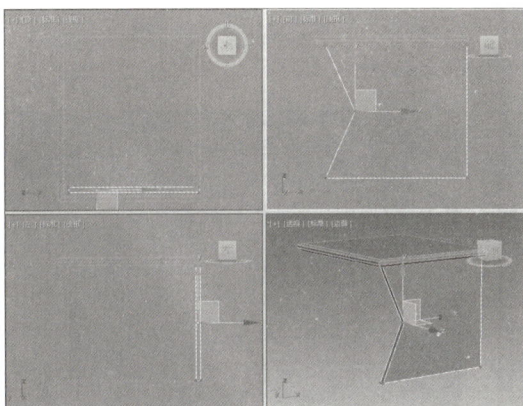

图 9-63　在前视口中移动顶点

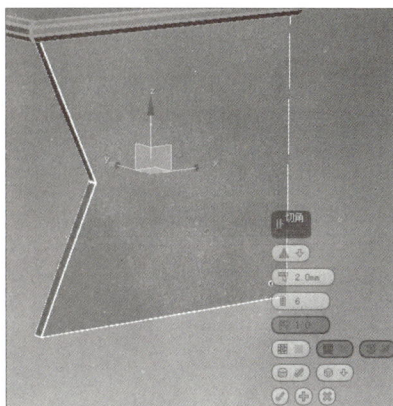

图 9-64　制作切角

步骤14 按Ctrl+V组合键克隆对象，并调整位置，如图9-65所示；选择床头柜的桌面，切换到前视口，单击"镜像"按钮，在打开的镜像对话框中设置镜像轴和克隆方式，如图9-66所示。

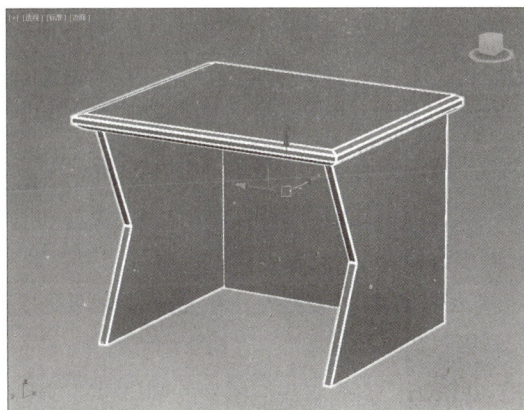

图 9-65　克隆并调整侧板位置

图 9-66　镜像对话框

步骤 **15** 单击"确定"按钮镜像复制对象，并调整位置，如图9-67所示。

步骤 **16** 制作抽屉挡板。单击"长方体"按钮，在左视口中创建一个长度为170 mm、宽度为445 mm、高度为15 mm的长方体，调整位置，如图9-68所示。

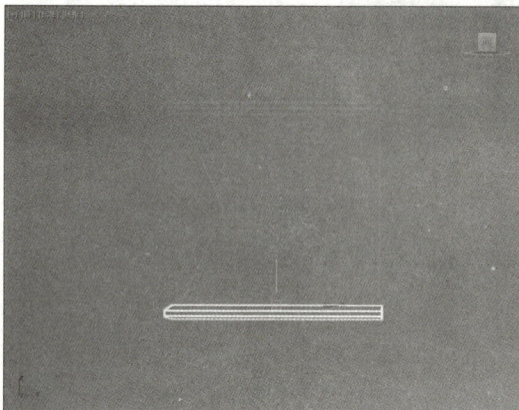

图 9-67　镜像并调整结果

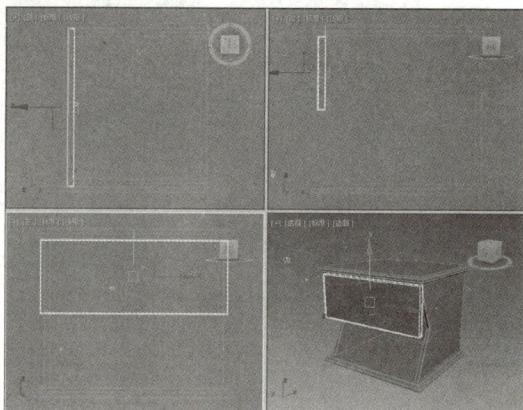

图 9-68　绘制抽屉挡板

步骤 **17** 进入"顶点"子层级，在前视口中选择顶点并移动位置，如图9-69所示。

步骤 **18** 进入"边"子层级，选择所有边线，如图9-70所示。

图 9-69　在前视口中选择并移动顶点

图 9-70　选择所有边线

步骤 **19** 单击"切角"设置按钮，设置切角数量为2、分段为5，如图9-71所示。

步骤 **20** 制作完毕退出堆栈，切换到前视口，单击"镜像"按钮，在打开的镜像对话框中设置镜像轴和克隆方式，如图9-72所示。

步骤 **21** 单击"确定"按钮完成镜像复制，再调整对象的位置，如图9-73所示。

步骤 **22** 制作柜脚。单击"切角长方体"按钮，创建一个长度为40 mm、宽度为30 mm、高度为70 mm的切角长方体，设置圆角为2、圆角分段为5，效果如图9-74所示。

步骤 **23** 将对象转换为可编辑多边形，进入"顶点"子层级，在左视口中调整顶点的位置，如图9-75所示。

步骤 **24** 制作完毕复制柜脚模型，如图9-76所示，完成床头柜模型的制作。

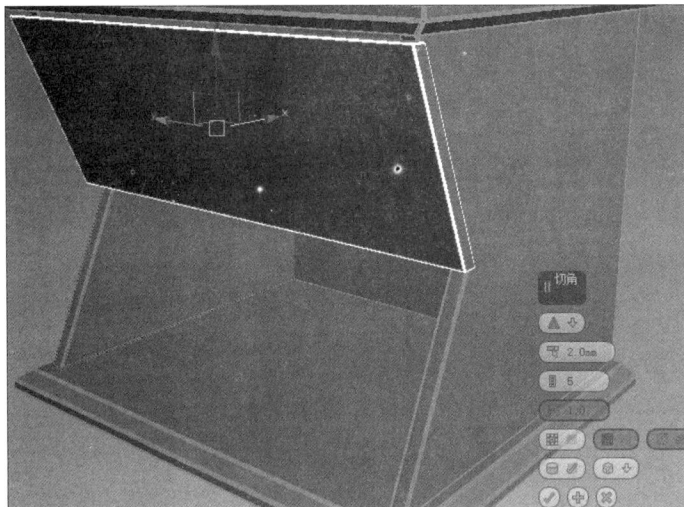

图 9-71 制作切角

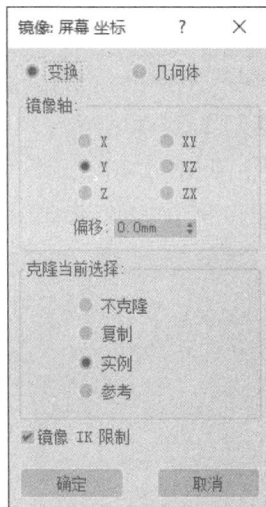

图 9-72 镜像对话框

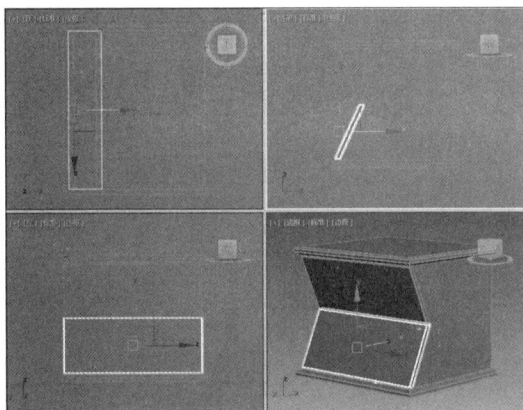

图 9-73 镜像并调整结果

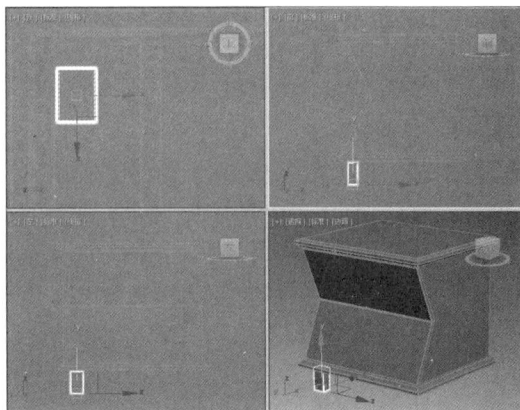

图 9-74 制作柜脚

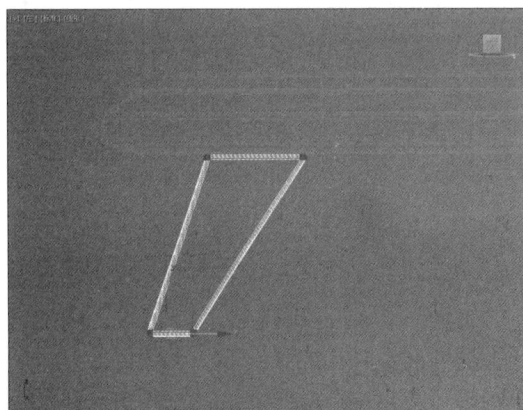

图 9-75 调整顶点的位置

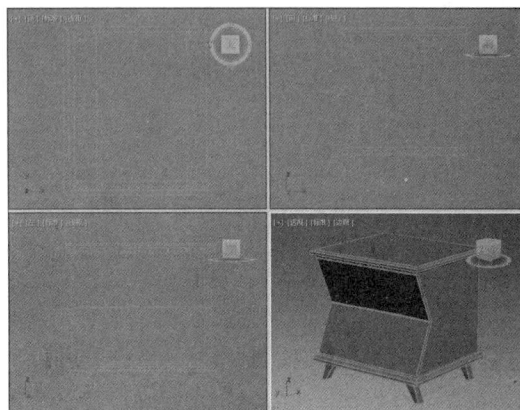

图 9-76 复制柜角

■9.2.3 制作双人床模型

本小节主要介绍双人床模型的制作。操作步骤介绍如下：

步骤01 制作靠背。单击"矩形"按钮，在顶视口中绘制一个长度为1 880 mm、宽度为150 mm的矩形，如图9-77所示。

步骤02 将矩形转换为可编辑样条线，进入"线段"子层级，选择一条边线，如图9-78所示。

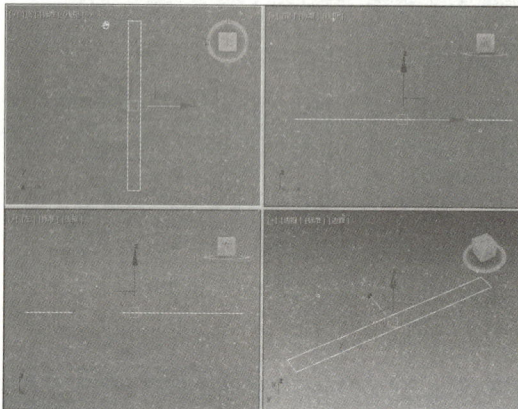

图 9-77 绘制矩形

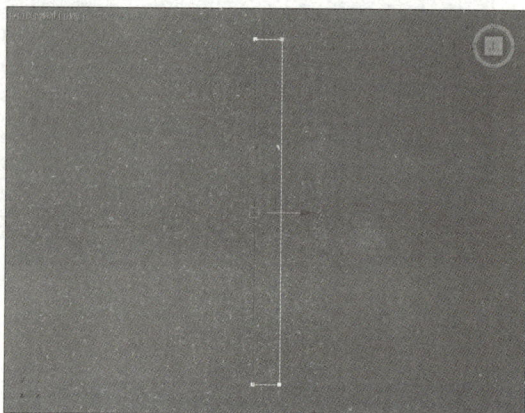

图 9-78 选择矩形的边线

步骤03 按Delete键删除该边线，如图9-79所示。

步骤04 进入"顶点"子层级，选择右侧的两个角点，在"几何体"卷展栏中设置圆角为120，按回车键即可制作出圆角效果，如图9-80所示。

图 9-79 删除边线

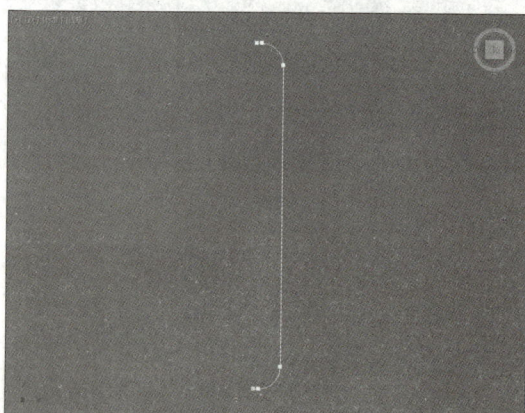

图 9-80 制作圆角

步骤05 进入"样条线"子层级，在"几何体"卷展栏中设置轮廓为40，按回车键即可创建样条线轮廓，如图9-81所示。

步骤06 为样条线添加"挤出"修改器，并设置挤出数量为35，如图9-82所示。

步骤07 将对象转换为可编辑多边形，进入"边"子层级，选择如图9-83所示的边线。

步骤08 单击"切角"设置按钮，设置切角数量为5、分段为5，如图9-84所示。

步骤09 退出堆栈，为多边形添加"细分"修改器，设置细分大小，如图9-85和图9-86所示。

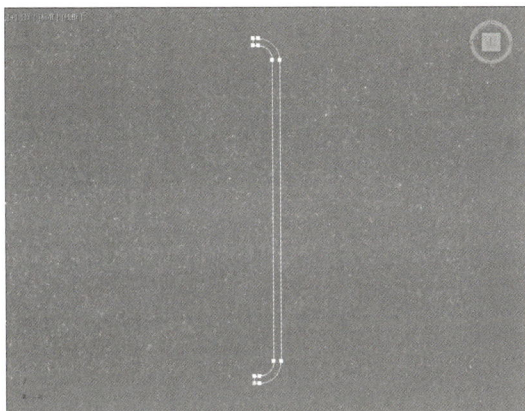

图 9-81 创建轮廓线

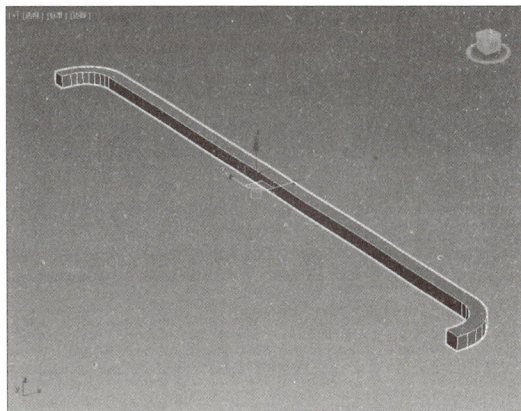

图 9-82 挤出模型

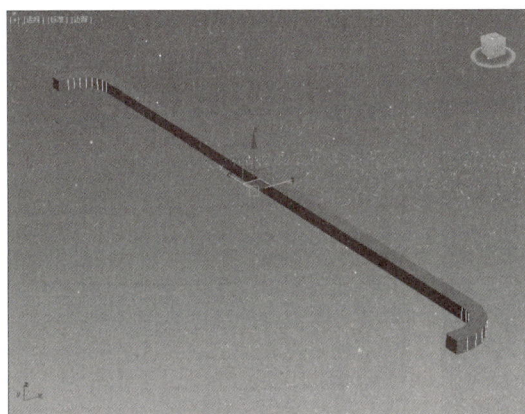

图 9-83 选择边线

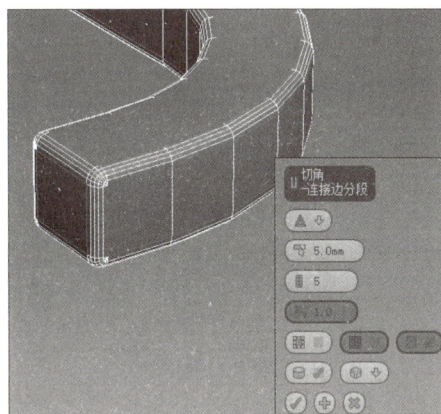

图 9-84 制作切角

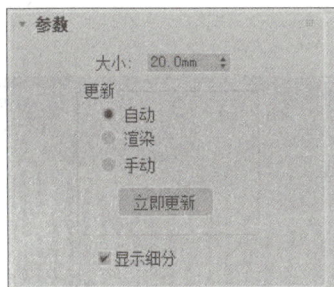

图 9-85 设置细分大小

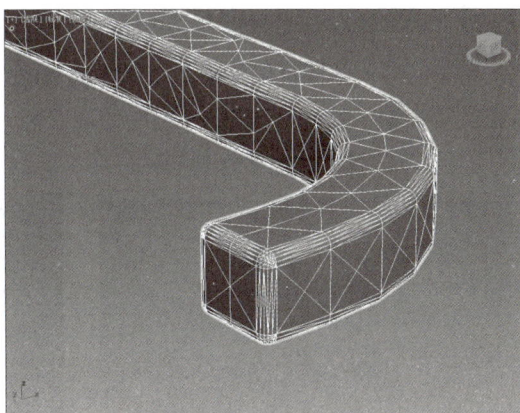

图 9-86 细分效果

步骤10 为对象添加"涡轮平滑"修改器，保持默认参数设置，效果如图9-87所示。

步骤11 按Ctrl+V组合键克隆对象，并向下移动600，如图9-88所示。

步骤12 单击"切角圆柱体"按钮，在顶视口中创建一个切角圆柱体，设置参数并调整位置，如图9-89和图9-90所示。

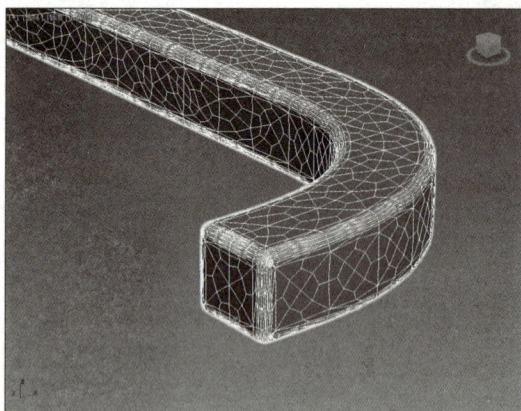

图 9-87　添加"涡轮平滑"修改器效果

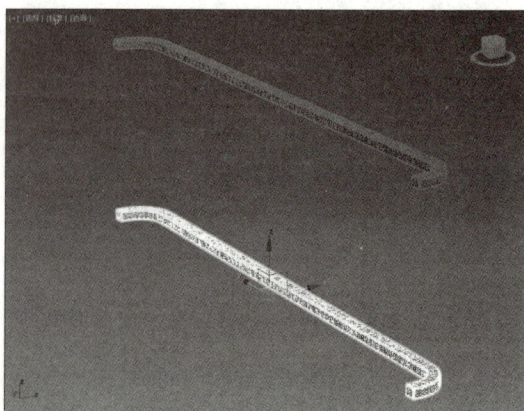

图 9-88　复制并移动模型

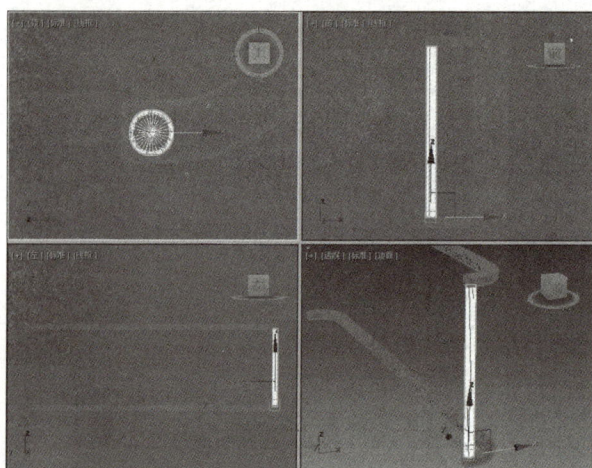

图 9-89　创建并调整切角圆柱体

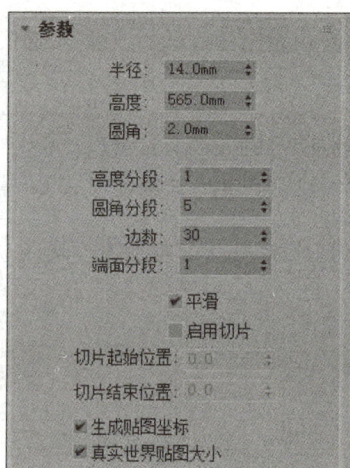

参数

半径:	14.0mm	↕
高度:	565.0mm	↕
圆角:	2.0mm	↕
高度分段:	1	↕
圆角分段:	5	↕
边数:	30	↕
端面分段:	1	↕

　☑ 平滑
　☐ 启用切片
　切片起始位置: 0.0
　切片结束位置: 0.0
　☑ 生成贴图坐标
　☑ 真实世界贴图大小

图 9-90　设置切角圆柱体参数

步骤 13 复制切角圆柱体并调整位置，间距保持为100，如图9-91所示。

步骤 14 选择床头模型，执行"组">"组"命令，将其创建成组，再为模型添加FFD修改器，设置点数为2×2×2，效果如图9-92所示。

图 9-91　复制并调整切角圆柱体的位置

图 9-92　添加 FFD 修改器效果

步骤15 进入"控制点"子层级，在前视口中调整控制点，如图9-93所示。

步骤16 制作床架。单击"切角长方体"按钮，在顶视口中创建一个长度为40 mm、宽度为35 mm、高度为240 mm、圆角为5 mm的切角长方体，设置圆角分段为5，调整对象的位置，如图9-94所示。

图 9-93 调整控制点

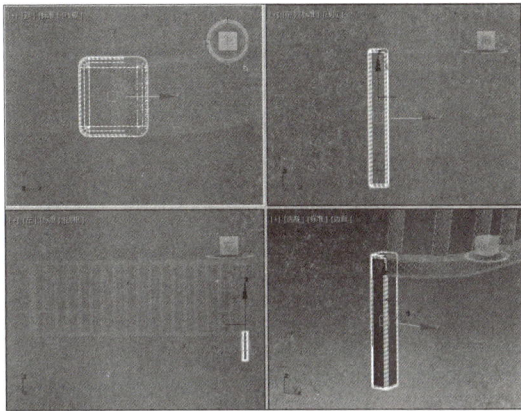

图 9-94 创建并调整切角长方体

步骤17 将对象转换为可编辑多边形，进入"顶点"子层级，在前视口中调整床腿模型，如图9-95所示。

步骤18 复制床腿到床头的另一侧，如图9-96所示。

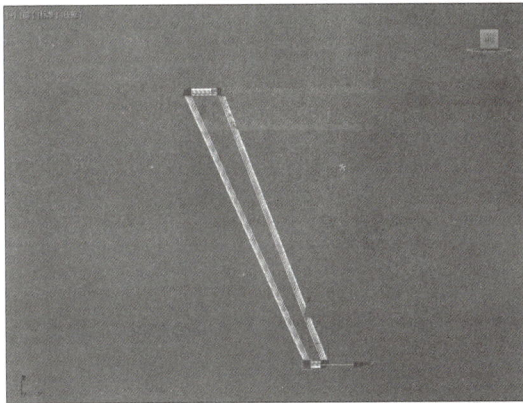

图 9-95 调整床腿模型

图 9-96 复制床腿

步骤19 单击"长方体"按钮，创建一个长度为120 mm、宽度为1 940 mm、高度为20 mm的长方体作为床体的侧板，并调整位置，如图9-97所示。

步骤20 在前视口中选择床腿模型，单击"镜像"按钮，镜像复制床腿模型，再调整位置，如图9-98所示。

步骤21 选择作为侧板的长方体，将其转换为可编辑多边形，进入"顶点"子层级，在前视口中调整顶点，如图9-99所示。

步骤22 进入"边"子层级，选择全部边线，单击"切角"设置按钮，设置切角数量为2、分段为5，如图9-100所示。

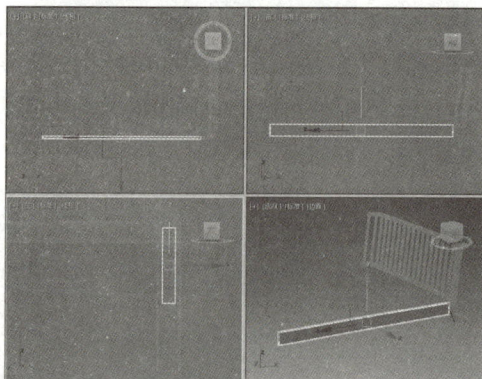

图 9-97　创建侧板

图 9-98　镜像复制床腿

图 9-99　调整侧板的顶点

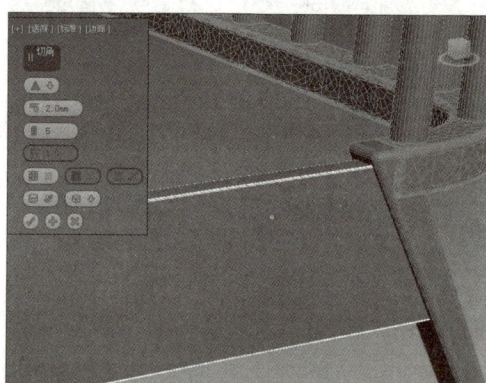

图 9-100　制作切角

步骤 23 将制作完成的侧板复制到另一侧，如图9-101所示。

步骤 24 创建一个长度为120 mm、宽度为1 820 mm、高度为20 mm的长方体作为床尾侧板，如图9-102所示。

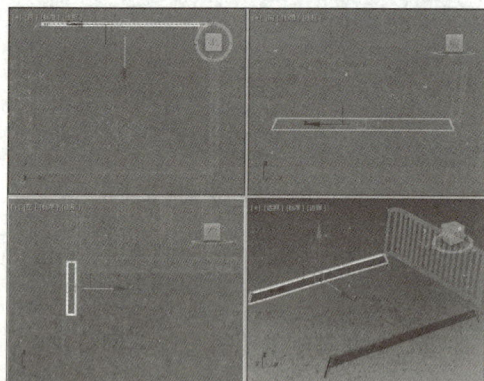

图 9-101　复制侧板

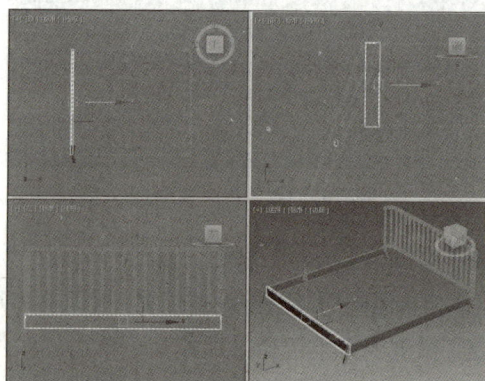

图 9-102　创建床尾侧板

步骤 25 将对象转换为可编辑多边形，进入"顶点"子层级，在前视口中调整顶点，如图9-103所示。

步骤 26 进入"边"子层级，全选边线，单击"切角"设置按钮，设置切角数量为2、分段为5，如图9-104所示。

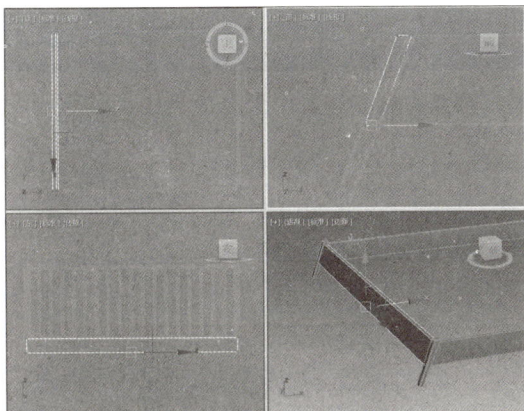

图 9-103　调整床尾侧板

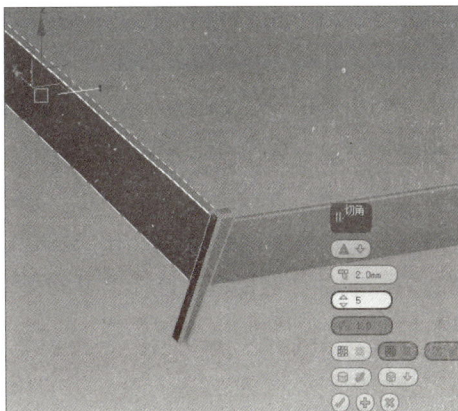

图 9-104　设置切角值

步骤27 制作床板。单击"矩形"按钮，在顶视口中绘制一个长度为1 810 mm、宽度为120 mm的矩形，如图9-105所示；按住Shift键复制矩形，如图9-106所示。

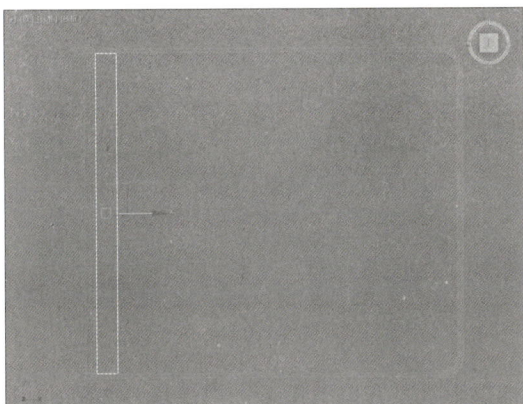

图 9-105　创建矩形

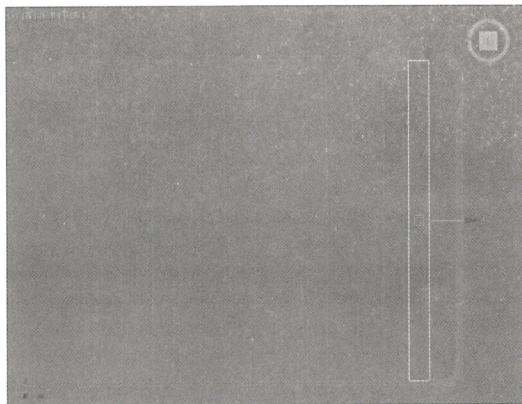

图 9-106　复制矩形

步骤28 将矩形转换为可编辑样条线，单击"附加"按钮，附加所有矩形，使其成为一个整体，如图9-107所示。为样条线添加"挤出"修改器，设置挤出数量为20，调整床板的位置，如图9-108所示，完成双人床模型的制作。

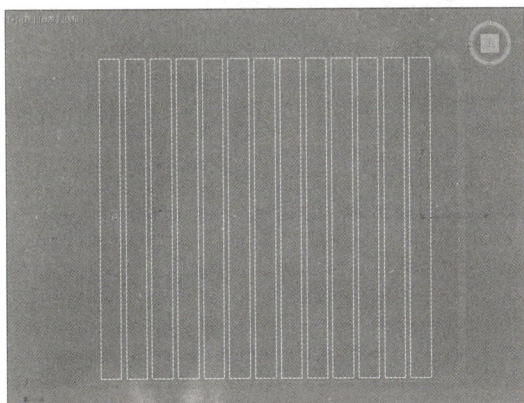

图 9-107　附加矩形

图 9-108　挤出矩形

9.3 合并成品模型

对于一些小件模型，如抱枕、灯具、装饰品等，可以直接在场景中调入成品模型，无须动手创建，这样可以提高建模效率。

步骤01 执行"文件">"导入">"合并"命令，打开"合并文件"对话框，选择准备好的多头吊灯模型，单击"打开"按钮，如图9-109所示。

步骤02 打开"合并"对话框，选择需要的模型，如图9-110所示，单击"确定"按钮即可导入多头吊灯模型。

扫码观看视频

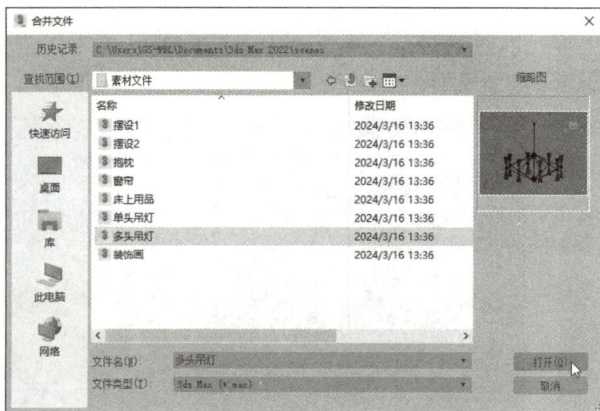

图 9-109 选择多头吊灯模型

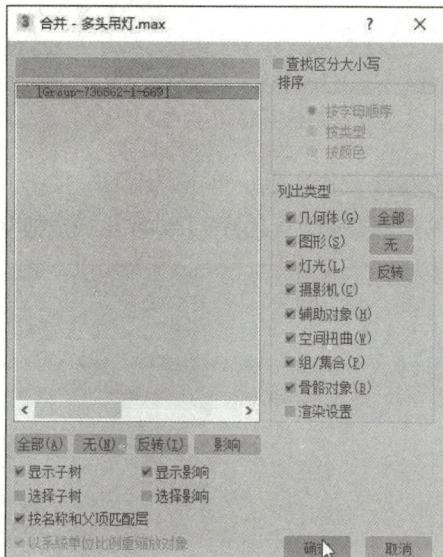

图 9-110 选择模型

步骤03 调整多头吊灯的位置，为卧室场景添加目标摄影机，并调整摄影机的视角，如图9-111所示。

步骤04 继续为场景导入装饰品、抱枕等模型，并将其移动到合适的位置，完成卧室场景模型的制作，如图9-112所示。

图 9-111 调整吊灯的位置、添加并调整摄影机

图 9-112 卧室场景模型效果

附录 课后作业参考答案（部分）

■ 第1章

一、选择题

1. B　　2. D　　3. A

二、填空题

1. 建模、材质和贴图、灯光和渲染、动画和特效
2. 顶视口、前视口、左视口、透视视口
3. AutoCAD、SketchUp、Photoshop

■ 第2章

一、选择题

1. A　　2. A　　3. B

二、填空题

1. 选择对象、按名称选择
2. 复制、实例、参考
3. 归档

■ 第3章

一、选择题

1. B　　2. A　　3. C

二、填空题

1. 油罐、胶囊、纺锤
2. 调整、优化、变形
3. 并集、差集、交集、合并

■ 第4章

一、选择题

1. C　　2. A　　3. D

二、填空题

1. 只能编辑三角面、对面数没有任何要求
2. 点曲线、CV曲线、点曲面、CV曲面
3. 复杂曲面模型

■ 第5章

一、选择题

1. D　　2. B　　3. A

二、填空题

1. VRayMtl　　2. 混合材质　　3. 多维/子材质

■ 第6章

一、选择题

1. D　　2. B　　3. A

二、填空题

1. 焦距、视野
2. 物理、目标、自由
3. 镜头、灯光敏感性曲面

■ 第7章

一、选择题

1. C　　2. D　　3. D

二、填空题

1. VRay灯光、VRayIES、VRay环境光、VRay太阳光
2. 能产生阴影的灯光、能产生阴影的对象、能接收阴影的对象
3. VRayIES

■ 第8章

一、选择题

1. C　　2. C　　3. C

二、填空题

1. 真实图像、动画
2. 全局DMC
3. 静止、动画

参考文献

[1] 史宇宏. 3ds Max三维建模案例大全[M]. 北京: 人民邮电出版社, 2023.

[2] 王东辉. 3ds Max+VRay三维建模设计案例教程: 全彩微课版[M]. 北京: 人民邮电出版社, 2023.

[3] 高博, 王婧, 龙舟君. 3ds Max 2024中文全彩铂金版案例教程[M]. 北京: 中国青年出版社, 2024.

[4] 唯美世界, 曹茂鹏. 中文版3ds Max 2023从入门到精通: 微课视频: 全彩版·唯美[M]. 北京: 中国水利水电出版社, 2023.

[5] 李芷萱, 孙慧, 张骐. 3ds Max三维建模与渲染教程[M]. 武汉: 华中科技大学出版社, 2022.

[6] 任媛媛. 中文版3ds Max 2020基础培训教程[M]. 北京: 人民邮电出版社, 2020.